人工環境学

環境創成のための技術融合

中田圭一
大和裕幸 編

東京大学出版会

Introduction to Engineered Environments:
A Transdisciplinary Approach to Invented Human Environments
Keiichi NAKATA and Hiroyuki YAMATO, Editors
University of Tokyo Press, 2006
ISBN4-13-061159-3

序　人工環境学の意味とねらい

人工環境学とは

　われわれが活動の場とする環境（Environment）は，大きく人間（Human），自然（Nature），人工物（Artifacts）により構成される．人工物の増大とともに，この3者の関係がますます密接となり，これらを環境の一部として総合的にとらえることが必要になってきた．人工環境学とは人工物，人間，自然と人工物との関係を解明し，人間，自然と調和する人工物を創造するための学問である（図0-1）．他の環境学分野と同様，人工環境学も多くの基礎学問から成り立っている．工学を中心とするが，医学，農学など他の自然科学や社会学などの人文・社会科学とも密接に関連する．そのアプローチは，人工物を作る立場（工学，産業界），それを利用する立場（医学，農学，法制度など），場合によっては負の影響を受ける立場（自然保護など）によって変化する．また，ヒューマンインタフェースの心理学的解明のような基礎研究もあれば産業廃棄物投棄状況調査のような実際的研究もある．環境と人工物の関係を扱うという広範・曖昧なテーマを対象とするため，その研究方法は，研究者のバックグラウンドに依存する．

　1999年4月に東京大学に新領域創成科学研究科が発足し，人工環境学大講座が設置された．本書の執筆陣は，精密機械，船舶，原子力の工学分野を専門とし，本大講座において，産業と密接に関連する人工物を創成する実学的立場から人工環境学を扱っている．本書は，これら教員による，本大講座初期の5年間の成果の一部をまとめたものである．

　具体的には，Sustainability（自然に優しい），Human Consciousness（人

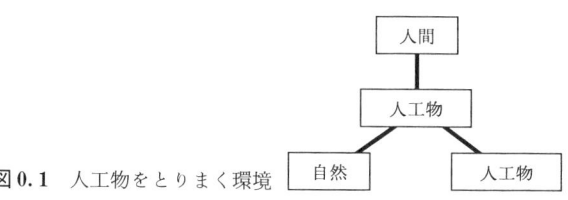

図 0.1　人工物をとりまく環境

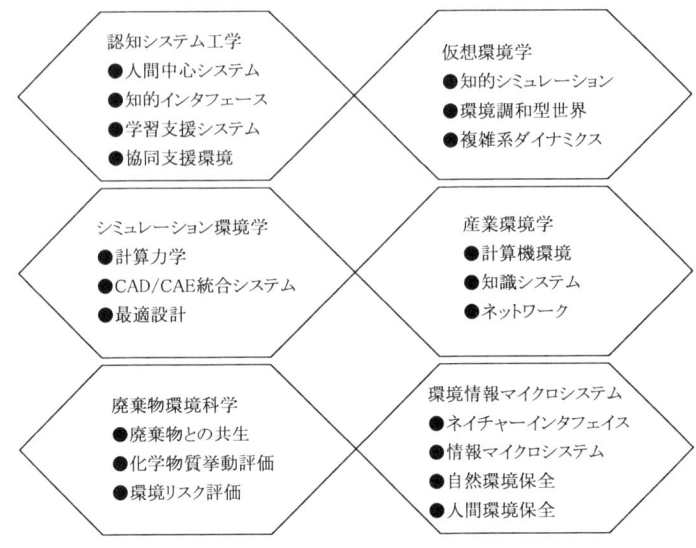

図 0.2　人工環境学の研究分野

に優しい) を実現する人工物の構築を目的として,「認知システム工学」「仮想環境学」「シミュレーション環境学」「産業環境学」「廃棄物環境科学」「環境情報マイクロシステム」の 6 研究分野に分かれて教育研究を行ってきた (図 0-2). 本書は, 同大講座における研究教育内容を紹介したもので, 情報技術とシステム設計技術を核とする人工環境学が述べられている. 工学系や本専攻自体の改組などにより, すでに担当教官の入れ替えがなされているが, これらの基本的な考え方は継承され, さらに分野を拡充した取り組みに展開中である.

　本書に述べられる主要研究テーマを紹介すると以下となる.「認知システム工学分野」においては, いかに良好な役割分担や相互関係を人と人工物の間に構築するかに焦点を当て, 人の思考や行動の決定メカニズムの解明, 認知行動特性に配慮した人間中心のシステム設計手法, 情報伝達を超えた人と人工物の意思疎通が可能な知的インタフェース, 計算機による人の思考や学習の支援システムの研究を行っている.「仮想環境学分野」では, 人工物―人間―環境複雑系のダイナミクスを理解し, 的確な予測に基づいて環境調和型世界を構築するために, 数値・数理アルゴリズムと知的情報処理, 高速大容

量計算機・ネットワークを総合化した知的シミュレーションの確立と応用に関する研究を行っている．「シミュレーション環境学分野」では，計算力学の手法をベースとして，CAD/CAE の統合システム，大規模複合システムの最適設計，工業製品の環境評価等の研究を行っている．「産業環境学分野」においては，産業を集団的知織の創出と活用の場ととらえ，ネットワーク，各種 CAD，データベース，知識システム等の計算機を中心にした産業環境構築のための研究を行っている．「廃棄物環境科学分野」では，人間の日常生活や企業の産業活動などを通して発生する廃棄物との共生を目指して，廃棄物処分のあり方を環境微粒子や外因性内分泌攪乱化学物質等の挙動評価や環境リスク評価を通して科学的に研究している．「環境情報マイクロシステム分野」では，マイクロ化とパーベイシブ化（無人で動かす）の技術の合流によってできる新しい情報端末の研究を行っている．微小なセンサ端末を開発し，それを用いて自然とのインタフェース（ネイチャーインタフェイス）を高度化する技術を開発し，自然環境保全，人間の健康保全，人工物の故障診断に役立てる方法を研究している．上記の基盤研究分野に加えて，次世代人工物のひとつとして超高密度光メモリの設計開発論を研究するため，「光記憶システム創成学寄付講座」を興し，連携して研究を行い，初期の 5 年間で終了した．

以上述べた人工環境学のミッションは，環境問題解決のための工学ツールの提供と言い換えることができる．特に必要とされているのが，広い意味での情報関連技術である．現在の研究内容を，ツールとしての情報技術とそれが利用される応用分野でまとめると表 0-1 となる．応用分野は，人間・生活，産業・生産・流通社会・交通，自然・環境に分類される．開発ツールは，情報収集，情報流通，情報活用，情報認識に分類される．産業・生産・流通分野に研究テーマが多いことがわかる．これは，開発投資が潤沢な産業界で培った情報関連技術を，自然，社会など必ずしもビジネスとならない分野に適用しているためである．産業技術を基盤とすることで，自然，人間，社会分野に対して，良質の技術を低いコストで提供できる．これが重要な研究戦略となっている．

以上，人工環境学の目的と，研究手法を概説した．本書では，各分野の基盤技術と最新の研究成果を紹介する．

表 0.1 情報技術と応用分野

	人間・生活	産業・生産・流通	社会・交通	自然・環境
情報収集（センサ，端末）	集積型光スキャナ，振動発電システム…⑥	位置センサ，大規模工場用 PDA…④，⑥ 核物質防護（Physical Protection）技術の産廃監視への応用…⑤ 自律型監視カメラ，監視カメラ用2次元アクチュエータ，PHSとGPSを用いた位置探査，機械振動の精密測定，…⑥ 超高密度光ディスク…⑦	社会的アウエアネス，会話ベース手法…① GPS…④	マルチモーダル会話ベース…① 自然計測センサ…⑤ 大気浮遊微粒子計測，環境中の化学物質計測とその高度化…⑤，⑥ 監視カメラ用2次元アクチュエータ，PHSとGPSを用いた位置探査，自律型監視カメラ…⑥
情報流通（通信，インターネット）	生体内信号伝送…⑥	オントロジーベース情報検索，グループウエア…① Web経由3次元詳細シミュレーションサービス…② フィールドネットワーク…④	オントロジーベース情報検索，コミュニティウエア，会話知能…① 移動体通信，衛星通信，路車間通信…④	会話知能…①
情報活用（設計，プランニング）	人間行動シミュレーション…① CG，アニメーション…③ 生体情報にもとづく環境および電力制御…⑥	設計支援システム，リスク評価，人間行動シミュレーション，知識共有，CSCW，オントロジー工学…① 人工物の形状最適化，マイクロマシンの最適設計，人工物・人工環境の感性設計…② 最適設計…③ 設計，工程設計，将来需要予測…④ 環境情報統合化システムN次元マップ…⑥	リスク評価，参加者立場可視化，オントロジー変換手法，知識共有…① 都市交通環境の最適設計…② 最適化…④	多次元情報のクラスタリングと意思決定，生態系の複雑系モデリング…② 環境情報統合化システムN次元マップ…⑥
情報認識（モデリング，診断）	意図推論技術，各種診断技術，ヒューマンモデリング，認知的インタフェース…① 生体情報の自動診断…② 医療工学，感性の評価…③ 消費カロリモニタ，アロマテラピにおける快適性評価…⑥	意図推論技術，各種診断技術，ヒューマンモデリング，認知的インタフェース…① 人工物の各種物理現象の3次元詳細解析…② マルチスケール解析法，ボクセル解析法…③ プロダクトモデル，プロセスモデル，CAD・CAM…④ 漏洩化学物質の予測と制御…⑤ 工作機械の故障診断…⑥	トピック抽出手法，合意形成モデル，認知的インタフェース…① 都市交通流シミュレータ，騒音シミュレーション…② 地図情報，GIS…④ 自動車運転環境の快適性評価…⑥	各種診断技術，認知的インタフェース…① 微量汚染物質拡散シミュレーション…② 氷雪環境学…③ 土壌中における化学物質の移動予測，レーザ分光による化学状態診断…⑤

①認知システム工学分野　⑤廃棄物環境科学分野
②仮想環境学分野　⑥環境情報マイクロシステム分野
③シミュレーション環境学分野　⑦光記憶システム創成学寄付講座
④産業環境学分野

第1章では，人工物と人間との相互関係を解明する方法を説明する．まず，現代社会では高度に自動化・複雑化した人工物がさまざまな問題を引き起していることに着目し，人間にとってわかりやすく，使いやすく，安全・安心な人工物を創成することを目標に誕生した認知システム工学の考え方を紹介する．ついで，持続可能な社会を目指すには住民の環境問題への意識の向上や理解，協同作業が必要であるという視点から，グループやコミュニティにおける協調作業を支援するためのツールの開発や導入についての考え方を紹介する．第2章でマイクロシステムの技術を俯瞰的にとらえる．人間が活動する場のさまざまなセンシング技術は人工環境創成の最も重要な基盤技術である．

　第3章では，最先端の情報・数理手法を駆使して，人間，人工物，自然複雑系システムのシミュレーション・モデルを構築し，その高精度シミュレーションを通して，環境の諸問題の解決を目指す仮想環境学について述べる．ここでは，研究目標について述べ，次に基盤技術である知的シミュレーションについて解説し，適用事例として，マルチエージェント交通流シミュレーション等について述べる．第4章では，人工物の性能および人工物と外部環境との関係を計算機上で解析する手法を説明する．これからの環境設計に必要な物理シミュレーションの基礎論を述べ，物理現象に忠実であり，かつその再現を人間にとってわかりやすい展望の紹介をする．第5章では，環境を計測する人工システムのキー部品の設計法・利用技術を説明する．主要な記憶方式である磁気・光記憶の原理や動向にふれ，次世代記憶の候補でもある近接場光記憶の開発の現状を述べる．さらにプローブ顕微鏡応用の超高密度記憶に関してもその方式や課題を整理する．ついで情報機器の性能を決定する位置決め機構を簡単な力学モデルで表し，特性を理論的に解析する方法を示す．機器の高性能化には，機構のマイクロ化が有効で，マイクロ領域の動力学が解説される．最後に，人工環境におけるセンサ技術として重要な屋内外の位置計測技術について解説される．さまざまな方式の概要および人工環境設計に役立つように各方式の長所短所が述べられる．

　第6章では，生体環境化学の立場から，重金属や化学物質，放射線による人間健康影響，重金属などのヒトへの曝露量評価方法，環境リスクなどについて紹介する．生体環境化学とは，私たちが普段の生活や産業活動において

生産し，利用し，そして廃棄することで多くの便益を享受してきたさまざまな重金属や化学物質によって，私たちの子供や孫，さらには100年後のヒトが，発ガンや遺伝的影響，その他の疾病からの脅威を感じることなく，安心して生活できることを保証するための化学である．第7章では，コンピュータが広範に用いられる産業環境について，設計生産知識システムやヒューマンファクタへの取り組みを述べる．産業環境の構築にはこれまでのような工学中心の考え方でなく，人間や組織の思考法や行動のしくみを理解し，それを効率的にサポートするようなシステム構成論を述べている．

目 次

序　人工環境学の意味とねらい
執筆者および分担一覧

第1部　人と人工環境

第1章　認知システム工学——人に優しい環境実現のために　3

1.1　マンマシンシステムから認知システムへ　3
　1.1.1　認知的人工物の氾濫　　1.1.2　マンマシンシステム
　1.1.3　認知システム工学の誕生
1.2　ヒューマンモデリング　7
　1.2.1　ヒューマンモデルとは　　1.2.2　ヒューマンモデルの構成要素
　1.2.3　情況の重要性
1.3　意思疎通型インタフェース　13
　1.3.1　人と人工物の役割分担　　1.3.2　意図推論
　1.3.3　チーム協調のモデル
1.4　CSCW　19
　1.4.1　CSCWの概要と考え方　　1.4.2　グループウェア
　1.4.3　アウェアネス
1.5　協調的情報マネージメント　24
　1.5.1　情報共有の概念　　1.5.2　協調的情報管理
　1.5.3　協調的情報検索　　1.5.4　知識マネージメント
1.6　インタラクションの設計　29
　1.6.1　インタフェースデザインからインタラクションデザインへ
　1.6.2　社会的アウェアネス
1.7　コミュニティウェア　33
　1.7.1　コミュニティ指向システム　　1.7.2　コミュニティ知

1.7.3　CSCW の視点からの環境問題

1.8　リスクに配慮した社会　36

 1.8.1　リスクとは　　1.8.2　リスクの多面性

 1.8.3　リスクに配慮した社会

 1.8.4　人のための技術から社会のための技術へ

参考文献　42

第2章　環境情報システム学──着る・歩く情報機器　45

2.1　人工と生命　45

2.2　人工物の巨大化　46

2.3　センサ情報通信による調和をめざして　47

2.4　情報マイクロシステムの展開　48

2.5　ウェアラブル情報機器　52

 2.5.1　歩く・着る情報機器の時代　　2.5.2　「時空計」

 2.5.3　「腕時計サイズ光ナノメモリ」　　2.5.4　「生体情報通信システム」

 2.5.5　「バイオネットシステム」に向けた次々世代情報機器の構成

2.6　ネイチャーインタフェイスへ向かうウェアラブル　57

2.7　ネイチャーコミュニケーションへ　58

参考文献　61

第2部　環境のための情報技術

第3章　仮想環境学──環境を解析する技術　65

3.1　環境複雑系　65

3.2　知的シミュレーション　66

3.3　モデリングの視点　69

 3.3.1　マクロ・ミクロ・メゾスケール　　3.3.2　人間関与系・非関与系

 3.3.3　単純系・複雑系　　3.3.4　決定論系・非決定論系

 3.3.5　単一系・連成系　　3.3.6　線形系・非線形系

3.4　アルゴリズムの視点　75

 3.4.1　計算精度，計算量，計算速度　　3.4.2　高速コンピュータ

3.5　インタフェースの視点　78
3.6　ダイオキシン類のマルチレベル大気拡散シミュレーション　80
3.7　交通流の知的マルチエージェント・シミュレーション　84
3.8　ものづくりとシミュレーション　89
　3.8.1　シミュレーション精度と安全率
　3.8.2　環境の世紀におけるものづくりのさらなる展開
3.9　信頼できる知的シミュレーションを実現するために　94
　参考文献　95

第4章　シミュレーション環境学――解析モデリング　99

4.1　シミュレーションとCAE　99
4.2　モデリング技術の高度化　101
　4.2.1　設計モデルと解析モデル
4.3　形状モデリング技術　104
　4.3.1　3次元の形状表現　　4.3.2　多様体モデルと非多様体モデル
　4.3.3　解析用プリプロセッサとのインタフェース
4.4　メッシュ生成技術　108
　4.4.1　マッピング法，トランスファイナイトマッピング法
　4.4.2　バウンダリフィット法　　4.4.3　デラウニー（ドローネ）法
　4.4.4　フロント（アドバンシングフロント）法
　4.4.5　ペービング法　　4.4.6　アダプティブリメッシング
4.5　解析技術の展開　114
　4.5.1　メッシュフリー解析法　　4.5.2　ボクセル解析法
　4.5.3　マルチスケール解析法　　4.5.4　解析技術とモデリング技術
4.6　シミュレーション対象の多様化　120
　4.6.1　自然環境へのシミュレーションの適用
　4.6.2　人間環境へのシミュレーションの適用
　4.6.3　CGへのシミュレーションの適用
　4.6.4　感覚へのシミュレーションの適用
　参考文献　125

第5章　環境情報機器設計学——ユビキタス機器の実現のために　129

5.1　記憶装置の動向と近接光記憶　129
5.2　超高密度記憶　134
5.3　情報機器の力学モデリング　141
　5.3.1　情報機器の原理と構造　　5.3.2　位置決め制御系の力学モデル
　5.3.3　位置決め特性の解析　　5.3.4　まとめ
5.4　位置情報取得技術　158
　5.4.1　人工環境における位置センシング　　5.4.2　GPS
　5.4.3　携帯電話を対象とした測位システム
　5.4.4　電波による屋内位置探査　　5.4.5　超音波を用いた屋内位置計測
　5.4.6　RFID
参考文献　172

第3部　産業社会と人工環境

第6章　廃棄物環境科学——21世紀型安心の科学：モノの最終廃棄と人の共生　177

6.1　廃棄物最終処分の特徴　177
6.2　化学物質の影響　183
　6.2.1　殺虫剤・除草剤　　6.2.2　発ガン物質　　6.2.3　金属
　6.2.4　外因性内分泌攪乱物質
6.3　放射線の影響　196
　6.3.1　放射線影響の分類　　6.3.2　DNAとの相互作用
　6.3.3　DNAの修復　　6.3.4　突然変異　　6.3.5　細胞との相互作用
　6.3.6　発ガンと潜伏期
6.4　廃棄物最終処分の安全評価　203
　6.4.1　廃棄物最終処分における多重バリアシステムという概念
　6.4.2　廃棄物最終処分の安全評価方法　　6.4.3　人工バリア性能
　6.4.4　天然バリア性能　　6.4.5　多重バリア性能の評価例
6.5　環境リスク　211
　6.5.1　ハザードとリスク　　6.5.2　エンドポイント

目次　xi

　　6.5.3　発ガンリスクと非ガンリスク　6.5.4　生態リスク
　　6.5.5　リスクを受け入れる社会へ
6.6　廃棄物環境科学の展望　216
参考文献　218

第7章　産業環境学——産業と技術の再構成　219

7.1　産業環境学——ディジタル化とともに汎化した産業情報基盤　219
7.2　産業環境学の課題　220
7.3　知的生産技術の向上——ワークフローモデルと設計知識へのセマンティックウェブの応用　223
　　7.3.1　組織構造とワークフロー
　　7.3.2　セマンティックウェブとShareFast
　　7.3.3　造船設計ワークフローシステムの例
7.4　ヒューマンファクタの克服——現場作業の分析手法　231
　　7.4.1　操船と認知科学モデル
　　7.4.2　マルチメディアによるグループワーク分析システムCORAS
　　7.4.3　対話分析に基づく船舶運航の分析
7.5　産業知識の再構成——テキストマイニングによる文書からの知識の抽出　238
　　7.5.1　知識の抽出と整理の方法
　　7.5.2　故障報告書からのテキストマイニング
7.6　まとめ　244
参考文献　245

あとがき　247
索引　249

執筆者および分担一覧

板生　清	東京理科大学総合科学技術経営研究科教授	第2章
大久保俊文	東洋大学工学部機械工学科教授	5.1節, 5.2節
佐々木健	東京大学大学院新領域創成科学研究科教授	5.5節
鈴木克幸	東京大学大学院新領域創成科学研究科助教授	第4章
長崎晋也	東京大学大学院工学系研究科教授	第6章
＊中田圭一	ドイツ国際大学IT学部準教授	1.4節〜1.7節
古田一雄	東京大学大学院工学系研究科教授	第1.1節〜1.3節, 1.8節
保坂　寛	東京大学大学院新領域創成科学研究科教授	序, 5.3節, 5.4節
＊大和裕幸	東京大学大学院新領域創成科学研究科教授	第7章
吉村　忍	東京大学大学院工学系研究科教授	第3章

（＊は編者）

第1部　人と人工環境

第1章

認知システム工学──人に優しい環境実現のために

1.1 マンマシンシステムから認知システムへ

1.1.1 認知的人工物の氾濫

　電子情報技術の急速な発達に伴い，われわれの身の周りには多数の電子情報機器が氾濫し，これらの人工物との関わりなしには生活できないような状況になってきている．従来の機械が人の物理的，肉体的能力を補完するものであったのに対して，これらの新しい人工物は人の認知的活動を補完するために造られた「認知的人工物」[1]であることが大きく異なっている．忘れっぽいという人の欠点を補完してくれる手帳やチェックリストのような認知的人工物は古くからあったが，現在われわれが手にしているのは複雑で中身が不透明な人工物であり，しかもそうした人工物が知らず知らずのうちに導入され，われわれに代わって記憶，判断，計画などを代行している．われわれは眠っているあいだにマイコン炊飯器が炊いた朝食をとり，不在中に放送されるTV番組の録画予約をし，ATC（自動列車制御装置）で運転された通勤電車で職場に通い，個人情報管理ソフトで1日の予定を確認して仕事をする．現代人は，いまや認知的人工物にとり囲まれた環境で生活しているといっても過言ではない．

　ところが，こうした認知的人工物が従来にはなかったようなさまざまな問題を引き起している．その典型はどうやって使ったらよいのかわからない機械の氾濫であり，家電製品などの機能が複雑になればなるほどユーザがその機能を使いこなすことは至難の業になる．認知的機能は機械の外観との関連がないために，しばしばユーザの思いどおりには機能しない．誰でもビデオ

の録画予約に失敗した，ハイテク調理器で料理を台無しにした，買ったばかりのカーナビの操作がよくわからない，携帯を買い換えたが新機能は結局使っていないといった経験はあるであろう．

こうした個人生活における問題はまだ許せるかもしれないが，産業や公共活動の現場で認知的人工物が引き起こす問題はときとして大事故につながり，多数の犠牲者を出しかねない．ATCが作動せずに車止に衝突した新都市交通システム，パイロットがオートパイロットへのコマンド入力を間違えて墜落した航空機，運転員がグラフィック画面を読み間違えて緊急停止してしまった原子力発電所，コンピュータ入力を誤って患者に間違った薬を投薬して死亡させた病院など実例には事欠かない．社会的事故の80～90％は人の行為に起因するといわれているが，このうち人と認知的人工物との齟齬が原因となったケースが最近では増加傾向にある．とくに高度自動化やコンピュータシステムに絡む問題は，従来にはなかったまったく新しい問題である．

以上のような問題があるからといって，もはやわれわれは認知的人工物なしで生活することは不可能である．いまとなってはその便利さを手放せないということ以上に，現代社会が円滑に動くために必要な認知的活動の量も複雑さも人の能力限界を超えており，認知的人工物を排除することは一層大きな危険を招くであろう．したがって，人の特性を考慮して人にとって安全で使いやすい人工物を造り，人にやさしい人工環境を整えることが唯一の合理的解決策なのである．

1.1.2 マンマシンシステム

あらゆる人工物は，人との関係なしに存在しえない．完全自動システムができるとしてもその設計，製作，保守のどこかで人手が関わらざるをえない．したがって，人工物は非人間的な機械装置部分とこれに関わる人との複合体としてとらえる以外にない．このような人と機械装置とが機能的に結合したシステムを，マンマシンシステム（MMS）とよぶ[2]．

マンマシンシステムのうちの機械装置部分を機械系，人の部分を人間系とよび，機械系はさらにハードウェアとソフトウェアから構成される．マンマシンシステムをとりまく外部世界のことを環境とよぶが，マンマシンシステムと環境の境界をどこに設定するかは状況や問題意識によって異なる．たと

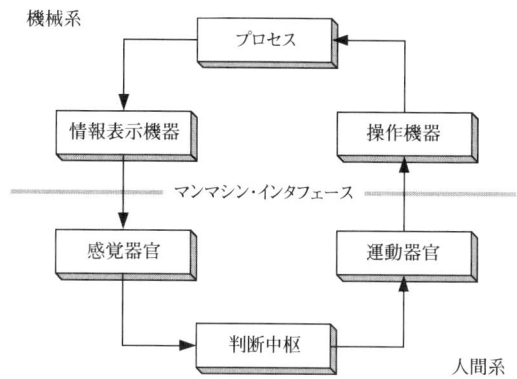

図1.1 マンマシンシステム

えば，航空機のコックピットにおけるパイロットの操縦操作のみを問題にするときは，コックピット設計に直接関わる機械装置類，コックピットクルー，操縦訓練，手順書などがマンマシンシステムに含まれ，機体設計，点検保守，航空会社の管理組織などは環境となる．しかし，旅客運航全体の安全が問題である場合には，キャビンクルー，保守要員，航空管制，緊急時対応などもマンマシンシステムの一部として考慮する必要が生じる．人間系，機械系，環境のあいだには3つ（方向も考慮すると6面）の境界が存在し，この境界を介して人間系，機械系，環境が相互作用する．このような相互作用の場をインタフェースとよぶ．一般に環境に属する因子は所与の外部変数とみなし，環境とのインタフェースを境界条件としてマンマシンシステム内部の人間機械相互作用のみを問題にするアプローチがとられる．したがって，主な関心の対象は人間系と機械系のあいだのインタフェース，すなわちマンマシンインタフェース（MMI）ということになる．

　図1.1はプロセスマンマシンシステムを概念的に描いたもので，上半分は機械系を，下半分は人間系を表している．ここで，プロセスとは世界で実際に起きている自然現象や社会現象，たとえば航空機のエンジンで起きている燃料の燃焼や，株式市場で行われている株の取引のような現象をさし，これらの現象を制御しながら利用することにシステムの目的があると考えている．プロセス状態の一部は何らかの方法により計測され，その結果がメータ，ランプなどの情報表示機器によって提示される．人はこの刺激を感覚器官によって知覚し，プロセスの状態に関する解釈を作り上げる．人は意図したとお

りにプロセスを進行させるという目標をもっており，解釈したプロセス状態が希望する状態に一致しているかどうかを判断し，一致していなければ希望の状態を実現するような行動を決定する．行動はスイッチ，ハンドルなどの操作機器に対する運動器官の作用として実施され，機械系の一部が動いてプロセスに影響を与える．影響の結果はふたたび情報表示機器を介して人に伝達され，プロセス状態の解釈を経て新たな決定（何もしないという決定も含めて）が行われる．以上がもっとも基本的なマンマシンシステムの制御ループである．

1.1.3 認知システム工学の誕生

しかしすでに述べたように，高度な認知的人工物が導入されてくるとこのようなマンマシンシステムの考え方では不十分になる．マンマシンシステムにおいて，機械系はプロセスに関する比較的加工していない生の情報を人に提示するとともに人の指令を受動的に実行する存在であったのが，高度な自動化が導入されるにつれて図 1.2 に示すように自律性を獲得する．まず自動制御が導入されると，プロセスの制御に直接関係する情報はプロセスと制御装置とのあいだで交換され，人とプロセスとの距離が離れていく．自動化の程度が増すと人はプロセスそのものを相手にするのではなく，プロセスを制御する制御装置に対して監視や指令を行うようになるが，このようなシステムを監視制御システムとよぶ[3]．さらに自動化が進むと，機械系が自身のほとんどの振る舞いに関して自律的に判断・決定を行う権限を獲得し，人には

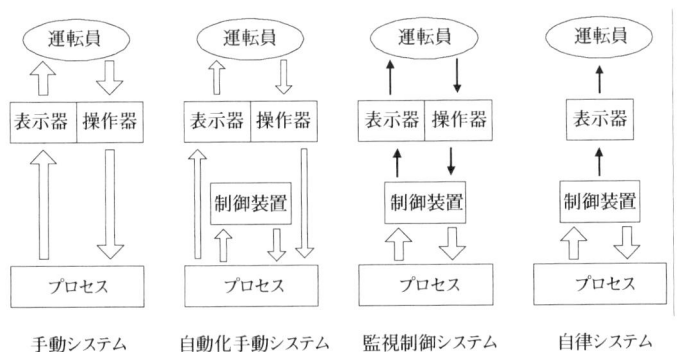

図 1.2　自動化の進展とマンマシンシステムの変化

判断・決定の結果のみを通知するという段階に達する．

　高度な情報処理によってみずからの振る舞いを情況依存的に決定できるようなシステムを認知システムとよぶ．人は自然が創った認知システムであるが，最近では高度な情報処理能力を有し，みずからの振る舞いを自律的に決定できる人工認知システムが出現した．複数の認知システムの組み合せも認知システムなので，これからのマンマシンシステムはまさに認知システムととらえることができる．認知システムには従来の単純なマンマシンシステムにはみられなかった問題があることが認識されつつあり，こうした問題を解決するために，認知システムの動作原理や設計原理について研究する認知システム工学が誕生した．

1.2 ヒューマンモデリング

1.2.1 ヒューマンモデルとは

　人と人工物で構成される認知システムのインタラクションを考える前に，人同士のインタラクションについて考えてみることにしよう．人はどうして他人の言動を理解し，協調行動をとれるのであろうか．

　われわれは世界で起こるさまざまな出来事を理解，予測するときに，対象のある重要な特徴を抽出して何らかの形に表現した「メンタルモデル」を用いて考える．Norman は，人は世界との関わりの経験を通じて心の中に自分自身，物事，他人などのモデルを作り上げ，このモデルが世界との関係の予測や説明を可能にしているとメンタルモデルについて説明している[1]．

　たとえば，ある人がコンピュータのファイルは紙に印刷された文書と同じようなものだというイメージをもっていたとすれば，それが電子ファイルに対するメンタルモデルとなる．こうしたメンタルモデルをもっていれば，コンピュータ画面上のゴミ箱のアイコンにファイルをドラッグ・アンド・ドロップすることによりファイルが削除できることや，削除してもゴミ箱を開ければまた復活させることができるといった機能は容易に想像がつく．このように，メンタルモデルは単にある対象を識別するだけでなく，その振る舞いの説明，予測，問題解決に役立つものである．最近のコンピュータのインタフェース設計では，このようなメンタルモデルが積極的に活用されている．

人に対するメンタルモデルを「ヒューマンモデル」，人の特性をヒューマンモデルに表すことをヒューマンモデリングとよぶ．ヒューマンモデルは，特定の目的にそって人のある特性を限定的に表現したものであって，人のすべての特性を表現する必要はない[4]．たとえば乗用車の衝撃安全のテストに用いられるマネキン（ダミー）や，選挙結果の予想に用いられる世論調査の統計もヒューマンモデルと考えることができる．使用目的によってきわめて多様なヒューマンモデルを考えることができるし，皆が同様なヒューマンモデルをもっているわけでもない．しかし，健常人なら誰もが人はどう行動するかについての何らかのモデルをもっているので，それを利用して人の言動を理解し，円滑な対人コミュニケーションを行うことができる．

たとえば，次のような美術館の券売所窓口で行われる会話を考えてみよう．

A：ピカソ展はありますか．
B：1600円です．
A：2枚ください．

厳密に考えるとAの質問に対するBの応答は答えになっていないが，BはAがピカソ展の入場券を買う意図をもって券売所に来ていることを察し，先回りして入場券の値段を告げている．相手の発話に対して表面的意味どおりに忠実に応答するだけでは，外国語の初級講座の教材に出てくるようなぎこちない会話になってしまうのに対して，われわれの日常の会話では相手の意図を察して，より円滑なコミュニケーションが図られている．

こうした他人の意図を推論する能力の背景にあるのは，人は基本的に合理的に行動するものであり，プランに従って行動するとするヒューマンモデルである．人はある目標を達成しようとするときに，その目標を達成するのに有効と思われる行為の系列を次々に実行して目標を達成するが，このような行為の系列をプランとよぶ．目標からこれを達成するためのプランを推論することを行動計画，逆に観察した他人の行為からその意図を推論することをプラン認識とよぶ．たとえば，絵画展を見るという目標に対するプランは常識的に図1.3のようになり，絵画展を見る意図をもっている人はこのプランを実行していくことが期待される．逆にいえば，このプランを実行している

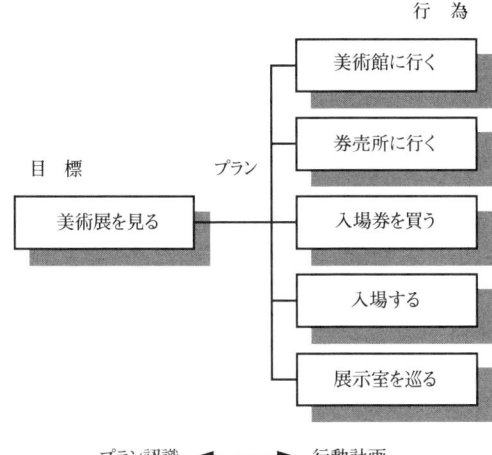

図1.3 「美術展を見る」ための合理的なプランの例

人は絵画展を見るという意図をもっていることが推論されるし，券売所に来た人は次に入場券を買うことも予測できる．

以上のような推論の背景となっている合理的・計画的に行動する主体というヒューマンモデルはつねに正しいわけではなく，人はときとして非合理的な経験則や見込みに基づいて行動したり，非計画的にその場の思いつきで行動したりすることもある．しかし，こうした思考の合理性からのずれや非計画性にも人特有の共通パターンがあり，認知システム工学ではこうした「ずれ」のパターンも含めてヒューマンモデリングを試みている[2]．

人と人工物のインタラクションを考えるうえで，ヒューマンモデルが必要な理由は主に次の3点である．第1に，ヒューマンモデルによって実際に行われた人の行動を理解，説明できるようになり，このような目的のモデルを記述的モデルとよぶが，記述的モデルは事故解析の手法として，起きてしまった事故の記録から不適切な人間行動の原因を同定し，再発防止のための教訓を引きだすのに有用である．第2に，ヒューマンモデルは事後説明ばかりでなく，事前に人間行動を予測する目的で構築されることもあり，このような予見的モデルは人と人工物のインタラクション・デザインにおいてもっとも期待される．とくに，現在主に実験によって行われているインタフェース設計の評価をヒューマンモデルに基づく計算機シミュレーションで代替できれば，設計の初期段階から人間特性に配慮した設計を行うことができる．最

後に，ヒューマンモデルから人が正しい判断や意思決定をするための示唆を得ることができ，この目的で用いられるモデルを規範的モデルとよぶが，規範的モデルは，人の学習や思考などの知的活動を支援する道具を開発するための枠組みを提供する．

1.2.2 ヒューマンモデルの構成要素

つぎに，人と人工物のインタラクションを問題にする際に認知システム工学で用いられるヒューマンモデルの概要を紹介する．

20世紀中頃までの心理学研究では，外部から観察不可能な知識や注意などの心的概念は客観的科学で実証できないものとして研究対象から除外され，特定の刺激と反応のあいだの関係のみが価値のある研究課題とされてきた．このような考え方を行動主義とよぶ．しかし，刺激と反応の表面的関係だけから高度な人間行動を説明することには限界があり，また実験的研究手法の進歩やコンピュータの登場などによって，人の心を情報処理システムと考え，心の中で起きるプロセスを問題にする認知主義が優勢となった．認知主義心理学の特徴は，人の心の働きをコンピュータなどの情報処理装置との類似性によってとらえることである．現在の認知システム工学で用いられるヒューマンモデルの多くは，多少なりともこの認知主義の流れをくむものである．

人を情報処理システムとみなした場合，ヒューマンモデルは図1.4に示すようにプロセスモデル，知識モデル，制御モデルで構成される．

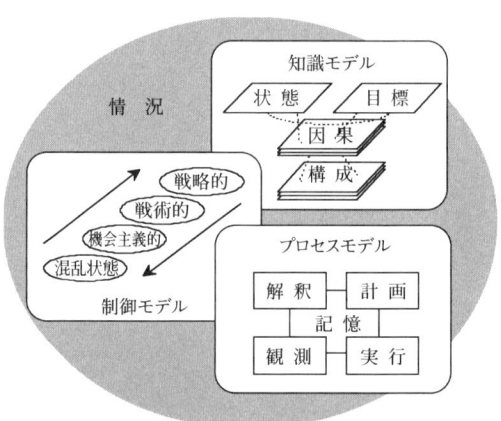

図1.4 ヒューマンモデルの概要

1.2 ヒューマンモデリング

プロセスモデルは，人の心の中で行われる情報処理がどのような基本的処理段階で成り立っているかを説明するモデルで，そのような基本的処理段階を認知プロセスとよぶ．人の情報処理システムがかなりモジュール化されており，各々のモジュールがある程度独立に動作することは実験的に示唆されている．たとえば，異なる処理段階を使うと考えられる心的作業の所要時間に加法性が認められ，作業成績に関してそのような作業間で干渉が少ない．また，大脳生理学的にも脳がかなりモジュール化されていることがわかっており，この事実も人間情報処理システムをさまざまな処理段階に分解して理解できることを示している．人の認知プロセスとしては，観測，解釈，計画，実行，記憶の5つの過程を考慮すればほぼ十分である．

知識モデルは処理される情報の内容や形式に関するモデルである．知識モデルを考える場合のポイントは，人によるシステムの見方は一様でなくさまざまな観点があり，その各々が知識の部分的なまとまりを形成していることである．たとえば，世界に存在する実体は形，大きさ，材質，配置，構造などの物理的特徴を有する対象としてとらえられるし，モノを押せば動くとか，温めれば温度が上がるといった定性的な物理的因果でみることもできる．また，車のキーを回してもセルモータが回らなければバッテリーが正常でないといったように対象の状態を分類することや，すでに述べたように人の意図とプランの関係で世界をみることもできる．そしてこれらの知識は互いに関連付けられているうえに総体としてかなりの冗長性があり，1つの問題に対して異なるタイプの知識を用いた複数の解決が可能である．このように，人が思考に用いる知識の種類を解明しておくことが，ヒューマンモデリングでは重要である．

制御モデルは，さまざまな認知プロセスが実行される順序を決定し，人の情報処理活動を統合する機能に関するモデルである．非常に熟練して自動化された行為を除いて，人は複数の仕事に同時に注意を向けることはできないので，特定の認知プロセスに意識的に注意を集中して1つずつ実行しなければならないが，この注意の働きを表すのが制御モデルである．制御にはいくつかのモードとよばれる状態があって，全体的情況を把握し，将来の目標まで含めた長期的視野にたって行為が選択されている状態から，パニック状態に陥って次の行為が無作為に選択されるような無秩序状態までがある．そし

て，現在どのモードにあるか，時間的プレッシャー，直前に行った行為の成功／失敗などの制御パラメータに依存して，次にどのモードが出現するかが左右される．

1.2.3 情況の重要性

以上に説明したヒューマンモデルは，基本的にコンピュータが行う情報処理とのアナロジーで構築されており，プロセス，知識，制御はそれぞれコンピュータにおける基本操作，データ構造，アルゴリズムに対応する．しかし，人の情報処理はコンピュータの情報処理と同じではなく，人間行動には伝統的な認知主義的モデルでは記述しきれない側面があることから，1990年頃から新たなアプローチの模索が始まっている．これは，人間は心が情報を一度取り込んでしまえば独立に働く情報処理装置ではなく，つねに環境と相互作用しながら環境適応的に行動を決定するシステムであるとみなす考え方で，生態主義とよばれる．生態主義で大きな役割を果たすのが情況という概念で，これは人の行動を左右するさまざまな環境因子と定義できる．

たとえば先の美術館での会話の例で，Aの最初の発話を「美術館の券売所窓口」という情況抜きに理解するのは難しい．それは情況が重要な意味をもつことは情況を変えてしまうと同じ発話の意味する内容が変わってしまうことからも明らかである．たとえば，Aの発話がもし「閉まっている美術館の守衛所」で交わされる会話だったら，次のようになるかもしれない．

A：ピカソ展はありますか．
B：月曜日は12時からですよ．

もとの例ではピカソ展の入場券を買いたいというAの意図を，上記の例ではピカソ展の会場に入場したいというAの意図を，Bが発話内容に加えて情況から推論していることで円滑なコミュニケーションが成立する．

情況という因子は知識のように人の頭の中にあるものではなくて，環境から必要に応じて検知してくるものであるが，情況によってどの知識が用いられるか，どの認知プロセスが実行されるか，どの制御モードが現れるかなど，人の情報処理システムのあらゆる動きを支配する．最新のヒューマンモデル

では，こうした情況の影響を考慮し，認知主義の限界を乗り越えるような試みがなされている．

1.3 意思疎通型インタフェース

1.3.1 人と人工物の役割分担

　人工認知システムが増えるに従って，行われるべき仕事のどの部分を人が行い，どの部分を人工物にやらせるかという，人と人工物（機械）の役割分担がものづくりにとって重要かつ難解な問題となってきた．人と人工物の役割分担は，人が道具を使い始めた時代から存在する古い問題であるが，人工物の能力が現代に比べて著しく低かった産業革命以前にはほとんど問題にならなかった．この時代における役割分担の基本原則は，「人工物にできることはすべて人工物に」であったと思われる．その後，人工物の機械的能力が飛躍的に増強される一方で，高度な情報処理はまだ無理だった時代には，「人と人工物とで各々得意な仕事を分担する」という原則がきわめて合理的と考えられた．Fitts リストとよばれる表 1.1 は，この思想に基づいて人と機械の役割分担の一般原則をまとめたものである．

表 1.1　人と機械の役割分担のための一般原則（Fitts リスト）

人の方が得意	機械の方が得意
● 微弱な特定の種類の信号検出	● 人の感覚能力を超える範囲での信号検出
● 高雑音条件下での信号検出	● 演繹的推論，信号の一般的分類
● 状況により変化する複雑な信号パターンの識別	● 既定事象，特に頻発する事象の監視
● 日常的でない不測の事態の検知	● 符号化された大量情報の高速での記録
● 長期にわたる大量情報の記憶	● 符号化された大量情報の高速かつ正確な検索
● 関連性の高い複数情報の想起	● 特定手順による大量情報の処理
● さまざまな経験に基づく意思決定と決定の状況への適応	● 入力信号に対する迅速で一貫した反応
● あるモードで失敗したときの他のモード選択	● 信頼性の高い反復動作
● 帰納的推論	● 制御された大きな力の発揮
● 原理のさまざまな問題への適用	● 長時間の動作継続
● 主観的見積もり・評価	● 物理量の計測
● まったく新しい解決の考案	● 計画された複数動作の同時実行
● 重要な活動への集中	● 過酷な負荷状態での効率的操作
● 操作の要求変化に対する物理的運動の適応	● 気の散る状態での効率的操作

人工認知システムの登場によってFittsリストは完全に時代遅れになりつつある．すなわち，Fittsリストで人が得意と考えられてきた機能も人工物で可能になり，たとえば「状況により変化する複雑な信号パターンの識別」と考えられる手書きの郵便番号読み取りはいまやほとんど機械で自動化されてしまった．Fittsリストの原則に従うならば，情報処理技術の進歩によって人工物の能力が拡大し続けると，必然的に自動化をどんどん進めて人を排除するという方向になる．だがこの方向は，以下のような危険性をはらんでいる．

人工物はある想定の下に設計，製造されているので，その想定の範囲内では期待された機能を発揮するが，想定から外れた状況下では何が起こるか保証できない．これに対し，人は自然の創造物なのでこういった想定がなく，主観的に想定外の状況でも人工物ほど急激に能力が落ちることはなくそこそこの対応能力をもっている．そこで，最終的判断の権限を人工物ではなく人に委ねるという，人間中心設計の考え方が航空分野を中心に提唱されるようになった．だが，人間中心設計の概念にも重大な問題がある．最終的判断を人に委ねるといっても，人にはやはり認知的能力限界があり，とくに時間的余裕のない緊急時の判断は心的負担が大きく，エラーを犯す可能性が高い．高度な自動化を行ったばかりに，想定外の状況でお手上げになった自動装置の尻ぬぐいを人がさせられる問題は「自動化の皮肉」とよばれている．このように，人か人工物か二者択一的に役割分担を行うと必ず問題が起こる．

Jordanは，人は柔軟性に富むが一貫性に乏しく，機械は逆に一貫性に富むが柔軟性に乏しいものであって，両者は相補的ではあっても決して代替的ではないという点を指摘している[5]．人と人工物の相補性を活かした役割分担とは，両者が共通の仕事に協調的にあたり，その状況で能力に優れた方の判断を採用するということである．しかしこれを実現するためには，相互に判断の根拠や論理を交換し，相互理解のうえに合意を形成するような人同士にみられるインタラクションが成立しなければならない．けれども，現在の人と人工物のインタラクションは単に情報を交換しているだけで，論理や意図の交換にまでは至っていない．高度自動化時代を迎えるために解決しなければならない課題は，こうした意思疎通を人と人工物のあいだで成立させ，相補的な役割分担を実現するための技術を確立することである．

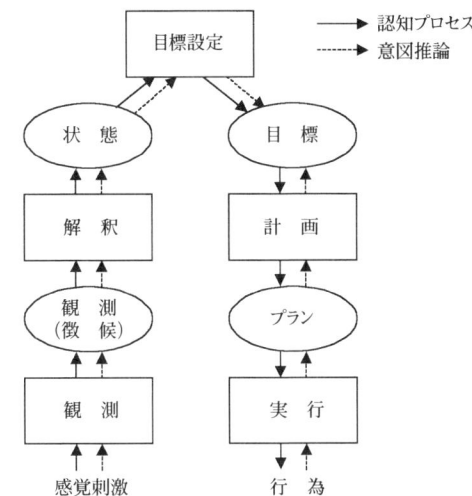

図 1.5 人の認知プロセスのモデルと意図推論の関係

1.3.2 意図推論

　人と人工物のあいだの意思疎通を図る技術として，意図推論の研究が進められている．もし人工物がそのユーザが何を欲しており，何をしようとしているかというユーザの意図を推論できるようになったならば，ユーザが欲しいと思っている情報を利用しやすい形式で自動的に提示したり，あるいはユーザの意図に誤りがあることを検知した場合にその誤りを指摘したりすることができる．こうした意図推論技術は，すでにパソコンのアプリケーションソフトのアシスタントなどで応用されているが，まだ非常に役立つというレベルまでには至っていない．

　人の認知行動は，感覚刺激から意味のある観測を抽出し，これに基づきシステムの状態を同定し，将来の望ましい状態を行動の目標として設定するまでの分析過程と，目標からそれを達成するために必要な行動の手順であるプランを計画し，プランを実行する行動過程に大きく二分される．人の認知プロセスのモデルを図 1.5 に示す．

　意図推論とはこのような認知プロセスに対して，他人の行動を観察しながらその人の行動の目標とその目標を達成するために採用したプランを同定することと定義できる．ただしそのためには，目標とプランだけでなく，その人がどのような観測を信じているかや，状態をどう認識しているかといった

認知プロセス全体に及ぶ心的状態を同定しなければならない．意図推論に利用可能な情報は，推論対象の外部から第三者が観測可能なものだけに限られ，その人の認知プロセスへの入力となる感覚刺激と，出力である実際に行った行為とが二大情報源である．これらのなかには，人工物から人間に提示される情報や実行済みの操作のように，機械的なセンシングが容易なものもあれば，視点，発話，表情のように，人同士の意図推論には自然に用いられているものの機械的センシングが困難なものもある．また，ある特定時刻の出来事に関する情報に加えて，過去の出来事との関連や行動の背景などの状況も考慮する必要がある．

　感覚刺激を証拠として状態認識や行動目標を推論することは，推論対象の心中で起きている認知プロセスを模倣することであり，ヒューマンモデルを用いたシミュレーションを行うのと同様である．これに対して，行われた行為を証拠としてプランや行動目標を推論するプラン認識は，認知プロセスに対して逆問題を解くことになる．すなわち人の認知プロセスでは，目標が与えられてプランを作成し，これを実行して行為が発現するのに対して，意図推論では実行された行為が与えられて，これからプランや目標を同定するのであり，入出力が逆になる．このように意図推論は，人の認知プロセスとは分析過程で順問題，行動過程で逆問題の関係になる．この2つをうまく組み合わせ，感覚刺激と行為の両方の証拠が与えられた場合に，最も尤度の高い観測・状態認識，行動目標，プランなどを同定しなければならない．

　意図推論をコンピュータに実装する手法としては，デフォルト推論を用いる手法[6]やベイジアンネットワークを用いる手法[7]が検討されている．また，意図推論では状況があいまいで推論結果が一意に定まらずに意図の候補が多数残ることもありうるので，多数の意図候補に優先順位をつける必要がある．この順位づけ基準としては，「効果の大きい手順が好まれる」「手数の少ない手順が好まれる」といった，論理では表現できない人の認知的傾向が現れるので，こうしたヒューリスティックスの解明やヒューリスティックスを推論に取り入れる手法についても研究が行われている．

1.3.3 チーム協調のモデル

　つぎに複数の人間から構成されるチームが，いかにチームの意図を形成し

1.3 意思疎通型インタフェース

て協調行動をとることができるのかを考えてみよう．

チーム協調行動における意図のとらえ方として，チーム全体があたかも人格をもっているかのような「グループマインド」を想定する考え方がある．この考え方はチーム全体の行動を説明するうえでは都合がよいが，常識的に考えてもグループマインドが実在しないことは明らかであり，またチーム内における構成員の意図や意図同士の相互関係を記述できない．

グループマインドとは逆に，各構成員の心的状態の観点からボトムアップにチームの意図をとらえる考え方がある．多くの哲学者は，チームの意図を個人の意図と相互信念に還元する後者の視点を採用している．

TuomelaとMillerは「我々意図（we-intention）」を次のように説明している[8]．いま，エージェントAとBがあるタスクXを協調的に意図しているとすると，エージェントAの心的状態について以下が成り立つ．

(1) エージェントAはタスクXの自分の分担を行おうと意図している (IaXa)．
(2) エージェントAはエージェントBが自分（B）の分担を行おうと意図していると信じている (BaXb)．
(3) エージェントAは，エージェントBが，Aが自分（A）の分担を行おうと意図していると信じていることを信じている (BaBbXa)．

ここでXは何らかの協調タスクを表しており，XaはタスクXのうちエージ

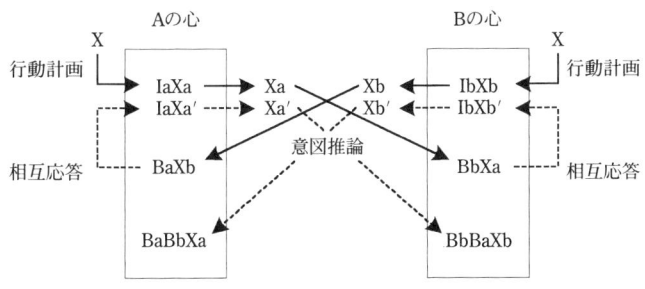

図 1.6　チーム意図のモデル

ェント A の分担部分を，IaP, BaP はそれぞれ「エージェント A は P を意図する」「エージェント A は P と信じる」を表している．エージェント B にはエージェント A と対称な意図，信念が存在する．図 1.6 は協調行動に従事しているエージェント A, B 間における心的状態の関係を表したものである．エージェント A, B のチーム意図はそれぞれ A の心的状態（IaXa∧BaXb∧BaBbXa）と B の心的状態（IbXb∧BbXa∧BbBaXb）から構成される．(2), (3) のような相互信念は無限に定義できるが，本質的には 2 段階も考えれば十分である．

　チーム意図を形成するためにはエージェント A, B がそれぞれの意図 (IaXa/IbXb)，相手の意図に対する信念 (BaXb/BbXa)，相手の信念に対する信念 (BaBbXa/BbBaXb) を形成する必要がある．まず (1) に示される意図を形成するためには，タスクの自分の分担に対する行動を計画できなければならない．このような行動計画能力が，チーム意図形成にとってもっとも基本的な必要条件である．つぎに，エージェント B の意図を発話コミュニケーションによって直接エージェント A が獲得することは可能であるが，自分の意図を逐一相手に発話して報告するということは一般的に考えられない．実際にはそのような明示的な意図の交換がなくとも，観察可能な行動から相手の意図を推論することが可能である．このような相手の意図を推論する意図推論能力が (2) に示される信念を形成するために必要である．さらに，相手の意図に対する信念（BaXb/BbXa）も通常明示的に発話されることはなく，相手の行動が自分の行動，意図に対する反応やサポートとみなされる場合にのみ，相手が自分の意図を察しているということが推論できる．すなわち (3) に示される信念を非明示的に形成するためには，相手の意図に応じて自分の行動を変える相互応答能力がなければならない．図 1.6 において，IaXa′, IbXb′ はそれぞれ相手の意図に対する応答として得られた意図である．

　このようにボトムアップにチーム意図を定義することによって，それぞれの構成員の意図形成やその関係を記述することが可能となり，さらにチーム協調を成立させるためには行動計画，意図推論，相互応答の能力が参加者に求められることがわかる．人と人工物がチームを組んだ複合認知システムにおいても同様で，協調行動が行われるためには人工物がこれら 3 能力を具備

していることが必要であり，こうした能力の実現法について研究が進められている．たとえば，コンピュータが第三者的観察者として人間のチーム意図を推論する手法や，人間チームの意図にみられる齟齬を検出する手法が開発されており[9]，プラントの制御室や航空機のコックピットで行われるチーム協調作業の支援への応用が期待される．

1.4 CSCW

1.4.1 CSCWの概要と考え方

　コンピュータをはじめとする人工物は，ある共通の目的を達成するための集団や，同調しながら各自の作業を進める集団の協同作業においても重要な役割を果たすようになってきた．たとえば，遠隔会議システムは距離的に離れて分散している作業者間のコミュニケーションを支援し，電子掲示板は多くの作業者への情報の伝達や情報交換に役立っている．しかし，新たなシステムやツールの導入が必ずしもよい効果ばかりを生み出すとは限らないし，作業を管理するには便利なものであっても利用者にとってはまったく無意味なものであったり，かえって作業の邪魔になったりするものもある．このようにグループにおいて協調的に行われる作業を支援するための人工物を設計し評価するための学問分野としてCSCW（Computer-Supported Cooperative Work）がある[10]．

　CSCWは，それまで既存の分野でグループ協調作業を支援するシステムの開発・評価を行ってきた研究者たちが1984年にこの名称で研究会を開いたことにより，その名が定着した[11]．それまで，HCI（Human-Computer Interaction）や人工知能（AI），経営学，社会科学などの分野において知的システムやインタフェース，組織論など，それぞれグループ作業を対象とした研究がその基となっている．したがって，CSCWの定義にはさまざまなものがあるが，ここでは次の定義を用いる[12]．

> 「CSCWとは協調作業を行う集団のためのコンピュータに基づいた技術を設計することを目的として，協調作業そのものの本質や要求を理解する試みである」

この定義において重要なことは，CSCW の本質を協調作業の理解においている点である．すなわち，新しいツールを盲目的に導入する技術主導型ではなく，協調作業の性質とその要求に応じて技術を開発する要求指向型と位置づけている．したがって，CSCW のアプローチにおいては協調作業に関わる者（アクター）と人工物それぞれの相互依存性において，そこにどのような支援技術をいかに導入するべきかに注目する．その前提となるのが，(1) アクター集団と人工物からなる協調作業設定 (cooperative work arrangements) とそれが行う作業の分析・理解と，(2) 技術のコンテキスト依存性への考慮だといえる．

　情報技術による協調作業の効率化には，マルチユーザデータベースやファイル共有などが以前よりあった．これらが CSCW と異なるのは，対象が共有されていても基本的にはこの共有物に対して 1 人で作業することが前提となっているため，作業を「協調的」に遂行するために必要な同調 (coordination) や連携 (alignment)，そして他の作業者の作業に対する理解 (making sense) に対する支援は提供されていないことにある．したがって，システムの導入による弊害も指摘されることがあった[13]．

　CSCW における「CW」は cooperative work の略で一般に「協調作業」と訳される．似たような言葉に上述した「同調」(coordination) と「協同」(collaboration) があるが，これらはどう違うのであろうか．協同と協調は目的を共有する複数の人間が作業をともにすることであるといえる．その際，できるだけ効率的に物事を運ぶために各アクターが採る行動が同調であると考えられる．したがって，協同と協調には意図的な同調的行動が伴う[14]．つぎに協同と協調の差は，作業における相互依存性の程度にあるといえる．正の相互依存性が高い作業，すなわち，作業の遂行においてアクターが協力することが必要とされる作業を協調作業，そうでない場合を協同作業とよぶ．

　協調作業の要素には次の 3 つがある．

- 協調作業設定 (cooperative work arrangement)：協調作業に参加するアクター（それに関与する人工物の環境を含む）
- 共通作業対象 (common field of work)：協調作業設定による作業の対象となるもの
- 表現作業 (articulation work)：主として協調作業設定における同調の

ために行われる行為で，説明や意思表示のようなコミュニケーション行為や状況確認のような認知行為

例を挙げると，船の航行という協調作業においては，協調作業設定は船の乗組員やそれを代用する自動航行装置のような人工物，共通作業対象には船そのもの，乗客や積荷，そしてそれらの近傍の環境などがあたる．表現作業には乗組員間のコミュニケーションや計器による船体情報の計測の認知，乗客の様子のモニタリングなどがある．これら複雑に絡み合うアクターや情報，環境が協調作業を成立させる．逆にこの複雑さが協調作業における問題点となる．

協調作業設定における複雑さの要素としては，(1) 協調作業設定に関わるアクターの数，(2) 各アクターの作業に関する専門性の程度の差，(3) 協調作業設定と共通作業対象のあいだのマッピングの度合いとその明確さの度合い，などが挙げられる．また，表現作業においては，(1) 共通作業対象の状態の不確かさ，(2) 他のアクターの行為に対する情報の欠如，(3) 他のアクターの行為に関する予測の難しさ，(4) 作業環境における表現作業の制約（騒音や障害物による視聴覚機能の低下など），(5) 言語・非言語的コミュニケーションから生じる誤解や状況認識の誤認による影響，などが複雑さを増す要因となる．

このような協調作業の分析における代表的なものとして，作業現場において作業の一員として長期間にわたり観察するエスノグラフィや，分散認知 (distributed cognition)[15] や活動理論 (activity theory)[16] といった，とくに協調作業に重点を置いた分析手法が近年注目されている．

これらのことから，CSCW が対象とする支援は，協調作業における作業者間の距離の克服から複雑さの管理に至る幅広いものであるといえる．

1.4.2 グループウェア

グループウェアは CSCW システムの一例であり，主として情報の共有やスケジュール調整といったオフィス環境における協同作業を支援するためのツールの総称である．CSCW システムを時間的距離（作業の同時性）と空間的距離（作業者の作業場の物理的距離）から考慮すると，表 1.2 のようになる．

表 1.2 CSCW システムの時空間的特性

	同時	非同時
同じ場所	対面(face-to-face)インタラクション 例：Colab(Xerox)，アリゾナ大学電子会議室	非同時的インタラクション 例：グループウェア
異なる場所	同時分散的インタラクション 例：遠隔会議システム	非同時分散的インタラクション 例：グループウェア

このように，グループウェアは主として非同時分散的な協調作業の支援を対象とするものである．グループウェアの機能としては一般に次のようなものがある．

- ユーザ管理機能：ユーザ登録，グループの管理（メンバーの追加・削除），アクセス管理
- 情報共有・管理機能：共有ワークスペース（フォルダ），ドキュメントのアップロード・ダウンロードの補助，ワークスペース・ドキュメントへのアクセス設定，ドキュメントのバージョン管理，検索機能
- 通信・コミュニケーション補助機能：チャット機能，ディスカッション（掲示板）機能，通信ツールへのインタフェース
- スケジューリング機能：カレンダー管理（個人・グループ），ミーティング日程調整機能

このように機能を充実させ，作業やグループの必要に応じて必要な機能を選択的に利用するといった形態が採られる．共有ワークスペースを中心としたグループウェアの例として BSCW (Basic Support for Cooperative Work)[17] などがある．

しかし BSCW のように多くの機能を備えたグループウェアが必ずしも効果的に利用されるとは限らない．Grudin は CSCW システムの導入が失敗する例として次の 8 つを挙げている[18]．

- CSCW システムが要求する作業とそれから得られる個人的利益の不一致
- CSCW システムが効果的に機能するために必要なクリティカルマスと囚人のジレンマの問題
- 社会的プロセスへの弊害

- 例外の取り扱いの不適切さ
- 利用における敷居の高さ
- システムの評価の難しさ
- システムの非直感的な挙動
- システム導入決定までのプロセスにおける問題

グループウェアが効果的に利用されるにはこれらの問題が考慮される必要がある．

1.4.3 アウェアネス

前項で挙げた8つの問題のうち，社会的プロセスへの弊害は協調作業の中でも主として表現作業に関わる問題であるといえる．時間と場所を共有して密に行われる協調作業では，他の作業者の行為などを認識することにより暗黙的な表現作業が行われることが多い．協調作業設定や共通作業対象における状況の認識のことをアウェアネス（awareness）とよぶ．しかし人工物を介しての同調においては，アウェアネスを効果的に得ることは一般に難しいとされる．同調に関するインタラクションにおける人工物の介在の有無とインタラクションにおける形態をまとめると表1.3のようになる[19]．ここで非介入的インタラクションとは同調が作業を中断することなく行える場合，介入的インタラクションとは同調の表現作業を要する場合を指す．

非介入的インタラクションによる，現在行っている作業に直接関係はない周囲の状況についてのアウェアネスを，とくに周辺アウェアネス（peripheral awareness）とよぶ．人間は周辺アウェアネスを無意識のうちに得ることにより，効率よく同調作業を行うことが知られている．一般に認知的負荷は直接的・非介入的インタラクションがもっとも低く，介入的・間接的インタラクションがもっとも高いと考えられる．たとえば，ロンドン地下鉄の制

表1.3 同調におけるインタラクションの形態

	直接的（即時的）	間接的（人工物の介在）
非介入的インタラクション	作業者相互のアウェアネスによる暗黙的な同調	作業において人工物が共有されることによって行われる同調
介入的インタラクション	質問・要求・指示等他の作業者の注意を喚起することによる同調	人工物が同調を管理

御室における表現作業の研究[20]によると，作業者は各自に割り当てられた作業をするなかで，運行表示板の確認のための席の移動や不安な表情をみせるという「自然に」行われる作業や表現により，他の作業者への表現作業を行っていることが報告されている．したがって運行表示板を各作業員の机上のモニタに表示できる新たな人工物の導入は一見便利そうであるが，かえって表現作業を阻害する，あるいは同じ表現作業のために介入的なインタラクションを要するようになる．

同調におけるアウェアネスの重要性から，グループウェアにおいても非介入的にアウェアネスが得られるような機能が導入されている．共有されているドキュメントが変更された場合や，共有ワークスペースに新たなドキュメントがアップロードされた際に電子メールで関係ユーザにそれが知らされるといったサービスはそのような機能の1つである．

1.5 協調的情報マネージメント

1.5.1 情報共有の概念

同調のためのインタラクションにおいて人工物が介在する場合を考えてみよう．これは次の3つの場合に大きく分けられる．
(1) 物理的な制約により直接的なインタラクションが不可能である場合
(2) 人工物が同調に有益な付加的情報を提供する場合
(3) 人工物が共通作業対象そのものである場合

このうち，(1)は作業者が分散している場合や，騒音や遮蔽物のような作業環境の制約によって直接的なインタラクションが困難である場合であり，紙と鉛筆，電話やグループウェアなどの人工物が同調作業を支援する．(2)は人工物の介在により同調がはじめて成り立つ場合であり，共通作業対象に関する間接的情報を利用することによりインタラクションの目的が明確になる．たとえば，複数の運転員が協調的にある機械を制御する際のコントロール・パネルや，ドキュメントへの修正等を通知するアウェアネス機能をもつグループウェアを利用する場合がこれにあたる．(3)は特殊な場合であるが，一例として1つの文書を協同編集する作業が挙げられる．

とくに人工物が介在する同調においては，表現作業を効果的に行うために

作業者が協調作業のための情報を共有していることが望ましい．共有すべき情報は共通作業対象に関する情報から作業者それぞれの情報までさまざまである．このように協調作業において共有される情報が所在する「場」を共有情報空間（CIS：Common Information Space）とよぶ[12]．共有情報空間においては作業者間の情報交換のような表現作業や共通作業対象に対する情報へのアクセスが行われる．協調作業設定が空間を共有する場合は，そこに存在し複数の作業者が認知できる情報機器からなる作業場が共有情報空間に相当する．作業者が分散している場合はグループウェアにおける共有ワークスペースなどがその役割を果たす．

共有情報空間を効果的に利用するには，そこで共有されている情報の管理が重要となる．情報がどのように認識され，理解され，利用されるかはそれを提供する側と受け取る側の暗黙の了解や，情報のコンテキスト（文脈）に左右されることが多々ある．したがって，共有される情報をいかに管理し，利用しやすくするかが協調作業における情報共有の課題となる．

1.5.2 協調的情報管理

グループにおける情報管理の例としてグループウェアをみてみよう．BSCWのようなグループウェアの文書管理機能では一般につぎのことができる．

- 共有ワークスペース（フォルダ）の作成
- メンバーの設定，アクセス権の指定
- ドキュメント（ファイル）のアップロード・ダウンロード，差し替え・削除
- ワークスペースの構造化（サブフォルダの作成）
- ドキュメントに対する注釈付け，およびそれに基づいた議論

最初に共有ワークスペースを作成すること以外は，アクセス権の指定によって各ユーザが文書管理作業を行うことができる．グループウェア利用に際しての問題として，複数の人間が情報の管理を行うことによって生じるものがある．これらは，(1) バージョン管理や情報の同期化のような情報の整合性に関する問題，(2) ある人がアップロードしたドキュメントを他の人が削除するといった場合の情報の所有に関する問題，そして，(3) 共有される情報

の整理に関する問題である．ここではとくに(3)について考える．

　情報の整理としては，フォルダやワークスペースにファイルやドキュメントを分類して保存することが一般に行われる．各フォルダはさらにサブフォルダに分けられ，階層的な構造をもつことができる．このような構造的な整理のことをここでは情報分類とよぶ．情報分類は個人として行う場合には問題となることは少ないが，それでも時間が経つとどのフォルダにどのドキュメントがあるのかわからなくなるというのは多くの人が経験することであろう．これが複数の人間の場合，問題はより深刻になる．

　分類には分類する人の世界観が反映される．さらに分類をする動機となる情報要求や利用目的によっても異なる．協調作業設定における作業者は理想的にはその目的や視点，立場というものを明示的・暗示的に共有しているはずなので問題が生じないはずであるが，それは稀であろう．また，既存の分類に基づいて入ってきた情報を分けていくという作業と，新たに分類体系から構築するというのとでは後者の方が格段に複雑な問題となる．

　このような協同分類作業 (collaborative classification) も協調作業における「距離」の克服の問題とみなすことができる．先に協調作業における空間的距離と時間的距離の問題について述べたが，ここでは各作業者の世界観における概念の「意味的距離」を CSCW が克服すべき第3の距離ととらえることにする．通常，意味的距離はあるグループが日常的な協調作業を通じて暗に克服している．あるグループ特有の通語（jargon）が使われるのはその副産物の一例である．しかし，グループがそれほど強い結びつきをもたない場合や，職業や専門分野などの背景を共有しない場合，意味的距離の解消は容易ではない．

　協同分類作業の一例にオントロジーの構築がある．オントロジーとは元来哲学用語で存在論を指し，この世界に存在するものに関する体系の理論のことであるが，近年，情報工学や人工知能の分野においては，人工物や概念のあいだの関係の明示化による体系化のことを意味する．ここでいう概念間の関係とは上位／下位関係，部分／全体関係，類似／反意関係などである．オントロジーを構築する目的には大別して次の2つがある．

- 概念を表現する語彙の統一と概念体系の明示化
- 再利用を目的とした知識体系の記述

前者は語彙論（terminology）と分類（taxonomy）を組み合わせたものであり，後者は知識ベースに近いものである．知識ベースの構築はそれ自体が共有知識の体系化という協同作業になるので，協同分類作業の観点からは前者が適当なレベルである．オントロジーはある領域におけるある共通の世界観を表現するものであるので必然的に協同作業の要素をもつ．オントロジーを協同構築することにより概念体系を共有することは，情報共有における意味的距離の克服に寄与する．

オントロジーの協同構築には，グループで逐次議論し合意を取りながら単一のオントロジーを作る方法と，グループの中にある複数の視点で作られた複数のオントロジーを融合（merge）したり整合（alignment）を行ったりして共通のオントロジーを構築する方法，そしてこれらを組み合わせた方法が考えられる．単一オントロジーを協同で作るのは手間がかかるが，オントロジーに含まれる概念についての議論を通じて共通の理解を形成できる利点がある．これを支援するツールとしては Ontolingua[21] や Ontobroker[22] のようなオントロジー編集ツール，Concept Index[23] のような協同索引作成ツールがある．とくに Concept Index は，共有ドキュメントにおいてそのグループに重要であると考えられるキーワードを協同で構造化するツールでボトムアップ的に共有オントロジーの作成を支援する．複数のオントロジーの融合や関連づけによる方法では逆に各オントロジーの形成は比較的容易になるが，それらを組み合わせる段階で作業が複雑になる．代表的なシステムとしては PROMPT[24]（のちに Protégé）や OntoMorph[25] などがある．

1.5.3 協調的情報検索

オントロジーの構築は概念体系とその理解の共有という点で情報の検索にも利用できる．あるグループが協同で作成したオントロジーを基に情報が整理できれば情報の検索も分類をたどることによって行える．一方でグループにとって有益な情報のみを協同作業として見つけ出すことも協調的情報検索の 1 つである．

情報検索とは情報を必要とするユーザの要求（情報要求）を満たすような情報を見つけることであるが，これを文書検索としてとらえると，文書集合の中からユーザの検索質問（query）に適合する文書を探しだすことといえ

る[26]．ここで文書をテキストに特化すると，現在一般に利用されている全文検索とよばれる情報検索手法は次のような手続きをとる．まず，日本語や英語のような自然言語を分析し，それぞれを特徴づける内容情報を簡易な形式で表現する．通常用いられる手法としては形態素解析（日本語）や接辞処理（英語等）により名詞・形容詞・動詞などの索引語を抽出し，検索に意味がないと判断される不要語を除去する．これらの索引語をその網羅性や特定性を高めるために TF (Term Frequency, 出現頻度) や IDF (Inverse Document Frequency) などで重みづけをする．これらの処理を文書および検索質問について行い，ブーリアンモデルやベクトル空間モデルなどで表しそれらのあいだの類似度を計算し，類似度の高いものを選択する．

　協調的情報検索においては上記のような情報検索手法に加え，社会的フィルタリング (social filtering) という手法がある．これは，各ユーザが検索結果として得られた文書に対して評価を与え，その評価結果をそれ以降の検索結果のフィルタリングに利用するものである．手法としては，文書の作成者などの付加情報を利用する方法や，文書の内容表現に評価結果で重みづけする方法などがある．社会的フィルタリングは書籍や映画の推薦システムなどに利用されているが，ユーザが情報を評価することが必要になるためユーザへの負担が高まる．そのため，評価を効率よく得られるようにする必要がある．

1.5.4 知識マネージメント

　協調的情報管理に関連して，知識マネージメント（ナレッジマネージメント，knowledge management）という考え方がある．知識マネージメントには確固たる定義はないが，知識の創成から社会における流通，共有を通し新たな知識の創成につなげることを目的としたものである．さらに知識の継承や再利用を目的として知識の体系化や形式化を目指すものもある．いずれにせよ知識マネージメントは協調的要素を含んでおり，グループウェアが利用されることも多い．

　知識マネージメントが対象とする知識には，情報やその解釈といったグループの作業対象に関する知識のほかに，「誰が何を知っているか」，「この問題は誰に聞けば解決できるか」といったメンバーに関する知識がある．前者は

知識ベースとして蓄えられたものを利用して問題解決をすることを前提としており，後者は問題解決に必要な知識をもっている人を推薦するためのものである．

問題解決の適格者を推薦するシステムの例として紹介システムがある．Referral Web[27]では，各メンバーの専門について，知り合い関係をたどることにより探索し，問題解決に必要な専門知識をもっている人をみつけて紹介する．知り合い関係には，論文の共著者や，同じ組織に所属するなどの関係を利用する．これは単に専門性のみによる適格者の選択に比べ，人の信頼性や「紹介」という社会的行為を通じた協力依頼を知り合い関係により推定することにより，より効果的な問題解決を図るという試みである．

このようにグループによる問題解決には単なる情報や知識の共有だけではなく，人材という要素もある．共有情報空間にはある作業者の別の作業者に対する信頼や期待といった情報が，グループの中の社会的要素として含まれているといえる．

1.6 インタラクションの設計

1.6.1 インタフェースデザインからインタラクションデザインへ

1997年にWinogradはコンピュータの利用形態の軌跡と今後の展望について次のように述べている[28]．

- 「計算」から「コミュニケーション」へ (From *computation* to *communication*)
- 「計算のための機械」から「生活環境」へ (From *machinery* to *habitat*)
- 「見知らぬ他人」から「生活の伴侶へ」へ (From *aliens* to *agents*)

これはコンピュータが単なる計算をするためだけの機械から日常の生活で人々を支援するものへと，その利用形態が変わってきたことを示す．実際，コンピュータの小型化と性能の向上は飛躍的に進んでおり，近年では「身につけるコンピュータ」（ウェアラブルコンピュータ，wearable computer）も現れてきている．

このようにコンピュータはその利用形態において人々との相互作用（インタラクション）をもつものという性質をますます強めており，その設計にお

いてもこのインタラクションを考慮する必要性が高まってきている．インタラクションデザイン（interaction design）とは次のように定義される[29]．

「日常生活や仕事において人々を支援するインタラクティブな人工物を設計すること」

インタラクティブな人工物とは，それに対する人による操作をその人工物の状態変化に応じて目的に向かって繰り返し行うようなものを指す．コンピュータやコピー機，電話や自動販売機もインタラクティブな人工物である．

ユーザがコンピュータを操作するための出入力装置は従来，インタフェースという概念でとらえられてきた．インタフェースはシステムと人間の1対1の関係において，そのあいだを取りもつものという見方であるが，たくさんのコンピュータと複数の人間が相互にデータのやり取りやコミュニケーションを取り合いながら作業を行う環境では，相互利用の組み合わせの数だけインタフェースが存在し，これらが複雑に組み合わされる．これを Winograd は「インタースペース」（interspace）と称したが，複数の人工物や人が関与する環境におけるインタラクションの設計にはこのインタースペース全体を考慮することが望ましい．同調におけるインタラクションの分析手法としては Language/Action Framework (LAF)[30] や分散認知 (distributed cognition)[15] などがある．

LAF はオースティンやサールの言語行為理論 (speech act theory) に基づいている．会話の中には相手の行為に対する要求が直接的に表現される場合もあるが，エアコンのパネルの近くにいる人に向かって「この部屋は暑いね」と言って設定温度を下げてもらうといった，間接的に表現される行為に対する要求もある．言語行為理論では会話の中の発言を次の5つの言語行為に分類する．これらは (1) 主張断定型 (assertives), (2) 行為拘束型 (commissives), (3) 宣告命令型 (declarations), (4) 行為指導型 (directives), そして (5) 態度表明型 (expressives) であり，会話の内容をこれらの言語行為により分析する．LAF は言語行為理論を利用してある作業設定において通常やり取りされる会話を分析することによりその言語行為を明示化し，会話によるインタラクションをモデル化することによって作業環境におけるコミュ

1.6 インタラクションの設計

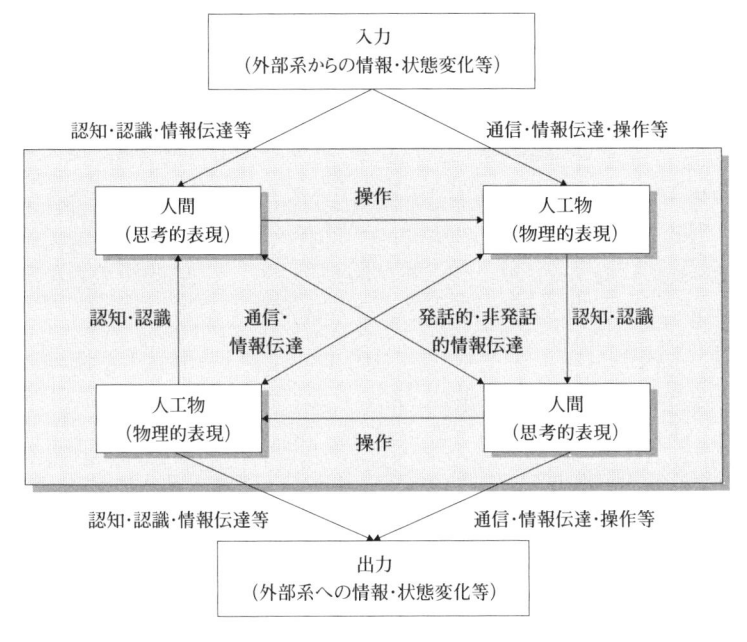

```
             ┌─────────────────────────┐
             │         入力            │
             │(外部系からの情報・状態変化等)│
             └─────────────────────────┘

認知・認識・情報伝達等           通信・情報伝達・操作等

      ┌──────────┐   操作   ┌──────────┐
      │   人間   │ ──────→ │  人工物  │
      │(思考的表現)│ ←────── │(物理的表現)│
      └──────────┘          └──────────┘

認知・認識  通信・       発話的・非発話   認知・認識
           情報伝達      的情報伝達

      ┌──────────┐          ┌──────────┐
      │  人工物  │ ──────→ │   人間   │
      │(物理的表現)│  操作   │(思考的表現)│
      └──────────┘ ←────── └──────────┘

認知・認識・情報伝達等           通信・情報伝達・操作等

             ┌─────────────────────────┐
             │         出力            │
             │(外部系への情報・状態変化等)│
             └─────────────────────────┘
```

──→ ：情報表現状態遷移
人工物：情報通信機器, 制御機器, 環境機器, メモ, ディスプレイ等

図 1.7　分散認知のモデル

ニケーションを支援するシステム (Coordinator) の設計に使われた．

　分散認知では，協調作業を行う人々がお互いに認識できる人工物を通して会話の内容や指示をどのように明示化しているかに注目し，作業者間の表現作業を分析する．このような人工物は共有外部表現 (shared external representations) とよばれ，ホワイトボードに書かれた工程表や，チェックリスト，作業者が共通に使用するモニタに映し出されるある物理量の計測値などが相当する．分散認知では人々と人工物，そしてそれらの環境のインタラクションが全体として1つの認知システムであるとの見方から，協同作業を認知プロセスとして分析する(図 1.7)．この方法により，協調作業設定に対する外部刺激として与えられた情報が，さまざまなメディアに変換されてその表現状態 (representational state) を変化させながら伝播していく様子を分析する．分析結果は，協調作業をより効率よく行うための支援をどのプロセ

スでどのように行えばよいかを評価することに適用できる．

1.6.2 社会的アウェアネス

アウェアネスとは協調作業において他の作業者の行為や作業状況に対する認識であるが，これは対象とするものによってタスク的アウェアネスと社会的アウェアネスに分類できる[31]．タスク的アウェアネスは主としてある作業の達成目的に関する状況についての認識であり，共通作業対象の状況とそれに従事している作業者の作業に関する状況ととらえられる．たとえばBSCWにおいては，ワークスペース上に新しくドキュメントが作成されたとき，誰かがドキュメントを閲覧・編集したとき，誰かがドキュメントを移動したときなどにアイコン表示や，メールなどでそれらのイベントをユーザに知らせる機能があるが，これはタスク的アウェアネスを支援する．一方，協調作業においては現在の作業に関係なく，他の作業者が通常の作業場にいるかいないか，何をしているのか，誰と一緒に作業しているのかなどといった状況を周辺アウェアネスとしてもっていることが同調に効果的である．同じグループの作業者が机に向かっている，10分ほど前に廊下ですれ違った，上司によばれて席をはずしたなどといった状況は，その時点ではあまり意味をもたなくてもその後の同調や作業状況の把握に役立つかもしれない．これらは社会的アウェアネスの例だが，タスク的アウェアネスが主として共通作業対象についてのアウェアネスであるのに対し，社会的アウェアネスは協調作業設定を共有コンテキストとみたアウェアネスであるといえる．

社会的アウェアネスを支援するものとしてはPortholes[32]というシステムやActive Badge[33]などがある．Portholesは分散した各作業者の机の前にカメラを設置し，それによってそれぞれが現在何をしているかチェックできるものである．これを利用することにより，他人の作業を不必要に中断させることなく会話を始めたりできるし，不必要に誰かを探したりする必要がなくなる．Active Badgeは赤外線発生装置であるが，これを各作業者が身につけることにより，赤外線センサが各所に配置された建物や広い作業環境において各作業者の位置やその履歴を調べることができる．

また，NESSIE[31]というシステムはアウェアネス環境インフラとしてセンサとインディケータを自由に組み合わせることによりさまざまなコンテキス

トにおけるアウェアネスを支援する．センサとしてはシステムの状態や室温・部屋の明るさなどを測る環境センサなどがあり，インディケータとしてはスクリーン上のポップアップウィンドウや仮想現実世界，照明や音声などが用意されている．これらにより，組織的・個人的・空間的・情報の内容といったコンテキストによりグループ化された人々に関する社会的アウェアネスを，各種インディケータによって別の形式の表現に変換し，周辺アウェアネスとして利用できるようにすることを目的としている．

1.7 コミュニティウェア

1.7.1 コミュニティ指向システム

CSCW の W (work) にみられるように，協調作業支援は従来，ある特定の作業を行うために組織的に形成されたグループを対象としてきた．これはコンピュータを介した同調や通信が主として企業や団体の作業環境において利用されてきたためである．しかし近年インターネットを代表とするコンピュータネットワークが一般に広く普及し，日常の生活に利用されるようになってきたことから，対象がグループよりも緩やかなつながりをもつ「コミュニティ」へと広がってきた．そこで従来のグループウェアに相当するものとして「コミュニティウェア」というタイプのシステムが現れてきた．コミュニティウェアはコミュニティにおける社会的インタラクションの創成・維持・発展を支援するためのツールとされ，その方法論とあわせてコミュニティ・コンピューティング (community computing) とよばれている[34]．

コミュニティには地域コミュニティのような物理的空間を共有するものと，ネットワーク・コミュニティのようにある通信手段にそのインタラクションを依存するものとがある．また，共通の興味や目的をもつ COI (community of interest) と，共通の専門知識や職能などに依拠する COP (community of practice) がある．COI の例としては，あるサッカーチームのサポーターズクラブや，環境保護に興味のある市民グループなどがある．COP の例としては学術的組織が挙げられる．一般に COI は開放的で COP は閉鎖的であるが，双方とも組織，発展，解消を繰り返し，それらの構成員も必ずしも一定に保たれない．地域コミュニティに基づく COI がある場合や，COI の核に

COPがあるというようにこれらは必ずしも明確に区別できるものではない．

　コミュニティ指向のプロジェクトには目的別に，(1) ネットワーク等を媒介としたコミュニティにおける情報交換や親善活動を目的としたもの，(2) 地域コミュニティにおける情報交換や生活支援を目的としたもの，(3) 物的・人的な文化的遺産の保存を目的としたもの，(4) コミュニティ活動のインフラ構築を目的としたもの，などがある．(1) の例としては米国における Senior Net という高齢者のネットワークがあり，インターネットから郵便まで幅広い通信手段を利用している．(2) には Seattle Community Network や「デジタルシティ京都」などの例があり，地域における情報の収集配信を主眼として地域コミュニティを基盤としたネットワーク・コミュニティと相補している．(3) の例としては，欧州プロジェクト Campiello のように人口の高齢化や減少などにより地域的遺産が風化の危機にある都市の文化遺産の保存・継承を目的としたものがある．(4) の例としてはドイツ国立情報技術研究所 (GMD) の Social Web などがある．Social Web はグループウェアという共有情報環境を中心に仮想現実 (VR) 技術や協同索引生成を通して，メンバー間のインタラクションや社会的アウェアネスの支援や，コミュニティにおける知識の獲得や共有を目的としている．

1.7.2 コミュニティ知

　コミュニティにおける知識，あるいはコミュニティ知 (community knowledge) とは何であろうか．一般に集団がもつ知識は，ある質問や課題をその集団に課したときに，それに対して集団として答えを出せる能力の基となる知識のことであるといえる．このようにみると，コミュニティ知とはコミュニティの構成員各々のもつ知識の総和に加え，それらの相互作用による知の創出であるといえる[35]．

　このようなコミュニティ知の獲得や共有，利用には以下のような支援が必要であると考えられる．

- コミュニティにおける共通語彙や知識体系の整理
  各構成員のもつ知識体系や概念体系の関係づけや融合を支援することによる知識マネージメント．
- 構成員のもつ情報や意見の発信の支援

各個人がコミュニティにおいて自己を表現することを容易にする手段を提供することにより情報提供を促し，知識の獲得へとつながる．これには対話の場を提供することにより自然に情報提供が行われるような方法や，映像や音声を媒介とした情報共有による文脈の提供，ウェアラブルコンピュータによる日常的な環境情報の獲得などが提案されている．

- コミュニティにおける相互理解の促進
コミュニティで行われるネットワーク会議における話題提供や合意形成支援．

地域コミュニティや多人数のネットワーク・コミュニティでは，全員で同時に同じ場所で合議するのは非現実的であるので，ここでは分散非同時型のネットワーク会議支援について考えよう．このような形態のネットワーク会議には一般に電子掲示板のようにある話題について意見を述べ合う形式がとられる．しかし，制約のない自由発言形式では情報量が多すぎて読み手の認知的負荷が高すぎる，話題の変遷に適応できない，発言者の真の意見が誤解されるなどの問題が生じるので，会議の構造化・視覚化が要求される．その例として IBIS（Issue-Based Information System）がある．IBIS は発言を論点（issue），立場（position），賛成・反対の立場についての議論（argument）に分類し，論点を明らかにしながら明示的に議論をすすめるシステムで，IBIS における意見間の関係を視覚化する gIBIS もある[36]．

会議をその参加者による協調作業ととらえた場合，その共通作業対象は問題認識・問題解決・社会的意思決定といった会議そのものである．このように共通作業対象が主観的であったり，非明示的であったり，見る人や立場により解釈が異なるような場合，協調作業は困難である．したがって，会議における議題に関して立場を明示的に表明しながら発言するというインタラクションを提供し，それを視覚化することにより参加者間の立場の違いや合意度を表現するアプローチも提案されている[37]．

1.7.3 CSCW の視点からの環境問題

環境問題にはさまざまな側面があり，環境保護には廃棄物処理など技術的課題が多く残されている．持続可能な社会を目指すには住民の環境問題への意識の向上や理解・協同が必要であることを考えると環境問題には社会的要

素も大きい．このことから，社会における環境問題についての共通認識の確立や地域コミュニティ間の共通制度の制定が必要となる．快適な生活や経済活動を維持しながら環境問題と取り組むには新たな価値観の導入や創造が重要である．これらはコミュニティとしての知の創造や効果的な社会的合意形成と強く結びついている．

　行政主導のトップダウン的な制度設定に加え，NPO や住民の主導によるボトムアップ的なアプローチが実効をもつ例は数多くみられる．環境問題への取り組みはコミュニティという協調作業設定による協調作業であるとみると，CSCW 的アプローチが適用できると考えられる．共通作業対象は廃棄物の削減や品種の保持といった明確なものもあれば，問題の認識といった不明瞭なものもある．CSCW のアプローチにある，共通作業対象の明示化や共有情報空間の導入が協同作業における同調に有効であると考えられ，環境情報システムや，社会的合意形成システムの発展が期待される．

1.8 リスクに配慮した社会

1.8.1 リスクとは

　われわれは今日，さまざまなリスクに囲まれて生活している．通勤途中に交通事故にあうリスク，毎日食べている食品の中に含まれる添加物の健康影響，ガンなどの重大な病気にかかるリスク，勤務先の倒産，犯罪やテロに巻き込まれるリスクなど考え出したらきりがない．

　では，リスクとは何であろうか．人が認識するリスクには多面性があって定義することは難しいが，ここではとりあえず規範的なリスク論の考え方に基づき，リスクを以下のように定義する[38]．

> 「人間や人間が価値をおく対象に対して危害を及ぼす物，力，情況などを特徴づける概念であり，その大きさは損害の生起確率と規模によって表現される」

このようにリスクは損害が顕在化する確率と，顕在化したときの損害規模によって決まる尺度であり，通常は両者の積をもってリスクを表す．

リスクを考える際に重要なことは，損害の顕在化は確率的な事象であって不確実性を伴うので，世の中に「ゼロリスク」とか「絶対安全」というものは存在しないということである．絶対安全がないので，あるリスクを取り除こうとすると必ず他のリスクが発生する．たとえば，ある医薬品に重大な副作用があることが判明して回収することになったとする．もしもその医薬品の薬効を完全に代替できるものがなければ，その医薬品で治療を受けていた患者は治療を受けられなくなる．代替品がある場合でも，その代替品の副作用が新たなリスクとして加わるし，代替品が不足して手に入らなくなるかもしれない．

このようにリスクの除去が新たなリスクを生む以上，リスクに関わる意思決定を行う場合にはリスクを相対的に比較する以外に方法がない．また，どんな決定を行ってもリスクをゼロにすることはできないので，社会はある程度のリスクを受け容れざるをえない．スポーツや食事の好みなど個人の嗜好に関わるリスクは基本的に個人の裁量に委ねるべきだとしても，どのレベルのリスクであれば社会が受け入れてもよいかは社会的合意によって決定されなければならない．

1.8.2 リスクの多面性

専門家にとってリスクは損害の生起確率と規模によって定義できるが，人々は必ずしもこのようなリスク概念に従ってリスクの受容・回避を決定しているわけではない．発生確率が 0.001 のある事故によって 1000 人が死ぬリスクと，確実に事故が発生して 1 人が死ぬリスクは同じであるが，死ぬかもしれない 1000 人が不特定であるのに対して確実に死ぬ 1 人が自分であったならば，誰でも前者に比較して後者のリスクが重大であると思うに違いない．

一般の人々がリスクをどのように受け取っているかについては社会心理学の分野でさまざまな研究が行われてきており，主に恐ろしさと未知性の 2 つの因子がリスクイメージを基本的に決めていることがわかっている[39]．ここで，恐ろしさ因子は制御不能性，結果の非可復性，致命性，未来世代への影響，リスク受容の非自発性，不公平性などに関係するのに対して，未知性因子は現象の不可視性，新規性，遅延的影響発現，関連情報・体験談の入手

性，科学的未解明性などに関係する．そして，人々はたとえ損害の生起確率と規模で定義されるリスクが等しくても，恐ろしさ因子，未知性因子の大きい出来事をより危険だと感じる傾向がある．

　また損害にはさまざまなものがあり，これらを共通の指標にまとめてリスクが表現できるかという問題がある．リスクの評価でよく用いられる指標は，事故や健康被害が起きた場合に何人の命が失われるかという人命損失である．一方，死にまでは至らなかった健康被害をどうカウントするか，あるいは人命損失がないとしても風評被害などの甚大な経済的損失や，半永久的な土地の放棄が必要な場合はリスク評価で考慮しなくてもよいのかといった問題もある．また，これらすべてを考慮するとしても，人命損失，経済的損失，環境破壊を同列に金銭換算で論じてよいかといった問題が発生する．

　さらに，ある活動から利益を得る集団とそれに伴うリスクを負わされる集団との相違，社会的意思決定の手続的公正，リスク負担の国民的公平性などが問題とされることが多い．ゴミ処理施設，原子力発電所，石油備蓄基地，軍事基地などの施設を過疎地に立地することは都会に立地するよりもリスク的には「よりましな決定」かもしれないが，上記の意味で社会的に許容されるとは限らない．

　人々が意思決定の際に考慮が必要と思うリスクに関わる情報を集めて問題点を整理する作業を，リスクの特徴分析とよぶ．従来の安全工学が損害の生起確率と規模で定義されるリスクの評価に熱心だったのに対して，リスク評価以前にリスクの特徴分析を十分に行って社会がどのような問題に関心をもっているかを解明することが不可欠になっている[39]．

1.8.3 リスクに配慮した社会

　人類は長いあいだ，飢餓，食中毒，野生動物，伝染病，自然災害などのリスクに悩まされてきたが，人工環境で護られた現代人にとってこれらのリスクの脅威は過去のものになりつつある．自然環境に起因するリスクに代わって，現代人が直面しているのはむしろ人が生み出した人工環境，あるいは人の活動に起因するリスクであり，これら現代のリスクで被害が生じた場合には天災ではなく人災として社会問題とされることが多い．また，地球温暖化や環境破壊など，個人を超えて人類全体の命運にも関わるリスクが議論され

出したのも現代の特徴であるが，その原因もまた人工環境の拡大に求められる．社会学者の Beck は近代化と文明の発展に伴うリスクに圧倒されてしまった現代社会を「リスク社会」とよんだが[40]，リスク社会のリスクが意味するものは人工環境に起因するリスクと言い換えてもよいだろう．

こうしたなかで，次第に人々が「開発・成長」よりも「安全・安心」という概念に価値をおくようになるのは理解できる．ゼロリスクがありえない以上，また現代のリスクが人が創り出した人工環境に起因するものである以上，リスクの実態を適正に認識して管理することが重要課題となってくる．そこで，リスク社会に対して「リスクに配慮した社会（Risk-Aware Society）」をつぎのように定義することにする．

「包括的視点にたって，リスクが合理的かつ公正な方法で管理されており，人々がその事実を認識していることにより安心して暮らせる社会」

ここで包括的視点とは，まず損害の生起確率と規模で定義されるリスク概念のみならず，人々の多様な価値基準を考慮したうえで社会的意思決定が行われることを意味する．したがって，従来のように行政が専門家の意見を参考に閉鎖的な場で決定を行い，事後に結果が公衆に知らされるというスタイルではなく，すべての利害関係者や公衆が決定に何らかの形で参加し，さまざまな価値基準を表明して公開の場で社会的意思決定を行うスタイルが求められる．

包括的視点のもう 1 つの意味は，ハードウェア，ソフトウェア，社会技術のあらゆる側面を考慮に入れたリスクマネージメントシステムの設計が必要であるということである．リスクマネージメントの手段には人工物の安全設計や安全装置などのハードウェア，安全を守るための人間行動やそれを支援するための認知的人工物などのソフトウェア，安全管理組織，防災体制，安全行政，法律，保険制度などの社会技術があるが，これらのすべてについて十分な検討が必要である．地震防災を例にとると，構造物の耐震設計に力を入れるだけでは不十分であり，避難誘導の方法，欠陥建築を規制するための法律や行政，地震に強い都市計画，万一の震災発生時に備えた防災体制など，

さまざまな側面を考慮したリスクマネージメントシステムを作り上げなければならない．

つぎに，リスクマネージメントが合理的な方法で行われていることが必要である．リスクの特徴分析において人々のさまざまな価値基準を考慮するとはいえ，単に個人の好みを投票して決めるのではなく，何らかの意味で「理にかなっていること」が社会的合意を得るための必要条件となるであろう．合理性という観点から考えると，リスクを定量評価して共通の土俵で比較することは1つの有力な方法として意味を失ってはいない．ただし，リスク評価はいまだ経験していない将来の事象を予測する不確実性から逃れられないので，つねに合理性には限界があることを意識しなければならない．すなわちリスクマネージメントにおいては，いかに最新の科学的知識に基づく決定をしたとしても，それはその時点で入手可能な知識に基づく決定であり，決して完全ではありえない．したがって，新しい知識が得られるたびに過去の決定を見直し，フィードバックをかけていく以外に方法がない．

最後に公正な方法とは，決定の手続きに恣意性がなく民主的に行われており，決定の結果のみならずその過程や根拠が社会に公開されているということを意味する．リスクに関する情報は原則的にすべて公開され，誰でもアクセスが許されている必要がある．情報の公開は，リスクが適正に管理されていることを人々が認識するために不可欠であり，これによって専門家に対する社会的信頼と，その結果として安心感が達成される．

1.8.4 人のための技術から社会のための技術へ

リスクに配慮した社会の実現に対する認知システム工学の貢献は少なくない．リスクマネージメントにおいては人間行動が鍵となる部分はきわめて大きく，リスクマネージメントシステムの設計においては人間行動の予測や評価を行う技術が必要不可欠である．たとえば，航空機パイロットやプラント運転員の行動をヒューマンモデルに基づいて予測し，異常時，緊急時における対応行動が適切に行えるかどうかを事前に評価するためのシミュレーションシステムが開発されている．さらにコックピットや運転制御室での対応にとどまらず，緊急時，災害時における関係組織の役割分担，対応行動，コミュニケーションなどの適否を評価する防災シミュレータ（図1.8）の開発が

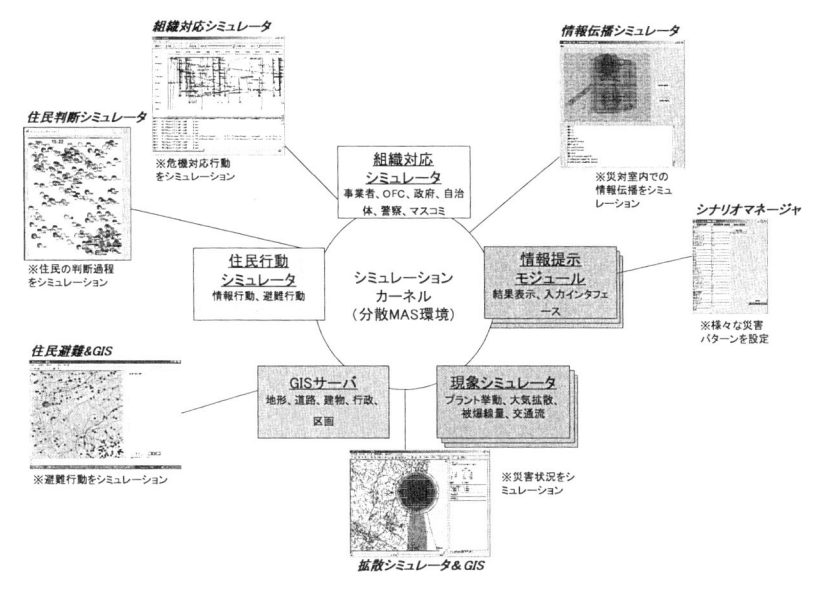

図1.8　原子力防災計画のための緊急時人間行動シミュレータ

進められている．このような，人間行動，組織対応，社会活動を含めた総括的なアプローチが，リスクマネージメントシステムの「理にかなった設計」を可能とする．

　利害関係者や公衆が参加してリスクに関わる合意形成を円滑に進める方法を確立するためには，CSCW技術の応用が期待される．一般公衆の参加による合意形成の手段として，これまで住民投票や世論調査などの手段が用いられてきたが，これらは一過性の意見表明はできても参加者同士のインタラクションが不可能であり，合意形成手段として限界がある．多数の参加者による対面型の合意形成は時間と空間の制約のためにこれまで非現実的であったが，情報通信技術の発達によってこれらの障害は克服されつつある[41]．すなわち，ネットワークで接続された仮想空間に適切な協調作業環境を構築すれば，時間と空間の制約に縛られることなく多数の参加者による協議が実現できる可能性がある．すでに電子掲示板，電子アンケート，メーリングリストなどが世論形成に一定の力を発揮しているが，これらはまだ限定的な意見表明手段に過ぎず，社会的に承認されたものとはいいがたい．誰もが抵抗感

なく参加できる仮想的協議空間を実現することによって民主政の新たな可能性を拓き，論争が先鋭化しつつあるリスクに関わる社会的意思決定問題を解決することが期待される．

最後に，認知システム工学は社会による情報の共有と活用の面で，リスクに配慮した社会に貢献する．薬害 AIDS，JCO 臨界事故，BSE 問題など，近年世間を騒がせた事故・事件ではリスクに関わる重要情報が責任者に伝わらなかったり，何らかの理由で無視されたことが問題であったと考えられる．また，風評被害などのリスクに対する社会の過剰反応も，正しいリスク情報が社会的に共有されていないことに原因がある場合が多い．こうした問題を解決するためには，大量のリスク情報を収集・保存・管理し，意思決定に際して専門家が重要情報を確実に利用できるようにするばかりでなく，そのような情報を社会全体の資産として共有し，合理的決定が下されているかどうかを社会がチェックできるようにする必要がある．これらを実現するためには，協調的情報マネージメントやコミュニティウェアの技術が有用である．

以上に述べたように，認知システム工学は人の認知行動特性にマッチした人に優しい人工物，人工環境を構築することを目的として誕生した学術分野である．当初その関心は，主に個人と人工物のインタラクションにあったといってよいが，個人と人工物の協調的関係の構築を目指すうちに人間集団の協調，人間集団と人工物の協調の問題に関心が拡がったのは必然的なことである．さらに，小集団から組織やコミュニティにおける協調行動を扱うようになり，またこのような協調行動の背景となる情報や知識の共有を問題とするに至った．そして認知システム工学において開発された技術は，人工環境に起因するリスクの包括的マネージメントの手段としても有効であり，リスクに配慮した社会の実現に貢献する．

参考文献
[1] D. A. ノーマン（著），野島久雄（訳），誰のためのデザイン，新曜社（1990）．
[2] 古田一雄，プロセス認知工学，海文堂（1998）．
[3] Sheridan, T. B., Supervisory control. In Salvendy, G. (Ed.), *Handbook of Human Factors*, Chap. 9.6, 1243-1268. New York : John Wiley & Sons (1987).

[4] 古田一雄, ヒューマンモデリングの現状と課題, 人工知能学会誌, **13**[3]: 356-363 (1998).

[5] Jordan, N., Allocations of functions between man and machine in automated systems. *J. Applied Psychology*, **47**: 161-165 (1963).

[6] 古田一雄, 他, プラント運転操作訓練支援システムのための学習者モデル構築手法, 人工知能学会誌, **13**[5]: 811-821 (1998).

[7] 畠山直樹, 古田一雄, プラント運転員による状態認識過程のモデル化, ヒューマンインタフェースシンポジウム 2000 論文集, 3122 (2000).

[8] Tuomela, R. and Miller, K., We-intentions, *Philosophical Studies*, **53**: 367-389 (1987).

[9] 菅野太郎, 他, チーム意図推論手法の提案, ヒューマンインタフェースシンポジウム 2000 論文集, 1112 (2000).

[10] Baecker, R. M. (ed.), *Readings in Groupware and Computer-Supported Cooperative Work*. San Mateo, US Morgan Kaufmann (1992).

[11] Grudin, J., CSCW: History and Focus. *IEEE Trans. Computer*, **27**(5): 19-26 (1994).

[12] Bannon L. and Schmidt K., CSCW: Four Characters in Search on Context. In J. M. Bowers and S. D. Benford (eds), *Studies in Computer Supported Cooperative Work: Theory, Practice and Design*. Amsterdam: North-Holland (1991).

[13] Schmidt, K. and Bannon, L., Taking CSCW seriously: Supporting Articulation Work. *Computer Supported Collaborative Work*, **1**: 7-40 (1992).

[14] Lepper, M. R., Whitmore, P. C., 協同――社会心理学的視点から, 植田一博, 岡田猛 (編著) 協同の知を探る, 共立出版 (2000).

[15] Hutchins, E., *Cognition in the Wild*. Cambridge, US: MIT Press (1995).

[16] Engeström, Y., Miettinen, R. and Punamäki, R-L. (eds), *Perspectives on Activity Theory*. Cambridge: Cambridge University Press (1998).

[17] Bentley, R. *et al.*, Basic Support for Cooperative Work on the World Wide Web. *International Journal of Human Computer Studies*, **46**: 827-846 (1997).

[18] Grudin, J., Groupware and Social Dynamics: Eight Challenges for Developers. *Communications of ACM*, **37**(1): 92-105 (1992).

[19] Schmidt, K., *Modes and Mechanisms of Interaction in Cooperative Work*, Roskilde, Denmark: Risø National Laboratory (1994).

[20] Heath, C. and Luff, P., Crisis and control: collaborative work in London Underground Control Rooms. *Journal of Computer Supported Cooperative Work*, **1**(1): 24-48 (1992).

[21] Farquhar, A., Fikes, R. and Rice, J., The Ontolingua server: A tool for collaborative ontology construction. *Technical Report, Stanford KSL*, 96-126 (1996).

[22] Fensel, D., *et al.*, Ontobroker in a Nutshell. *Proc. European Conference on Digital Libraries*, 663-664 (1998).

[23] Nakata, K. and Voss, A., Collaborative concept extraction from documents. *PAKM 98* (1998).

[24] Noy, N. F. and Musen, M. A., PROMPT: Algorithm and tool for automated

ontology merging and alignment. *Proc. of AAAI-2000*. 450-455 (2000).
[25] Chalupsky, H., OntoMorph : A Translation System for Symbolic Knowledge. *Principles of Knowledge Representation and Reasoning*, 471-482 (2000).
[26] 徳永健伸,情報検索と言語処理,東京大学出版会 (1999).
[27] Kautz, H., Selman, B. and Shah, M., Referral Web : Combining Social Networks and Collaborative Filtering. *Communications of the ACM*, **40**(3): 63-65 (1997).
[28] Winograd, T., From Computing Machinery to Interaction Design. In Denning P. and Metcalfe, R. (eds), *Beyond Calculation : The Next Fifty Years of Computing*. London : Springer-Verlag, 149-162 (1997).
[29] Preece, J., Rogers, Y. and Sharp, H., *Interaction Design : Beyond human-computer interaction*. New York : Wiley (2002).
[30] Winograd, T., A Language/Action Perspective on the Design of Cooperative Work. *Human-Computer Interaction*, **3**(1): 3-30 (1987).
[31] Prinz, W., NESSIE : An awareness environment for cooperative settings. In Bødker, S., Kyng, M. and Schmidt, K. (eds), *Proc. ECSCW'99*. Dordrecht : Kluwer Academic Publishers, 391-410 (1999).
[32] Dourish, P. and Bly, S. Portholes : Supporting awareness in a distributed work group. *Proc. CHI'93*. New York : ACM Press, 541-547 (1993).
[33] Want, R., *et al*., The active badge location system. *ACM Trans. Information Systems*, **10**, 91-102 (1992).
[34] Ishida, T. (ed.), *Community Computing*. New York : Wiley (1998).
[35] Nakata, K., Knowledge as a social medium. *New Generation Computing*, **17**(4): 395-405 (1999).
[36] Conklin, J. and Begeman, M. L., gIBIS : A Hypertext Tool for Team Design Deliberation. *Proc. ACM Hypertext '87*. New York : ACM Press, 247-251 (1987).
[37] Nakata, K., Enabling Public Discourse. *Lecture Notes in Artificial Intelligence 2253*, 59-66 (2001).
[38] National Research Council, *Understanding Risk : Informing Decisions in a Democratic Society* (1996).
[39] 岡本浩一,リスク心理学入門,サイエンス社 (1992).
[40] ウルリヒ・ベック(著),東 廉,伊藤美登里(訳),危険社会,法政大学出版局 (1998).
[41] イアン・バッジ(著),杉田 敦,他(訳),直接民主政の挑戦,新曜社 (2000).

第2章
環境情報システム学——着る・歩く情報機器

2.1 人工と生命

　西洋の合理主義は,「自然」に対立する「人間」という概念によって,科学技術を飛躍させてきた.他方,東洋の思想は,自然と人間が融合することによって,共存する道を大切にしてきた.いずれも,自然と人間という2つのカテゴリーの関係に帰するものである.

　ところが,人間が原爆を開発し,原発を実用化し,焼畑農法で緑地を砂漠に変え,森林資源を浪費し,さらにはフロンガスでオゾン層を破壊し,石油を燃やし,炭酸ガスを大量に発生させるという影響力を及ぼすようになると,この2つのカテゴリーでは記述できない何かが生じてきた.すなわち上記の人工物が,無視できない大きな力をもつに至り,自然および人間のつくるいわゆる生態系に割り込んできたのである.

　宇宙,地球も一種の生命体と考えるとすれば,もはや人間は自然に対立する存在ではなく,自然と一体となった「自然系」(Nature Hemisphere)を構成し,人間がつくり出す「人工物系」(Artifacts Hemisphere)に対立する構図として描かれる時代を迎えたというべきであろう.人間という生命体を中心にして宇宙・地球・生物・人間そして人工物などの関係を規定する概念をネイチャーインタフェイスとよんではどうであろうか.筆者はこのような概念のもとに,ネイチャーインタフェイスという新語をつくり商標登録の出願をした.図2.1はこの関係を示す図である.

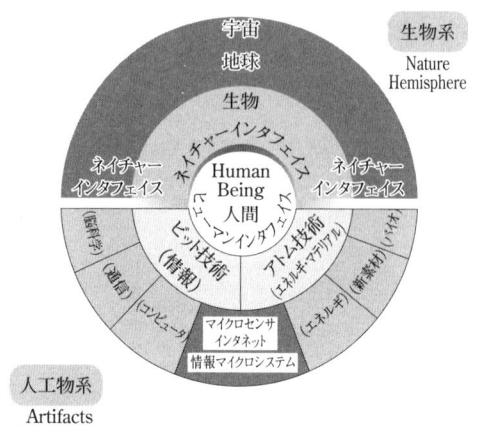

図 2.1 ネイチャーインタフェイスの世界

2.2 人工物の巨大化

　人間の叡智が創り出す無数の人工物は，その大きさに着目するだけでも宇宙ステーション，海洋都市，超高層ビル群，大深度地下都市などの巨大建造物から，バイオテクノロジーによる生物分子機械まで，広い帯域に分布している．さらに，目に見えない人工物としてフロンガス，炭酸ガス，亜硫酸ガ

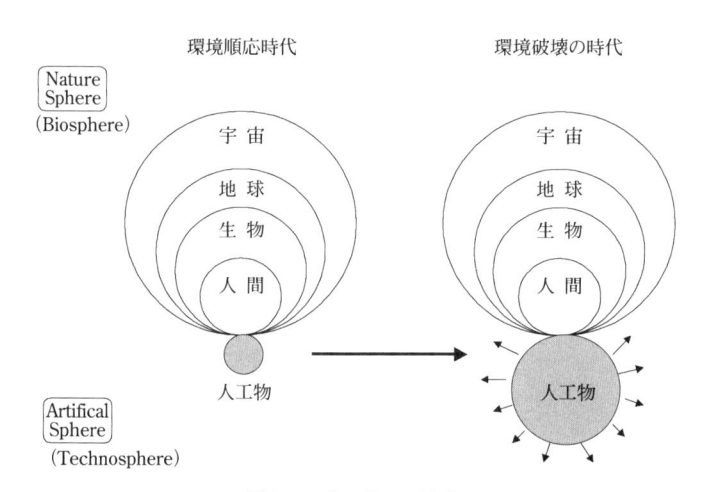

図 2.2　人工物の巨大化

スなどや，騒音，異臭，有機水銀など産業革命以来公害の源泉物が多数生成されてきた．このような人工物のなかで，後者のように目に見えないものが，いま環境破壊の犯人としてヤリ玉に上がっている．人工物が巨大化・広域化するにつれ，人間，あるいは地球を含めた生命体は，自然環境を守ることの大切さに気がつき，拒絶反応を本格化し始めたとみることもできる．図2.2に人工物が巨大化したときに顕著化してくるインタフェイスを太い円で表してみた．

2.3 センサ情報通信による調和をめざして

　自然の情報をセンサでとらえて，光ファイバで大量高速伝送し，分子メモリなどの巨大記憶システムに貯え，自然の反応によっては必要に応じて，人工物の挙動を制御するというシステムができれば人工物もまた自然界の中に組み入れられて宇宙，地球，生物，人間，人工物が1つの調和のとれた生態系を構成することになるであろう．

　ここにマイクロシステムの役割がみえてくる．温度，湿度，匂い，イオン，炭酸ガスなどの濃度分布を動きながら検知する自走マイクロシステム，大量情報を記憶するマイクロシステム，フィードバック制御系によって協調動作を行う無数のマイクロシステム群などが活躍する場が想定される．

　現在の科学技術レベルは，このような理想を実現するには未熟すぎることを十分承知している．しかし，人間がめざす方向は，巨大化・広域化しつつある人工物を生態系に組み込むこと，すなわち，人工物と自然が対立する状況を協調の方向へ導くことではなかろうか．そのために自然科学，技術が総動員されるべきである．マイクロシステムは人工物でありながら，生命体に限りなく近い特性をもち，協調して柔らかいシステム，すなわち「自然」に優しいシステムを構築するうえで，不可欠の役者となろう．

　現在のネットワークシステムは，自然系・人工物系とはまったく別の世界に，人間中心の情報通信システムが構築されている．ここでは，膨大な自然の情報はセンシング技術の貧困さなどから，わずかしか取り入れられないシステムになっている．

　これに対して私が提唱しているのは，動物・植物を含めた自然の膨大な情

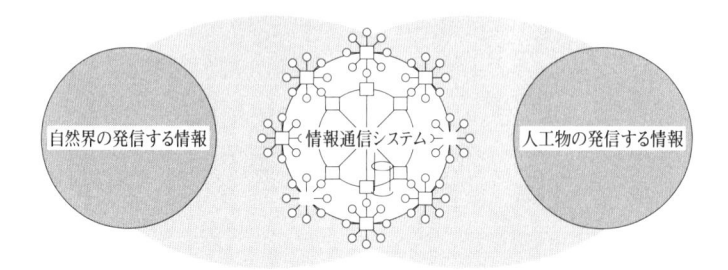

図 2.3 センサ通信による環境ネットワークシステム

報，人工物からの情報を取り込むことが可能な新しい情報通信システム「センサ通信システム」の構築である．図で表すと図 2.3 のようになり，多様なセンサ群による太い情報入力パイプをもつ情報システムで，自然・人工物の状態を深く広くモニタできるシステムである．

2.4 情報マイクロシステムの展開[1]

物理学の世界を振り返るとき，18 世紀後半から始まった産業革命およびそれ以降の近代技術や産業の発展に大きく影響を与えた科学はニュートン力学などの古典物理学であった．ニュートン力学は，人の目にみえるマクロの世界であり，エネルギー革新にその真価が発揮された．つまり人間の筋肉労働を蒸気機関，自動車，船，産業機械などで代替し，重厚長大産業を発展させてきた．しかし，これらの産業は資源を大量に消費することで成り立つため，地球環境破壊につながった．

これに対し，20 世紀前半にほぼ確立した現代物理学，その中核となる量子力学は 20 世紀後半から，今世紀に向かうハイテク革命を推進する科学である．これは分子，原子の超ミクロの世界の科学をかたちづくり，情報，エレクトロニクス，バイオ，新素材，マイクロシステムなどの先端技術を，続々と開花させた．

このような技術の潮流のなかで，具体例としてミニチュアリゼーションが展開されてきた．ミニチュアリゼーションの推進のためには，集積回路，"集積機構"，"集積情報"の諸技術を深め，これを三位一体としてとらえ，融合化を図ることが求められる．このようにして，微小化による高性能化，高機能

2.4 情報マイクロシステムの展開

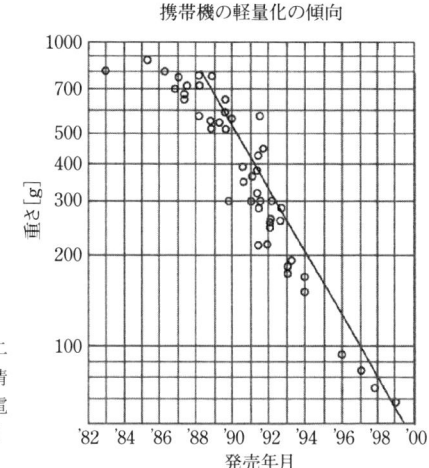

携帯機の軽量化の傾向

図 2.4 携帯電話機の重量の変化(卜部周二「超小型携帯機のキーデバイス」電子情報通信学会セミナーテキスト『携帯電話の高密度化を支えたデバイス技術』pp. 1-11, 1994)

化の実現と微小人工物の多数使用による新機能の実現が可能となりつつある．
　ミニチュアリゼーションの典型例として情報機器の体積・重量の推移がある．このなかで携帯電話についてみると，図 2.4 に示すように 1990 年で 500 g，500 cc だったものが 10 年後には 1/10 にまで小さくなっていることがわかる．さらに磁気ディスクの動向を図 2.5 に示す．コンピュータシステムの分散処理方式への移行と同期して，磁気ディスク装置も，メインフレーム用の 14 インチ機から 5.25 インチ機，さらには 2.5 インチ機，1.8 インチ機へと，小形化を続けている．面記録密度からみると，ほぼ 10 年間に 10 倍という向上が図られ，最近では 10 年間で 50 倍以上の向上が実現されている．また，1992 年ごろを境にして，大形ディスクよりも小形ディスクの方が面記録密度が大きくなるという現象がみられる．具体的にみると，記憶容量はほぼ同じでも，体積比でみると，1992 年の 3.5 インチ機 (1.4GB) は，その 10 年前の 14 インチ機 (1.2GB) の 150 分の 1 である．このような技術革新は，磁気ディスクの応用範囲を初期のコンピュータ本体システムから最新のパソコンへと広げ，さらには，いまやテレビ，音響機器，セットトップボックスなどの情報家電の世界へと進んできた．次の市場として登場したのがポータブルのデジタルカメラである．これに向けて 1 インチ型の磁気ディスクが 1999 年に発表された．これは「1 ギガ (10^9) バイトマイクロドライブ」として進展し，500 円玉大の小形ディスクの記憶容量が 340MB で，デジタルカメラの画

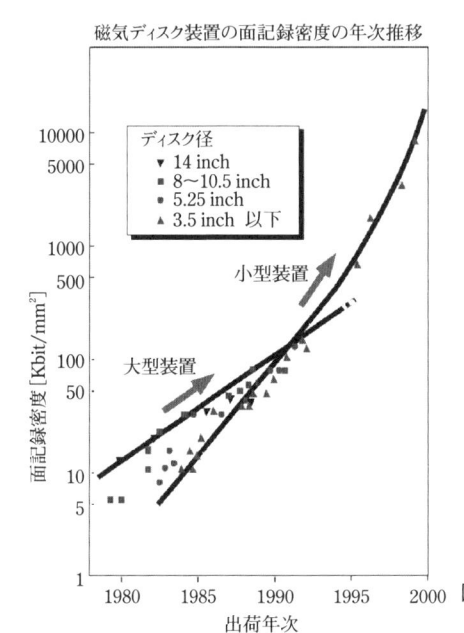

図 2.5 磁気ディスク装置の面記録密度の年次推移

像で 1000 枚保存できる．さらにこれは 1GB まで大容量化され，インターネットの音楽配信 iPod につながった．まさに磁気ディスクはウェアラブルに到達した．

図 2.6 に Keyenes の図[2] を引用して，1 ビット当たり記憶に必要な諸量を物理的にみた高密度化の極限を明らかにする．この図からもわかるように，1996 年には 1 Gbit/in^2，2000 年には 10 Gbit/in^2 という記録密度のメモリが

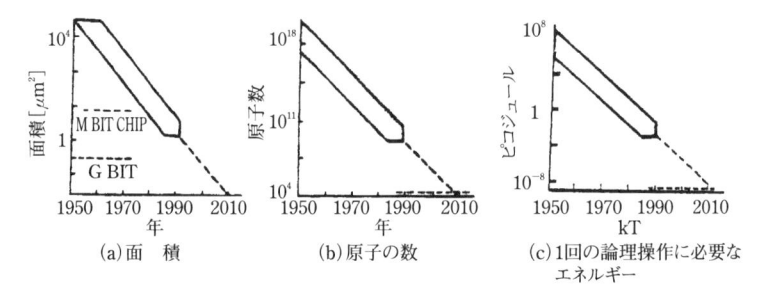

図 2.6 1 ビット当たり記憶に必要な諸量（Keyenes）[2]

2.4 情報マイクロシステムの展開　　51

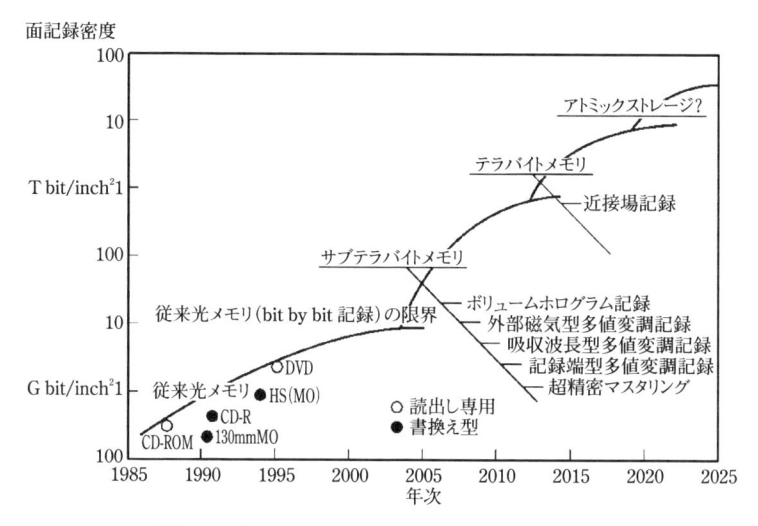

図2.7　光メモリの記録原理と面記録密度の動向

磁気ディスク技術によって実現可能となり，将来はSTM技術応用のマイクロカンチレバー技術やニアフィールド光記録技術などで，さらに10〜100倍の高密度ナノメータ制御メモリが実現されるというシナリオが見えてくる．図2.7はこれを表現するものである．

今後このようなシナリオを現実のものとするためには，マイクロマシン技術をベースとしてシステム化されたマイクロシステム技術の発展が不可欠となることが明らかである．

筆者が座長を務めたマイクロマシン技術の経済効果に関する調査研究会で，マイクロマシン技術をイノベーションの類型によって，図2.8[3]のように分類した．まず，既成製品に対してマイクロマシン技術を導入またはマイクロマシン技術によって代替し，既存市場においてイノベーションをもたらす第1象限／第4象限を見てみよう．この領域に予測されるのは，計測／情報／自動車／ホビー用マイクロマシン技術である．イノベーションの発生の起源からさらに分類すれば，市場での成功を獲得するにはさらなる技術突破が必要な計測／ホビー用マイクロマシン技術が第1象限，的確な需要対応によって相対的に容易に市場形成が予測される情報用マイクロマシンが第4象限に位置することになる．

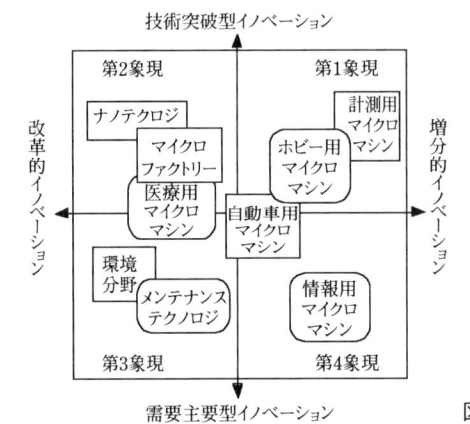

図2.8 マイクロマシンの類型化の試み

　技術開発に関して幅広い選択が可能になる自動車用マイクロマシンは，第1／第4象限にまたがっており，その製品市場が短期で立ち上がることが期待されている．つぎに，マイクロマシン技術がまったく新しいコンセプトの製品を市場に提供する第2／第3象限をみてみよう．この領域に予測されるのは，SF的色彩をもったナノテクノロジーであり，治療のために人体の血管内を探査するSF映画"ミクロの決死圏"の世界である．現実的な見地からは，新しい科学的方法論の開発によって可能になるマイクロファクトリー（微小工場）が第2象限，また，関心が高まる医療用のマイクロマシンは，第2象限と第3象限の境界に位置することになる．さらに，新しい社会需要によって誘引され，非常に大きなインパクトを生む分野としてメインテナンス／環境対応マイクロマシンが考えられる．とくに地球環境問題に関連しては，人工系と自然系の融合した新しい情報システムの構築による地球環境モニタが不可欠となろう．このためには，各種のマイクロマシンセンサの開発による自然界の状態の検知および人工物の劣化情報の予知などが重要となる．

2.5 ウェアラブル情報機器[4]

　近年の情報通信機器のモバイル化には時計技術で培われた微小技術が大きな役割を果たしている．このような微小情報機器の具体例として，筆者が提唱している3次元位置の計測デバイスや腕時計サイズの光ナノメモリの構成

を紹介する．さらにこれらのネットワーク化としての生体情報通信システムの考え方を述べる．

2.5.1 歩く・着る情報機器の時代

　光通信網や，ディジタル無線網などの通信インフラの構築が進む一方でネットワークのオープン化が進み，利用できる装置・サービス・情報が多様化し，ユーザとのインタフェイス機器としての情報機器も新技術をベースにした新規開発がますます激しさを増してきた．なかでもコンピュータのダウンサイジングとともに実装技術・LSI技術・マイクロシステム技術などの各方面での微小化技術が歩調を合わせるかのごとく急展開し，情報のパーソナル化，モバイル化が革新的に進んでいる．もはや，ウェアラブルコンピューティングの時代に入りつつあり，情報機器も，携帯用微小情報機器すなわち"着る情報機器"の時代に入りつつあると考えられる．

2.5.2 「時空計」

　人間は時間と3次元空間を合わせた4次元の世界に住んでいる．このうち時間の計測手段については日時計のような大きさのものを腕時計にまで微小化して，ウェアラブル情報機器を実現した．しかし，時間以外の3次元空間の計測手段については，ようやくカーナビゲーションレベルの機器が開発されたが，まだ置時計以上の大きさがあり，腕時計までの小形化が達成されていない．ましてや，自動車と比べて路地や地下なども自由に歩き回る人間のためのヒューマンナビゲーションはいまだ完全ではない．そこで，GPS，地磁気センサ，傾斜センサ，ジャイロなどの計測手段とPHSなどの通信手段を一体にした空間計を実現して，時計と合体することが人類の長い歴史のうえにさらなる一歩を刻むことになろう．これはウェアラブルコンピューティングの時代に向けた微小情報機器へ向かうマイルストーンとなろう．図2.9に私が提唱する「時空計」のイメージを示す．ここでの3次元位置計測，すなわち"空計"の構成としては，ジャイロ，傾斜センサ，地磁気センサなどを併用することになる．3次元マウスなど，磁気ノイズの少ない環境の下での静的な計測であれば磁気センサと傾斜センサの併用で十分であるが，動的な計測にも対応できるためにはジャイロ（3軸分）が必要である．

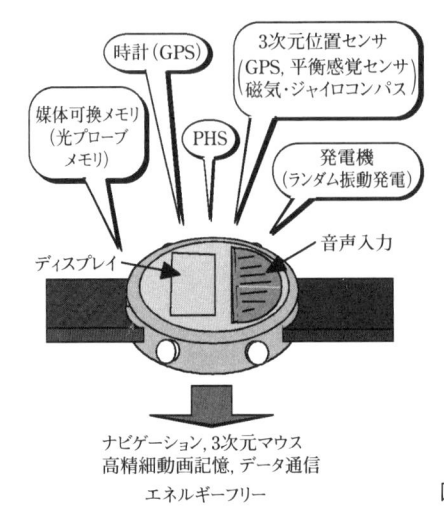

図2.9 「時空計」の概念

2.5.3 「腕時計サイズ光ナノメモリ」

　マルチメディア社会の進展に伴い，高精細動画像をディジタル記録できる，大容量メモリへの要求が高まっている．1997年には4.7GBクラスのディジタルバーサタイルディスク（DVD）が実用期に入り，従来のVTRに置き替わってきた．すでに図2.7に示したように，記録密度は年々，増加する路線を走っている．この高密度大容量路線の技術を用いると，サイズを微小化することができる．5〜10年後には，ウェアラブルコンピュータが普及し，高

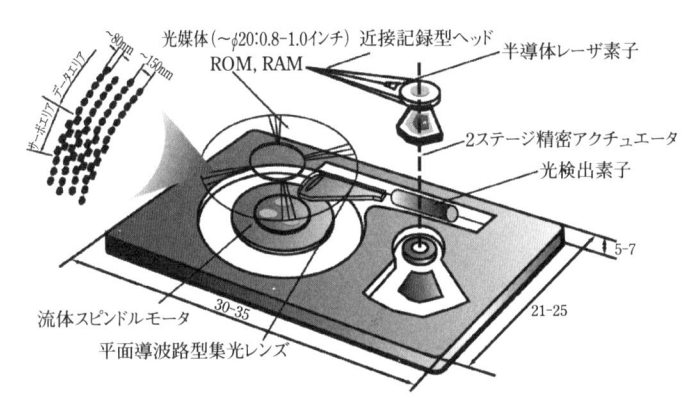

図2.10　コンパクト光カード型ドライブのイメージ

精細動画像や3次元画像を扱うために腕時計サイズでT（テラ＝10^{12}）ビット級メモリが必要になると考える．図2.10にその概念図を示す．サイズは2×3とした．また，1988年頃から出現したマイクロマシン技術が微小機構部品の製造を可能としてきた．ここに示すものは記憶容量1Tビット級，大きさ腕時計型の光メモリである．これには，直径10 nm（ナノメートル＝10^{-9}メートル），速度10 m/sで移動するビットを非接触またはタッピング状態で計測し，nmの精度でヘッドを3次元追従させる技術が必要である．このため，高速ナノトラッキング，精密回転系，光学的R/W（読み取り／書き込み）が必須技術となる．

2.5.4 「生体情報通信システム」

"着る情報機器"の時代に入ると，人間が身につけている衣服や眼鏡，靴，ベルトを通してディジタル情報をやりとりすることが考えられる．図2.11はその概念図である．先に提案した時空計の概念に対して，本提案は時空計に到達前の段階に実現可能な形態であり，人間をネットワークとみたてた分散システムである．MITのメディアラボでは，すでにPersonal Area Networkという概念が提案されているとおりであるが，本提案は具体的な微小情報機器デバイスを考えて分散配置したものである．とくに自動発電機や各

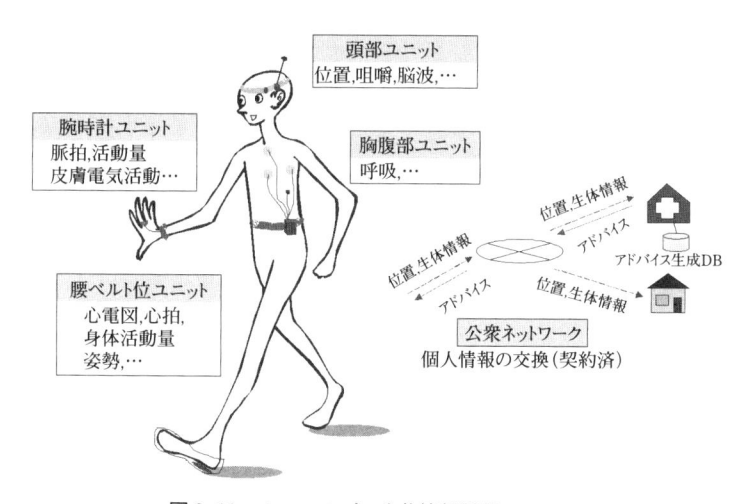

図 2.11 ウェアラブル生体情報通信システム

種センサ，入力デバイス，ファイルメモリなどをネットワーク化することにより着る情報機器システムが実現され，24時間の身体の状態監視と長時間の履歴記録，位置情報の常時発信が可能となる．これに心臓などの振動センサを加えると，人間の健康状態をつねに把握するヘルスケアシステムが実現できる．

2.5.5 「バイオネットシステム」に向けた次々世代情報機器の構成

身につける情報機器からさらに進むと，人間の体がコンピュータに融合する究極のバイオネットワーク時代がやってくる（図2.12）．すなわち体内に埋め込んだ血液センサが24時間血液をチェックし，読み取ったデータを高周波信号に変えて体外の受信機に送信することも可能となる．また人間を電線代わりに使う電子データ伝送システムも開発されつつある．すでに実用化が進んでいるものとして，電波を送受信する半導体チップを家畜などに埋め込んで管理する自動認識システムがある．これは外部の読み取り機が発する電波に応じて記録に必要な情報を電波で送り返すしくみであり，物流管理にも応用され始めた．

人間は機械を発明することにより肉体的な限界を乗り越えてきた．眼鏡，双眼鏡，顕微鏡，望遠鏡，補聴器，電話，テレビ，コンピュータ，自動車，飛行機など枚挙にいとまがない．なかでもコンタクトレンズや耳の中に入る補聴器，電話機などは人間と機械の境界が明白ではなく，人工内耳，人工心

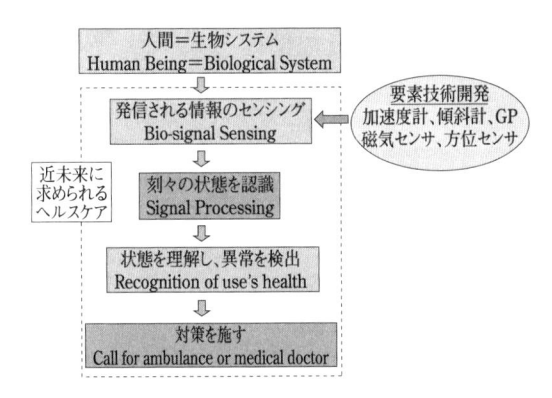

図2.12 生体情報通信システムへのアプローチ

臓などの人工臓器に至ると，ますます境がなくなってきた．

近い将来，上述したとおりチップが埋め込まれるようになる日がくるとすれば，次々世代の情報機器はウェアラブルから人間・機械一体型のマイクロバイオデバイスとなるであろう．

2.6 ネイチャーインタフェイスへ向かうウェアラブル[5]

情報通信機器の体積・重量は本質的には0であるべきで，この究極の目標値に向けたマイクロシステム技術が電気，機械，物理，化学の各方面から開発されており，今後もその努力が続いていく．一方，コンピュータを人間が操るという従来の路線が続くとともに，これを無人で働かせるといういわばパーベイシブコンピュータ（Pervasive Computer）の世界が拓かれつつある．さらにインターネットはバージョン6（IP.Ver6）に進化して地球上のあらゆるデバイスをネットワークに接続できる時代を迎えた．また近距離無線通信のためのデバイスは1チップにまでマイクロ化する勢いである．このような2つの潮流，すなわちマイクロ化とパーベイシブ化の技術により構成される情報マイクロシステム技術によって，自然・人間・人工物間のインタフェイス（ネイチャーインタフェイス）を高度化する技術が実現できる．これは要約すると，近年のマイクロシステム技術，マイクロセンサ技術，ウェアラブルコンピュータ技術，無線技術，インターネット技術の融合によって可能となってきた．このような新しい端末の概念を「ネイチャーインタフェイサ」と称する．この微小デバイスを野生動物，人間，動く人工物体に装着し，刻々の状態検出情報を認識処理し，ワイヤレスによる制御，および診断を行うことが現実味を帯びてきた．

コンピュータ端末の形態を分類すると表2.1に示すように考えられる．従来のコンピュータの端末は人間が操作することが基本であり，キーボードなどによるディジタル入力の指令によってコンピュータを動作させるものであった．このような端末が，LSIやマイクロマシン技術の進歩によって重量・体積ともにマイクロ化し，携帯型が出現するとともに装着可能なウェアラブルへと進化してきた．さらに，コンピュータを操作することを無人化する技術，つまり置かれた環境のなかでアナログ的な情報を感知し，これをディジ

表 2.1 モバイル通信からセンサ通信へ

	モバイル通信	センサ通信
端末形態	携帯型 → 装着型 (Portable) (Wearable)	埋め込み型 (Built-in)
操作	人間が介在	人間が介在せず（自動）
入力信号	ディジタル主体	アナログ主体
対象 (インタフェイス技術)	人間 (Human Interface)	人間, 動物, 自然, 人工物 (Nature Interface)
操作手段	キーボード主体	センサ主体
CPUの役割	信号処理, 出力	AD変換, 認識処理後ディジタル信号送信
ネットワーク接続	無線	無線, または有線
KEY WORD	携帯電話・PHS・ページャ, PDA, ノートPC	Pervasive, Ubiquitous

タル量に変換し，さらには自分のもつ知識（データベース）に基づいてこの情報を判読し，判読した結果をコンピュータまたは通信回線と結ばれた別の端末に送信するという技術が進展してきた．

2.7 ネイチャーコミュニケーションへ

先に説明した技術を採り入れるとセンサ通信に適した端末が実現できる．これは人間だけでなく動物や人工物に対しても装着可能で，健康モニタ情報，動物の位置情報，あるいは人工物の劣化情報，地球環境情報などを検知するうえでのキーデバイスとなる．これが「ネイチャーインタフェイサ」（図2.13）として私が提案しているマイクロ情報端末である．そこで，東京大学のなかに，ネイチャーインタフェイス・ラボラトリを組織し，多くの自然科学者，医者，教育者，工学者とともに，このような小さなセンサ情報端末，すなわちネイチャーインタフェイサを用いた自然環境情報のきめ細かい把握を行いつつ，役に立つシステムの開発を進めた．

これは各種の情報をセンサでとらえて，腕時計サイズのコンピュータで認識処理し，無線で発信するデバイスである．このときのキーとなる技術は，センサでとらえた入力情報か意味のある情報か否かを判断して，その採取を続けるかスリープモードに入るかというようなソフト的技術とハード構成技術の両輪によって，消費エネルギーを最小にする技術である．このような技

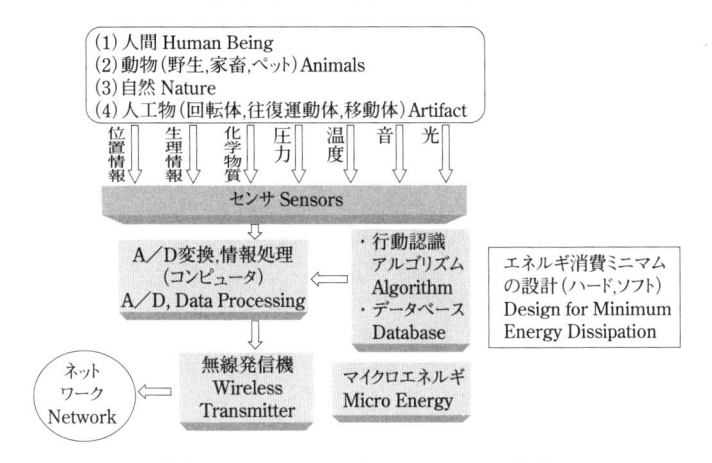

図 2.13 ネイチャーインタフェイサの構成

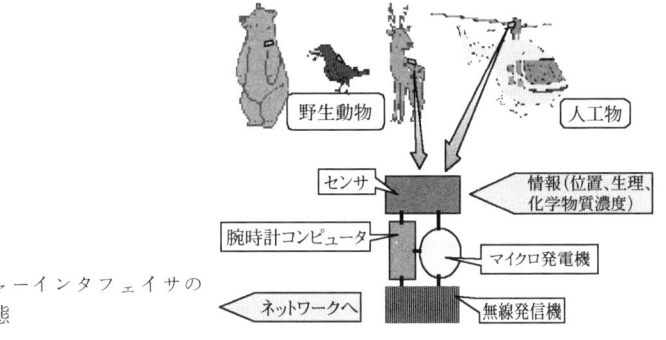

図 2.14 ネイチャーインタフェイサの利用形態

術の先達は腕時計にある．これらの技術によって，地球上を動き回る動物の位置と化学物質の同時検出による地球環境情報の検知と環境保全への応用や，歯車や回転軸など，運動する人工物の劣化状態の検知による大事故未然防止などへの応用が可能である．このようにネイチャーインタフェイサという情報端末が微小化すればするほど，応用範囲は飛行機から小鳥までへと広がっていくことが期待される（図 2.14）．3 次元位置情報と時刻を合わせた 4 次元情報および各種の化学物質情報と，温度・湿度などの環境情報を同時に取り込み，理解し，アラームを出す情報端末が実現されれば，コンピュータは人知れず，無人操作でわれわれの生活を護り，また潤いのあるものにしてくれるはずである．

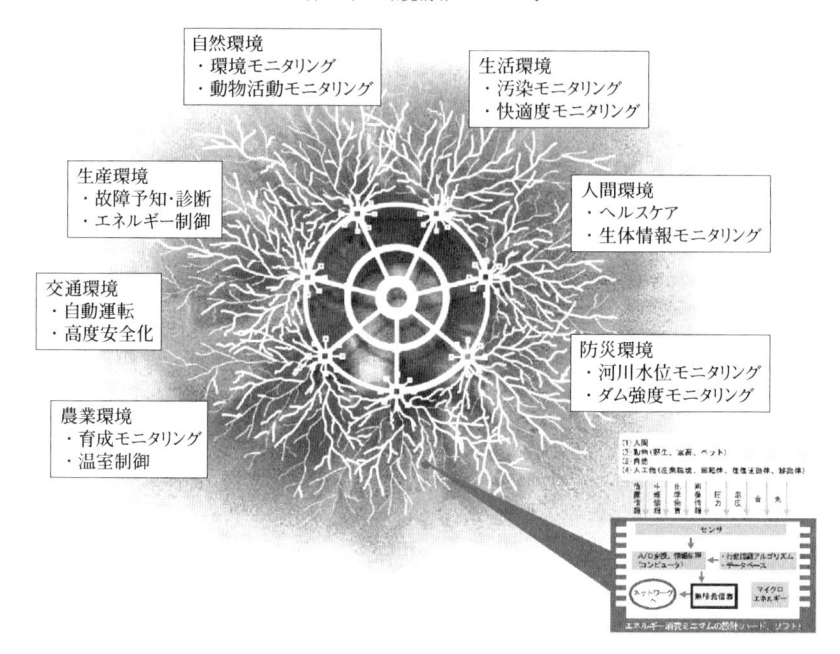

図2.15 ネイチャーインタフェイスの世界

　今後，ますますコンピュータ通信社会は高度化するが，これを人間の快適さ，便利さのみへの道具とするのではなく，生活環境に応用することが21世紀の高齢化，環境破壊への対策として焦眉の急となってきた．インターネットと携帯電話の融合から近未来にこのようなネイチャーインタフェイスの世界が実現するであろう．図2.15はその概念図である．

　1999年2月に出された米国大統領向け最終報告「21世紀に向けた情報技術：アメリカの将来の大胆な投資」[6]（大統領直属諮問委員会 PITAC まとめ）では，インターネットの第2段階では数十億台あるいは数兆台のデバイスを接続するようになり，コンピュータはセンサや無線モデム，GPS位置情報端末などで「現実世界」とやりとりできるようになり，さらにこれらが単一チップのサイズに縮小され日常使われる物の中に埋め込まれるため，ユーザはその存在に気がつかないとしている．私が1991年から主張してきたネイチャーインタフェイスという概念がついに現実のものとなるべく，米国においても真剣な対応が始まった．また米国はこの研究開発に「21世紀情報技

術戦略」として 2000 年 10 月からの会計年度で前年の 36％増の 2268 億ドルを計上している．

一方，日本でも 2000 年 3 月に電気通信技術審議会が郵政大臣（当時）に答申した「情報通信研究開発基本計画」[7] において「ネイチャーインタフェイス」を今後国として取り組むべき重点研究開発プロジェクトの 1 つとして提示している．そのなかで，今後 10 年間に 100 億円の資金を投入する必要性があり政府が 70 億円を負担するべきであると述べている．当面は，スーパーインターネットプロジェクトのもとで 2000 年度からわずかながらネイチャーインタフェイス研究のサポートが始まった．また 2005 年度からは文部科学省下の独立行政法人科学技術振興機構（JST）の戦略的創造推進事業（CREST）において，「先進的統合センシング技術」領域（領域総括：筆者）が設置され，センサネットワークに関する研究開発に公的資金が投入されはじめた[8]．

今後のユビキタスネットワーク時代の情報端末はあらゆるモノに装着され，万物が情報発信するようになる．人間・人工物・地球のヘルスケアは，このような情報センシングによって促進されるであろう[9],[10]．

参考文献
[1] 板生清, 情報マイクロシステム, 朝倉書店 (1998).
[2] Keyenes, R. W., IBMJ. Res. & Develop., 32.
[3] マイクロマシン技術の経済効果に関する調査研究会 (委員長：板生清) 報告書, マイクロマシンセンタ
[4] 板生清編著, ウェアラブル情報機器の実際, オプトニクス社 (1999).
[5] 板生清, ウェアラブルへの挑戦, 工業調査会 (2001).
[6] 米国政府 "National Office" のホームページ http://www.ccic.gov/
[7] 総務省ホームページ http://www.soumu.go.jp/joho_tsusin/policyreports/japanese/teletech/index.html
[8] JST ホームページ http://www.jst.go.jp/pr/info/info202/index.html
[9] 板生清, ウェアラブルコンピュータとは何か, NHK 出版 (2005).
[10] 板生清, コンピュータを「着る」時代, 文春新書 (2005).

第2部　環境のための情報技術

第3章

仮想環境学——環境を解析する技術

3.1 環境複雑系

　六十数億人の人間と数百万種の多様な生物が生活を営む地球．その空間的・資源的有限性を考えてみれば，私たちが生活を営む社会は，地球の一部として人間，人工物，自然の調和がとれた，将来世代につながる穏やかで持続的な社会でなければならないことは明らかであろう．しかし，現実に，3者の調和を図ることはなかなか容易ではない．むしろ，人間活動の無制限な膨張と人工物の爆発的な増大によって自然が大きなダメージを受け，巡り巡って人間の生存基盤も脅かされ始めている．

　人間は，自分たちの生活環境を改善すべくさまざまな人工物を作り出し，社会を変えてきた．しかし，それは，往々にして，社会の一部分や人工物の一部分を切り取り，その部分に関してのみ評価を行い，最適化を図るというアプローチであった．切り出された「部分」と残りの構成要素との相互作用がほとんど無視しうる単純な系においては，「部分」のローカルな最適化によってグローバルに適切な状態が導かれると期待できる．ところが，地球温暖化や気候変動，交通問題，廃棄物処理などのさまざまな環境問題においては，ローカルによかれと思って行われた行為の結果が巡り巡って，思いもかけない悪影響として現れてくることが多い．しかも，悪影響が現れてきたからといって，元の状態に戻すことはきわめて困難であるか，可能であるとしても大きな労力とコストを伴う．つまりローカルな行為とグローバルな影響の因果関係が一筋縄には把握できないところに，環境問題の本質的な難しさがある．

このような状況を打破するためには，環境とは，人間，人工物，自然が相互に作用を及ぼしあう「複雑系 (Complex Systems)」[1] であることを十分に認識することが必要である．そのうえで，環境複雑系の挙動を定量的に予測可能な手法を開発し，その予測結果に基づいて，人間の生活様式の変革も選択肢に含めながら人間，人工物，自然の3者の調和を実現する方策を探っていくことが肝要である．

仮想環境学 (SAVE : Simulation and Virtual Environment) とは，環境の諸問題の根本的解決を目指し，最先端の情報科学・数理科学を駆使しながら，問題に応じた複雑系シミュレーション・モデルを構築し，その解析を通して高精度の予測を行うこと，そして高精度予測に基づいて，市民，NPO・NGO，行政，専門家らが一緒になって行う環境の保全や活用，社会システムの改善などに関する科学的に合理的な意思決定プロセスを支援することをめざす学問分野である．

本章では，3.2節において，まず仮想環境学の基盤技術である知的シミュレーション (Intelligent Simulation) の概念を説明し，3.3〜3.5節において，具体的にモデリングの視点，アルゴリズムの視点，インタフェースの視点について解説する．つづいて3.6〜3.8節において，適用例として，ダイオキシンのマルチレベル大気拡散シミュレーション，交通流の知的マルチエージェント・シミュレーション，次世代の人工物設計について解説する．最後に，3.9節において，信頼されるシミュレーションを実現するための課題を述べて，本章を終わる．

3.2 知的シミュレーション

具体的に人間，人工物，自然から構成される環境複雑系のシミュレーションに求められるものとは何であろうか．

川や海，風の流れなどの自然現象や，建物の変形，あるいはエンジンやエアコンのエネルギー変換のような人工物の挙動は，物理現象[†]の一部である．物理現象の基本法則は偏微分方程式や常微分方程式などによって記述される

---

† 本章では化学的な現象も含む広義の物理現象を意味するものとする．

ので，物理現象を定量的に把握するには，「これらの微分方程式を忠実に解く」というアプローチが有効である．ただし，これらを厳密に解析的に解くことはほとんどの場合不可能であることから，代わってコンピュータを活用した近似解法（数値解析手法）が用いられる．きわめて大きな自由度[†]をもつ自然系や人工物系の非線形な振る舞いを理解し，予測し，設計するという一連のタスクを，単純・小規模な系において既知である基礎法則や支配法則から出発して高速計算機によって解明しようとする分野は，「計算科学 (Computational Science and Engineering)」とよばれる[2]．なかでも固体の変形や運動，流体やエネルギーの流れ，電磁気現象などの広義の力学現象を対象とする分野は，「計算力学 (Computational Mechanics)」とよばれる[3],[4]．

計算力学あるいは計算科学は，無機的な物理現象のシミュレーションに対して強力な手段を提供するが，環境複雑系には，それだけでは対処できない別の重要な構成要素が含まれる．それは，人間や生命体とそれらによって構成される社会システムや生態系である．これらは有機的であり，とくに「インテリジェント (Intelligent＝知的)」というキーワードによって特徴づけられる．インテリジェントには，脳の活動に起因して発現する，論理的推測，類推，発見的推測，柔軟さ，あいまいさ，感性から，生命らしさの源である，自律性，適応性，進化，また，集団現象によって発現する協調まで多様なものが含まれる．インテリジェントを科学的に扱う手法には，脳のモデリングであるニューラルネットワーク (Neural Networks)[5]，進化プロセスのモデリングである遺伝的アルゴリズム (Genetic Algorithms)／進化的戦略 (Evolutionary Strategies)[6]，人間の行動様式を模倣した知的エージェント (Intelligent Agent)[7]，人間の五感へのインタフェースである仮想現実感 (VR：Virtual Reality)[8]などがあり，これらは「知的情報処理」と総称することができる．

仮想環境学がめざすのは，シミュレーションによる定量的予測に基づき，現実の環境問題に対する科学的に合理的な意思決定プロセスを支援することである．このため，仮想環境学において，シミュレーションの精度と信頼性，

[†] 問題に含まれる未知量の数のこと．

リアリティの追求は必須である．シミュレーションの精度および信頼性は，モデル，アルゴリズム，ディジタル計算，入力データのそれぞれの精度および信頼性に強く依存する．モデリングについては，「計算力学」と「知的情報処理」が成否の鍵を握るが，一方，ディジタル計算の精度は，コンピュータ性能とそれを有効活用するアルゴリズム性能に大きな影響を受ける．ディジタル計算の精度を上げようとすればより多くの演算量やデータ量が必要となり，より高速で大きな記憶容量を有するコンピュータが必要となる．3.4節で詳述するように，今後の高速コンピュータは複数プロセッサの並列化とネットワーク化技術に集約されていくことが予想されており，それに対応した新しいアルゴリズムの研究・開発がディジタル計算の鍵を握る．

以上のことをまとめると，人間，人工物，自然が相互に深く関連する環境複雑系に関して，その複雑で非線形な振る舞いを理解し，定量的に予測し，問題解決に向けて合理的な意思決定プロセスを支援するには，

- 物理現象モデリングの基盤としての計算力学
- 人間・生命体・生態系・社会システムのモデリングの基盤としての知的情報処理
- それらのモデリングを現実問題に定量的に展開するための超高速並列分散処理

の3者を総合化した新しいシミュレーションの研究開発が必須であり，それを「知的シミュレーション（Intelligent Simulation）」と名づけ，仮想環境学の中核技術として位置づける．図3.1に知的シミュレーションによる実環境ダイナミクスから仮想環境ダイナミクスへの変換イメージを模式的に示す．現実の問題に対して何らかのアクションを起こす場合には，それに先立ち知的シミュレーションを用いて実環境ダイナミクスをコンピュータ上に構築する．そして，コンピュータ上で仮想環境のさまざまな挙動を評価することによって，具体的にどのようなアクションを起こすべきか，どのようなアクションは起こすべきでないかを十分に検討する．幸いなことにシミュレーション世界であれば，現実には実現することが困難な状況であっても検討できるし，万が一不都合が生じることがあっても，それが現実世界に悪影響を及ぼすことはない．

知的シミュレーションの具体的なターゲットとして，都市交通・大気環

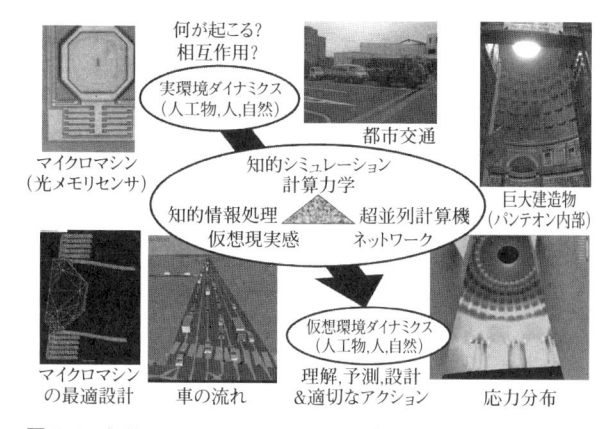

図 3.1 知的シミュレーションによる実環境ダイナミクスから仮想環境ダイナミクスへの変換

境・水環境・音環境・生態系・生命系の高精度環境アセスメントとしてのシミュレーション，マイクロマシン・ナノマシンなどの環境問題の解決に資する次世代人工物の設計・開発，エネルギープラントなどの社会セキュリティ上重要な複雑巨大人工物の設計や保全などが挙げられる．本章では，紙面の都合上，ダイオキシンのマルチレベル大気拡散シミュレーションと都市交通の知的マルチエージェント・シミュレーション，人工物の設計シミュレーションについて解説する．

3.3 モデリングの視点

環境複雑系のシミュレーションモデルを構築するにあたって，以下に示すようなさまざまなモデリングの視点が存在する．
- スケール（マクロ・ミクロ・メゾ）
- 人間関与系・非関与系
- 単純系・複雑系
- 決定論系・非決定論系
- 線形系・非線形系
- 単一系・連成系

対象とする個々の問題に応じて，シミュレーションの意味・狙いを十分に

吟味したうえで，1ないし複数の視点を取り入れた適切なモデリングを行うことが必要である．ただし，新しい問題に取り組む場合には，事前にモデリングの適切さを確証することは難しいので，考慮されなかった視点についても，その影響をある程度定性的に推定し，試行錯誤的繰り返しによって，モデリングを変更しながら精度を向上させていくことが必要である．

以下に，各視点の要点を説明しよう．

3.3.1 マクロ・ミクロ・メゾスケール

シミュレーションの方法は，着目するスケールによって3つのアプローチに大別される．物質の力学現象を例として，この3つのアプローチを説明しよう．

第1のアプローチは，システムを構成する基本要素，すなわち，物質の場合には原子・分子の運動に着目して現象を記述するものであり，ミクロスコピック（Microscopic）・アプローチとよばれる．このアプローチでは，まず任意の2つの基本要素間に作用する相互作用則を導き出す．固体の問題では，相互作用則はクーロン力や引力などに起因して生じる運動法則であり，時間発展に関する常微分方程式で表される．それらをステップ・バイ・ステップに時間を進めながら近似的に解くことによって粒子の集団の運動を時間発展的にシミュレーションする．その代表的な方法に分子動力学法（MD: Molecular Dynamics）[4],[9] がある．分子動力学法は，物質の原子・分子レベルの物理的・化学的挙動のシミュレーションのほか，銀河の形成シミュレーション[10]などにも用いられる．

第2のアプローチは，物質の現象論的・平均的挙動に着目するアプローチであり，マクロスコピック（Macroscopic）・アプローチとよばれる．このアプローチでは，物質の挙動を記述する変位や流速などの物理変数 U が場所 x_i, $i=1\sim3$（3次元問題の場合）と時刻 t の関数 $U(x_i, t)$ として定義され，それを用いて現象を記述する支配方程式（多くの場合に偏微分方程式となる）が導かれる．固体の変形の問題であれば，力のつりあい式やひずみと変位の関係式，流体の問題であれば，ナビエ・ストークス（Navier-Stokes）方程式，電磁気の問題であれば，マックスウェル（Maxwell）方程式，熱の伝播の問題であれば，熱伝導方程式が支配方程式となる．これらに加えて，所

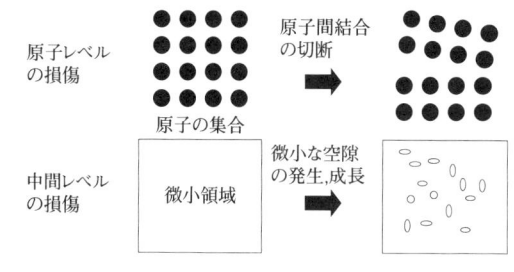

図 3.2 固体の損傷現象に対する
ミクロ，メゾ，マクロモデ
リング

定の境界条件と初期条件が与えられれば，その現象を一意に記述することができる．このような偏微分方程式を厳密に解析的に解くことはほとんど不可能である．代わりにコンピュータを用いて近似的に解くための一般数値解析法が，差分法（FDM：Finite Difference Method）[11]，有限要素法（FEM：Finite Element Method）[4],[12],[13]，境界要素法（BEM：Boundary Element Method）[14] である．これらは計算力学の中核をなす手法であり，理工学分野を中心として社会全体に広く深く浸透している．

　ミクロスコピック・アプローチとマクロスコピック・アプローチの中間に位置し，原子・分子までは立ち戻らないものの，結晶構造や粒子塊のような特徴的な中間構造に着目したモデル化手法は，メゾスコピック（Mesoscopic）・アプローチとよばれる．このアプローチには，中間構造のとらえ方やモデル化の違いによってさまざまな手法が存在する．たとえば，土砂崩壊のシミュレーションに用いられる個別要素法（DEM：Distinct Element Method）[15] や粉体や多成分流れのシミュレーションに用いられるセルオートマトン（Cell Automata）[16] などは，メゾスコピック・アプローチの代表例である．図 3.2 に固体の破壊現象を例として 3 つのアプローチを模式的に示す．航空機や船舶，エネルギー機器などの大型人工物の破壊といえども，そもそもは原子間結合の切断のような原子レベルの構造の変化を起源とし，それに続いて生じる微小な空隙の発生や成長と，それらの合体によるマクロレベルのき裂の発生と成長によって全体の破壊がもたらされる．

　現実の大型構造物のスケールが数十 m であるのに対して，固体や液体の

原子・分子は平均的にみて 10^{-10} m（＝Å：オングストローム）程度の間隔に密に詰まっている．対象とすべき空間スケールのこのような大きな広がりを考えてみると，マクロなスケールの問題を同時にミクロなレベルにおいても高精度にシミュレーションすることを，先に述べたアプローチのどれか1つのみで実現することはほとんど不可能である．そこで，各アプローチの適用範囲を拡大するための研究開発と並行して，複数のアプローチを同時に取り込むマルチレベルあるいはマルチスケールとよばれるアプローチの研究開発が重要になってきている．マルチスケールアプローチの一例を 3.6 節で紹介する．

3.3.2 人間関与系・非関与系

　無機的な物理現象では，支配方程式が偏微分方程式や常微分方程式によって記述されるために，3.3.1 項で述べたような計算力学手法によって十分な精度でモデル化が行える．一方，交通や経済現象のように人間行動が主体となる現象，ノウハウや熟練，感性などのように人間の特性が関与する現象などの人間関与系においては，人間のどのような特性をモデリングの対象とするかによって，ニューラルネットワーク[5]，ファジィ理論[17]，遺伝的アルゴリズム[6]，オブジェクト指向[18]，知的エージェント[7]，感性情報処理[19] などの適切な知的情報処理手法を用いることが必要となる．図 3.3 に一例として，知的エージェントを模式的に示す．知的エージェントは，人間に準拠した行動モデルであり，センサを通して環境から情報を知覚し，自分の知識に照らし合わせて自律的に判断し，作用機を通して環境に作用する．3.7 節では，一例として，知的エージェントに基づく交通流シミュレーションを紹介する．

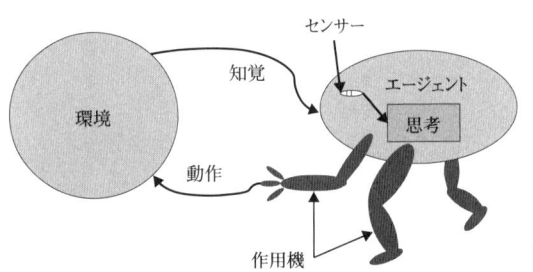

図 3.3　知的エージェント

3.3.3 単純系・複雑系

相互作用の弱い少数の要素からできているか，あるいは逆に気体や銀河系のように非常に多くの要素（気体の場合には分子，銀河系の場合には星）から構成されていて，統計的平均化が可能であるようなものは，単純系とよばれる．単純系においては，個々の要素の挙動をシミュレーションすることが基本であり，それらを平均化することによって集合体の挙動を予測することが可能である．3.3.1項で述べた分子動力学法は多数の粒子から構成される単純系の代表的なシミュレーション手法である．

一方，要素数が中規模であり，個々の要素が知識と適応能力をもつような系は複雑系[1]とよばれる．複雑系の構成要素はエージェント（Agent）とよばれ，それらの相互作用を扱うモデルはマルチエージェント（Multi-agent）とよばれる．マルチエージェントモデルとは，社会構造の雛形となる仮想社会をコンピュータ上に構築し，その中で生命体をモデル化したエージェントが多数活動し，それらの相互作用によって社会現象が生まれるプロセスを分析しようとする方法である．複雑系では，個々のエージェントの挙動は比較的単純であったとしても，エージェント間の相互作用の集積の結果，集合体においてはきわめて複雑なシステムの挙動が発現する．樹木が群生する林や食物連鎖が支配する生態系，交通現象・経済現象のような社会システムは，本質的に複雑系である．複雑系のシミュレーションとしては，3.3.1項で述べたセルオートマトン上にマルチエージェントモデルを実装する研究[20]や，3.3.2項で述べた高度な知的エージェントをマルチ化する知的マルチエージェントモデルなどがある．3.7節で述べる交通流シミュレーションは，知的マルチエージェントのシミュレーション応用例である．

3.3.4 決定論系・非決定論系

入力が与えられると出力が一意に決まるようなシステムは決定論的な（Deterministic）システムとよばれる．一方，出力が一意に決まらないようなものは非決定論的（Non-deterministic）システムとよばれる．後者には，出力が確率論的に決まる確率システム（Probabilistic System）[21]や，ランダムな中にある種の規則性を有するカオス的な挙動を示すカオスシステム（Caotic System）[22]がある．実現象において，本質的に決定論的なシステム

というものはあまり存在しないが，人工物挙動のシミュレーションにおいては決定論的取り扱いが可能であるようにモデル化してしまうことが多い．しかし，気象や地震，交通などの諸現象からもわかるように，自然や人間が関与する環境問題は本質的に確率的あるいはカオス的である．

3.3.5 単一系・連成系

これまで行われてきたシミュレーションの対象のほとんどは単一現象である．一方，現実には，単一現象のみが起こることはほとんどなく，複数の現象が発生し，それらが少なからず相互作用する．このような現象を連成現象，その系を連成系 (Coupled System) という．連成系の典型例の1つに，流体―構造連成系[23] がある．風が吹けば木の枝がそよぐのは，ごくありふれた光景であるが，これは典型的な流体―構造連成系である．そのメカニズムは次のように理解される．

風が吹いて力を受け木の枝が変形すると，風の流路が変化する．すると風の流れ方も変わり，風が木に及ぼす力も変化する．それに応じて木の枝の変形の様子が変わる．また木は変形すると元の形に戻ろうとする復元力が働く，…という風（すなわち流体）と木（すなわち固体）の相互作用が継続して起こる．木の枝のそよぎそのものは「風流」である．しかし，ある種の人工物では，流れによって誘起された構造物の過大な変形・振動が，その破壊を引き起こす要因になるため，そのような現象の発生を未然に防ぐべく設計するなど適切な対策をとることが重要である．強風時に発生したカルマン渦の周期と橋の固有振動数が一致し共鳴現象によって橋が破壊されてしまったり[24]，高速増殖実験炉「もんじゅ」の温度計の破壊に起因して起こった冷却材ナトリウム漏洩事故[25] などは流体―構造連成系によって引き起こされた典型的な破損事故である．

連成系の取り扱いは単一系と比べるとはるかに困難であることと，ある種の条件のもとでは支配的な一現象を取り出して単一系としてシミュレーションしても十分な精度が得られることから，これまでは圧倒的に単一系のシミュレーションが行われてきた．しかしながら，ほとんどの場合，環境系のシミュレーションにおいては連成現象が本質的である．

3.3.6 線形系・非線形系

入力 x, 出力 y のシステムの応答を $y = L(x)$ という形式で単純化して表したとき, a, b を定数として, $L(ax_1 + bx_2) = aL(x_1) + bL(x_2)$ が成り立つシステムを線形系とよぶ. 人工物設計においては, 線形系であることが多くの場合に前提条件となる. 一方, 線形関係が成立しないシステムは非線形系とよばれる. 非線形系には, 物質特性に起因する非線形性, 支配方程式の演算子に起因する非線形性, 相互作用に起因する非線形性など多くの種類があり, 対象によってさまざまなアプローチが存在する. 線形系と比べると非線形系のシミュレーションははるかに困難であるが, 環境問題のほとんどは本質的に非線形系である.

3.4 アルゴリズムの視点

3.4.1 計算精度, 計算量, 計算速度

次に, アルゴリズムの視点について, 具体的に物理現象のマクロスコピック・シミュレーションを例として説明しよう.

物理現象のシミュレーションにおいては, その基本法則である偏微分方程式や常微分方程式を直接解析的に解く代わりに, 図3.4に示すように本来連続的に広がる空間を微小な間隔に分割し, 微小間隔における現象の変化を単純な関数形式（1次式や2次式など）で近似する. このような空間分割を有限要素法[12]ではメッシュ（Mesh）, 差分法[11]では格子（Grid）とよぶ. 有限要素法や差分法などの原理に基づき微分方程式を変換することにより, 大次元の連立1次方程式（マトリクス方程式）を導出する. このような解法では, シミュレーション精度を向上させるためには, 解析対象形状をモデル化するために導入した空間メッシュの総節点数×1節点当たりの未知変数の数（自由度数）=未知変数の総数（総自由度数）, N を増やすことが必要である. 一方, 総自由度数 N は解くべきマトリクス方程式の係数マトリクス $[K]$ のサイズに直結し, それを解くためには, 用いる解法にもよるが, N^α（ここで, $1 < \alpha < 3$）に比例する演算量が必要となる.

シミュレーションを実際に人工物の設計や自然現象の定量的な予測に用いるためには, 計算精度の向上とともに計算速度の高速化が重要である. たと

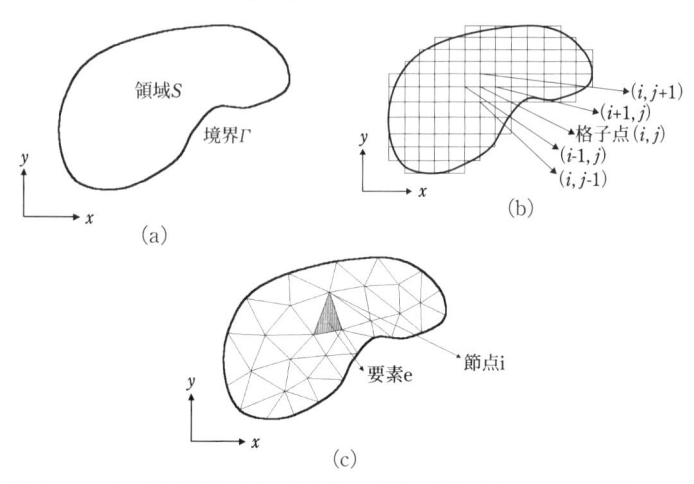

図 3.4 2次元平面領域 (a), 差分格子 (b), 有限要素メッシュ (c)

えば，台風の進路予報の問題において，実際に台風がくるよりもシミュレーションに時間がかかるようでは，予報として成立しない．また，人工物の設計や環境問題のさまざまな意思決定へ利用することをめざす場合には，計算条件をさまざまに変えながら何十回，何百回とシミュレーションを行う必要があり，それを数時間〜数日のうちに終了することが求められる．このように，いかに大規模な問題（近似精度の高い問題）を高速に解くかという点が，実現象への応用という観点からとても重要である．

3.4.2 高速コンピュータ

　コンピュータの性能向上の基本は，半導体の集積度を向上させることによって，単一プロセッサの演算速度やメモリへのアクセス速度を向上させると同時にメモリの大容量化を図ることである．しかし，陸上競技の 100m 走のタイムが人間の能力の限界に近づき，9 秒台に突入して以降はなかなか縮まらないように，単一プロセッサの演算速度は現在主流となっているシリコン系半導体素子の限界に近づいてきており，今後これ以上の大幅な計算速度向上を達成するのは困難になっている．この困難を打ち破る方策として，ガリウムヒ素系の半導体の利用や光コンピュータ，量子コンピュータなどの研究が進められており，長期的にはこうした革新的な素子技術の開発により演算

3.4 アルゴリズムの視点

図 3.5 並列処理のイメージ[4]
(a) 流れ作業でトラックを組み立てる，
(b) 同時並列的にトラックを組み立てる．

速度が向上していくものと期待される．一方，現在から近未来に向けては単一プロセッサ技術の限界を根本的に打ち破るために，プロセッサの多重化が高速コンピュータの主流となってくる[12],[26]．

プロセッサの多重化による高速化には，大きく分けて 2 つの方式がある．第 1 は，多数のプロセッサを直列に並べて，ある一連のデータ処理の 1 つ 1 つを複数の小さな仕事（部分命令）に分割し，流れ作業的に次々に処理する方式である．これはパイプライン処理（Pipeline Processing）とよばれ，長大な成分数を有するベクトル量の演算の高速化に適しているため，ベクトル処理（Vector Processing）ともよばれる．

第 2 の方法は，一連のデータ処理を複数のグループに分割し，それぞれを複数のプロセッサで同時並列的に実行する方式であり，並列処理（パラレル処理（Parallel Processing））とよばれる．図 3.5 に，おもちゃのトラックの組み立てを例として，両方式のイメージを示す[4],[12]．

ベクトル処理および並列処理の採用によって開発されてきた高速コンピュータの演算速度の進歩の様子を図 3.6 に示す．ここで，縦軸のフロップス（FLOPS）とは FLoating point Operations Per Second の略であり，1 秒間に行える実数（浮動小数点）演算の回数で測った計算機の演算速度である．

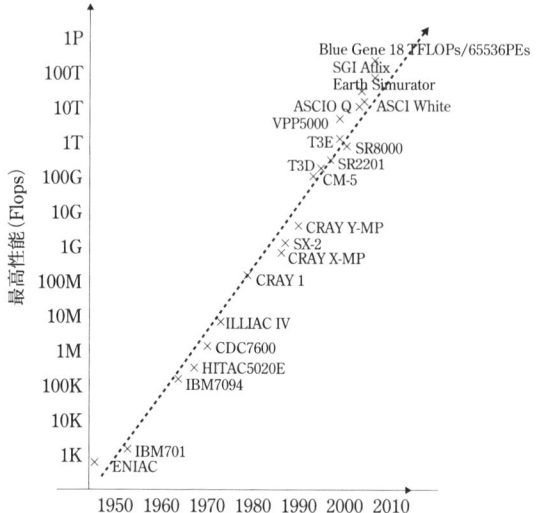

図 3.6 コンピュータの演算速度の進歩

また，メガ（M：Mega）は 10^6（百万），ギガ（G：Giga）は 10^9（10億），テラ（T：Tela）は 10^{12}（1兆），ペタ（P：Peta）は 10^{15}（1000兆）を意味している．図 3.6 から数年に1桁の割合で演算速度が向上している様子がわかる．地球規模の気候変動や地殻変動予測を目的として文部科学省が開発を進め2002年4月に稼動を開始したベクトル・パラレル型超高速コンピュータ「地球シミュレータ」（図 3.7 参照）は，ピーク性能 40TFLOPS，メモリ 10TB という世界最高級のコンピュータである[27]．一方，普通のパソコンを多数ネットワーク接続したものは PC クラスタとよばれ，廉価で価格性能比に優れた並列コンピュータとして急速に社会に普及してきている．ただし，このようなプロセッサが多重化された高速コンピュータの性能を十分に引き出すためには，使用するコンピュータの記憶容量（メモリ）の効率的活用と計算の高速化という2つの観点から新しいシミュレーション・アルゴリズムの研究開発が必須である[4],[12]．

3.5 インタフェースの視点

シミュレーションに基づいて現実問題に対する意思決定を行うためには，

3.5 インタフェースの視点

図 3.7 地球シミュレータの鳥瞰図[27]

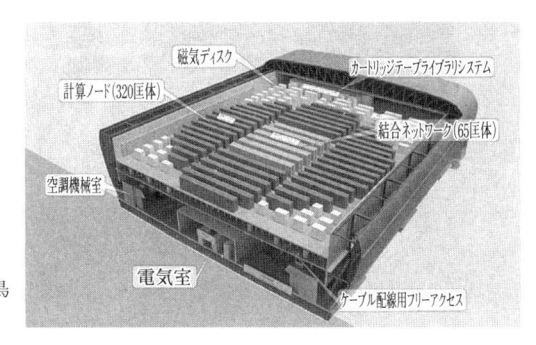

時空間方向にディジタル化されたシミュレーション世界を人間が知覚可能な情報に再変換する仕組み，すなわちインタフェースが必要である．従来のインタフェースとしては，目の前に置かれた2次元モニタ上にシミュレーション結果をコンピュータ・グラフィックス（CG）によって可視化することが主流であった．今後は次の2つの視点からの研究・開発が進められていく．

第1の視点は，表現のリアリティの追求である．モデリングおよびアルゴリズムの向上と高速コンピュータの活用によって，4次元（空間3次元，時間1次元）の精緻なシミュレーションが可能となってくるが，その情報を一般の人間が2次元ディスプレイ上の表現から正確に知覚することはかなり困難である．この課題に対して，膨大なシミュレーション結果の可視化データ生成には並列処理を適用し，可視化データのリアリスティックな3次元表示には仮想現実感技術[8],[28]を活用するというハイブリッドアプローチが有効である．一例として，図3.8に東京大学インテリジェントモデリング・ラボラトリーに設置されている没入型多面ディスプレイ装置（CABIN）[29]を示す．CABINは1辺2.5m四方の巨大スクリーン5面によって前上下左右を囲まれた小空間を提供し，3次元立体視が可能な液晶シャッターメガネと位置センサを装着した人間がその中に立つ．CABIN空間では，人間の視野は完全に3次元の映像空間で覆われることとなり，そこに投影されるシミュレーション世界に没入することとなる．図3.9にCABIN空間に投影されたローマの古代建築物パンテオンのシミュレーション結果を示す．人間は，CABIN空間でパンテオンのシミュレーション世界をヴァーチャルウォークすることができる．

図3.8 没入型多面ディスプレイ装置 CABIN

図3.9 CABIN 上に投影されたシミュレーション結果（ローマの古代建築物パンテオン）

　第2の視点は，必要なときにいつでもどこからでもシミュレーションにアクセスできるインタフェースの研究開発である．環境問題に関わる意思決定プロセスには，市民，NPO・NGO，行政，専門家等のさまざまな立場の多くの人々が関わることになる．高精度のシミュレーション自体は，3.4節で述べた高速コンピュータ上で実行されるものの，シミュレーション条件の入力やシミュレーション結果の取り出しや可視化はネットワーク経由でさまざまな人間が自由自在に行えることが望ましい．その1つの方式として，シミュレーションのインタフェースをウェブベースで提供していくことが考えられる[30].

3.6 ダイオキシン類のマルチレベル大気拡散シミュレーション

　3.4節で述べた文部科学省が推進する地球シミュレータ・プロジェクト[27]では，気候変動や地殻変動などの地球規模の複雑な現象の再現と予測を目的として，超高速コンピュータ「地球シミュレータ」が開発された．一方，このような地球規模の自然現象ばかりでなく，もっと身近な地域レベルの問題

3.6 ダイオキシン類のマルチレベル大気拡散シミュレーション

についてもシミュレーションが大いに威力を発揮する．一例として，都市域に立地されたゴミ焼却場から排出されるダイオキシン類†の移流・拡散シミュレーション[31]を示そう．

近年，ダイオキシンなどに代表されるきわめて毒性が強い浮遊粒子状物質の排出・拡散現象が重大な社会問題となっている．とくに，日本は狭い国土において世界最大量のゴミが焼却され，ゴミ焼却施設におけるダイオキシン類の発生対策が遅れたために，世界中でもダイオキシン濃度が高い国とされている[32]．ゴミ焼却場からの排出量削減のために，たとえば，焼却温度を700℃以上の高温にするなどの焼却条件の変更によるダイオキシン発生量の削減や，排ガスフィルタを取り付け除去するなどの対策がとられ始めている．このような排出源対策に加えて，ゴミ焼却場から排出される排煙および，そこに含まれるダイオキシン等の微量汚染物質の拡散挙動を定量的に把握することは，ゴミ焼却場の立地の可否や立地する場合のゴミ焼却場の仕様策定，また，運転開始後の近隣住民の健康管理を行う，などの目的のために重要なことである．

ダイオキシン類自体はたいした重さをもたないが，一緒に排出される飛灰の微粒子（たいてい数 μm 以下）に吸着して拡散し，微粒子が重ければ排出源の近くに落ち，軽ければ遠くまで飛んで行く．その移流・拡散現象は，地域周辺の気流の状態によって受動的に決まり，結局地域の地形や気象条件に強く影響を受ける．

ここに示す手法は，ゴミ焼却場周辺の空気の流れ場については非圧縮性ナビエ・ストークス方程式††を有限要素法によって解き，得られた非定常流れ場における粒子拡散挙動は確率論的モデルの1つであるランダム・ウォーク（Randam-Walk）モデル[33]で解くというマルチレベル手法を採用している．ランダム・ウォークモデルでは，1つ1つの粒子を流れ場の速度に従って少しずつ動かすが，その際に粒子に作用する重力などを加味し，同時に粒子挙動に確率的な要素を取り入れながらシミュレーションを進めていく．このようなマルチレベル手法を採用した理由は，大気の流れは数 km から数十 km

---

† ダイオキシン，ポリ塩化ジベンゾフラン，コプラナー PCB の3つを指す
†† 一般には空気は圧縮性流体であるが，流速がマッハ数と比べて十分に遅い本問題の場合，非圧縮性流体とみなしてよい．

に及ぶ大域的なマクロスコピック挙動であるものの，ダイオキシン類のような超微量物質の拡散現象では，ダイオキシン類が付着した微粒子の粒子サイズなどの個性を考慮できるミクロスコピック・アプローチが適していると考えられるためである．また，ナビエ・ストークス方程式の解法には将来の大域的拡散問題への展開を考慮し，並列処理アルゴリズムを組み込んだ，有限要素法流体解析コード ADVENTURE_Fluid [34],[35] を採用した．

本手法の応用として図 3.10 に示すような東京都 A 区 B 地区にあるゴミ焼却場周辺の東西 3.5 km，南北 5 km，高さ 0.3 km の直方体領域を対象に図 3.11 に示すメッシュを作成した．1 要素のサイズは 50 m×50 m×10 m であり，総要素数は 11 万である．境界条件としては，北側より一様な風速 5 m/sec を与えた†．有限要素法解析から得られた流線図および粒子がそれにのって流れる様子を図 3.12 に示す．本シミュレーションでは煙源より合計 2000 個の粒子を放出し，時間増分幅 1 秒で 600 ステップ，すなわち 10 分間

図 3.10 都市部のゴミ焼却場

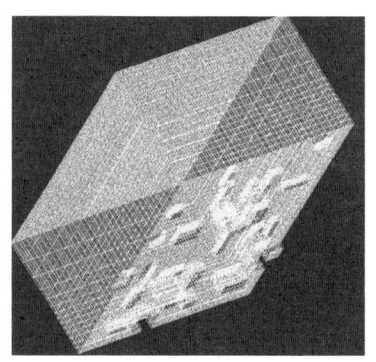

図 3.11 ゴミ焼却場周辺の 3 次元メッシュ

---

† 本格的なシミュレーションでは，観測によって得られるその地区の時々刻々の気象データを境界条件として入力することになる．

3.6 ダイオキシン類のマルチレベル大気拡散シミュレーション 83

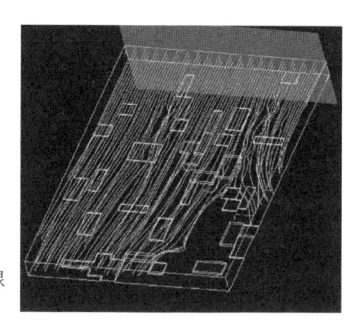

図 3.12 大気流れのシミュレーションの結果（流線図）

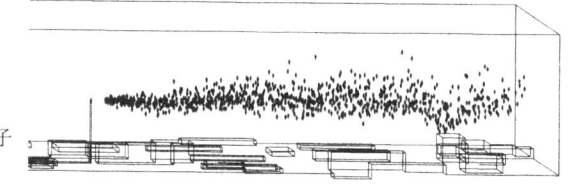

図 3.13 側面から見た粒子の拡散の様子

の計算を行った．

次に煙源の高さを実際の煙源高さ 130 m から 80 m まで，10 m ずつ下げた数通りのシミュレーションを行い，地表への影響を検討した．影響の評価方法として，地域の建物最大標高より鉛直座標が低くなった粒子の総数をカウントした．図 3.13 に煙源高さ 130 m の場合に側面から眺めた粒子の拡散の様子を示す．図 3.14 には，煙源高さと建物最大標高より鉛直座標が低くなった粒子数の関係を示す．図 3.14 より，煙源の高さが低くなるにつれ，建物高より低い位置に落ちてくる粒子総数が急激に増加することがわかる．同時に，この計算条件では，130 m の高さがあれば，その地区に落下する微粒子はほとんどないことが確認される．なお，このことは，煙源から排出された粒子がすべてこの領域外に運び出されることを意味しており，結果の解釈に注意を要する．

ここで示した手法を，ゴミ焼却場の実際的な環境アセスメントに適用するには，シミュレーションモデルの信頼性の検証，現地の詳細な地上気象観測データの収集と入力，煙源からのダイオキシン排出総量の把握，国土交通省国土数値情報を活用した地形データの高精度モデル化などが必要である．また，気象条件は日々変わるので，解析条件をさまざまに変化させながら解析を行うことが必要である．シミュレーション手法の構築とそのような緻密な

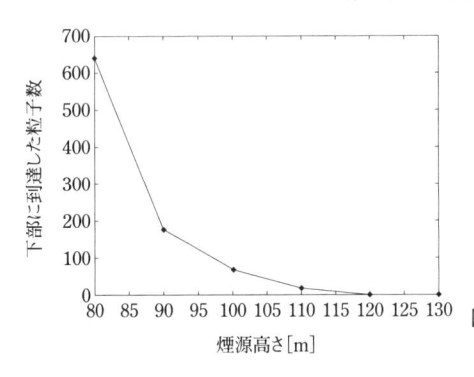

図 3.14　煙源高さとグランドレベルに落下する粒子数の関係

データの積み重ねにより，はじめて信頼性の高い，現実の意思決定に役立つ環境アセスメントが可能となる．

3.7　交通流の知的マルチエージェント・シミュレーション

3.6 節に示した例は，純粋な物理現象のシミュレーションであった．次に人間行動が主体となるシミュレーションの例として，道路交通シミュレーションを紹介しよう[36],[37]．

道路交通は，現代社会の人と物の移動を支える基幹システムであるが，同時に渋滞，騒音，大気汚染などの地域レベルの環境問題から，エネルギー消費や二酸化炭素排出に起因する地球温暖化問題に至るまでさまざまなレベルの環境問題を生み出している．このため，交通環境の改善をめざして，車の性能向上（燃費向上や排ガス低減など），信号等による交通の制御（交通管制），道路網の変更（新規道路の建設），法規制（総量規制，ロードプライシング），ITS (Intelligent Transport Systems) 技術[38]の導入，ライフスタイル変更（車共有[39]，路面電車活用[40]）などさまざまな施策が検討されている．道路環境は，たとえば道路建設に見られるように一度変更するとたとえ思わぬ悪影響を及ぼすことが判明してもそれを元に戻すことが困難であるため，事前にその施策の効果を定量的に評価することが求められている．しかし，実験的なアプローチによってそうした評価を行うことはきわめて難しい．そこで，これまでにもさまざまな交通流シミュレーションに関する研究が行われてきた[41],[42]．

3.7 交通流の知的マルチエージェント・シミュレーション

　交通流シミュレーションはコンピュータ環境の急速な発達とともに，車の流れを水の流れにみたてるマクロスコピック・モデルから，個々の車の挙動に着目したミクロスコピック・モデルへと移行してきている．しかしながら，従来のミクロ交通流シミュレーションでは，車は無機的なものとしてモデル化されており，運転に必要とされる知識が異なる車を表現することは難しく，運転者の多様性や，ITS技術によって提供されるグローバルな交通情報利用の有無などを扱うことが難しい．また，運転途中で道路の状況に応じて経路を選択し直すという動的経路選択行為は，現実のドライバーが普通に行う行為であるが，それを扱うことも困難である．これらは，従来のミクロ交通流シミュレーションに，人間集団が作り出す複雑系としての交通現象の本質が取り入れられていないことに起因する．

　ここに示す例では，道路交通の主体（ここでは研究の第1段階として個々の車両のみに着目する）を図3.3に示すような知的エージェントとしてモデル化し，道路交通を知的マルチエージェント・モデルによってシミュレーションする．すなわち，個々の車両は，能動的に自分で情報を集めて自律的に行動するものとしてモデル化され，駐停車車両の回避行動や車線変更などの詳細な車両挙動や，動的経路選択およびITS関連のグローバルな交通情報利用の有無などを扱えるようにした．さらに，バス，タクシー，普通乗用車などの車両の物理的多様性やタクシードライバー，若年ドライバー，老年ドライバーなどの運転者の運転特性の多様性も扱えるようにした．

　ところで従来の研究では，計算機能力の制約から，ミクロ交通流シミュレーションの対象領域は駅周辺などの狭い範囲の道路網[43]であり，広範囲の領域に対しては流体モデル，ブロック密度法などのマクロモデル[41],[42]が使われてきた．これに対して，ここで示す研究では，東京都内全域のような広範囲の領域に対しても知的マルチエージェント・モデルをそのまま用いることをめざしており，エージェント数の拡大に伴う計算速度低下の問題は，3.4節に述べた並列処理の採用によって解決する．

　知的マルチエージェント・モデルは，知的エージェント，環境，ルールという3つの基本構成要素からなる．知的エージェントには，(a) 単純反射エージェント，(b) 記憶をもつ反射エージェント，(c) ゴール主導エージェント，(d) 効用主導エージェントなどのモデルがある．各モデルはこの順に1

つ前の段階のエージェントを拡張して構築することができる．

たとえば，ゴール主導エージェントであれば，目的地を選定する動的経路選択の機能を実現できる．ただし，多数のエージェントが経路探索を同時に行う必要があることと，広範囲な道路領域では道路リンクが大きくなることから，単純な二分岐探索などを行うと探索時間がかかりすぎる．これに対する対策としては，車を効用主導エージェントとしてモデル化し，目的地に到達する複数の経路に重みをつけることができるようにすることが有効である．たとえば，できる限りコストを抑えて，目的地に到達したい運転者は，高速道路を使わない経路を選択するように，重みをつけることができるし，景色を楽しみたい運転者は景色のよい経路を選択することができる．

図 3.15 に，エージェントと環境の関係を模式的に示す．車 A に着目すると，道路や標識はもとより，車 B を含む他のすべての車は環境の一部として認識される．一方，車 B に着目すれば，車 A は車 B に対する環境の一部となる．

シミュレーションの適用例として，千葉県柏市付近を対象に仮想道路環境を作成し，その中で車エージェントの自律性と，道路交通を知的マルチエージェントでモデル化することの妥当性を定性的に検証した結果を示す．

図 3.16 に経路選択の例を示す．同図には車 1 台 1 台の車両番号が表示されており，車が密になっている道路は，車両番号が重なって太い黒い帯となっている．すべての車は地図上の上方の A 地点を出発点として，下方の目的地 B 地点へ向かって移動している．個々の車エージェントは走行距離，右左折の回数，走行する道路の規模などを考慮しながら適宜経路選択を行っている．各車エージェントは経路に従って安全に移動できなければならない．

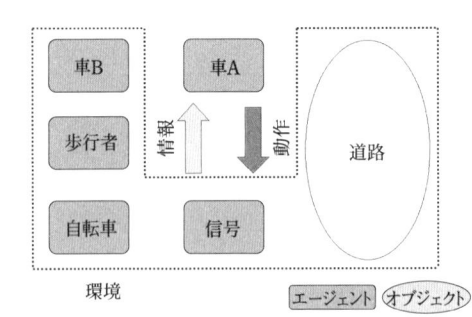

図 3.15 車エージェントと環境の関係

3.7 交通流の知的マルチエージェント・シミュレーション

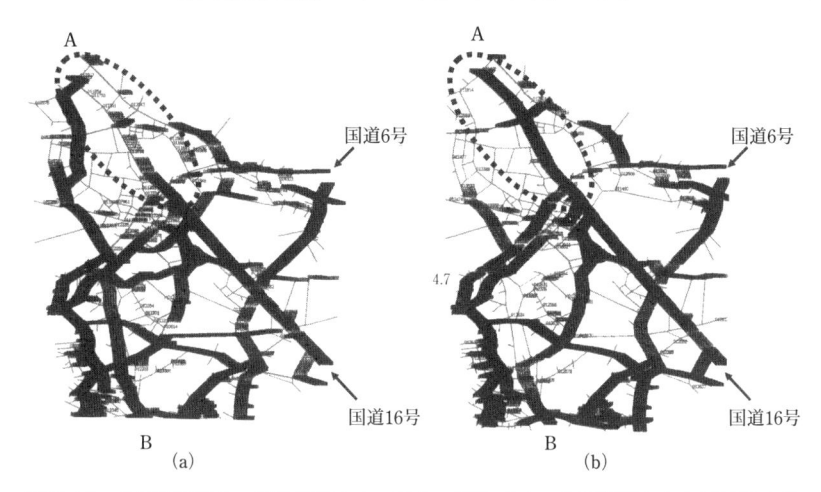

図 3.16 走行距離優先で経路選択をする場合の経路 (a),走行距離と右左折回数を総合判定して経路選択をする場合の経路 (b)

そのためには,経路に従って移動すること,他の車に衝突しないように速度を決定すること,信号などの道路管制情報に従うこと,を最低限実現する知識およびルールを各車エージェントは保持している.図 3.16 の例では,最短距離を走ることを考慮して経路選択をする場合(図 3.16 (a)),走行距離と右左折回数を総合判定して経路選択をする場合(図 3.16 (b))の 2 通りのシミュレーション結果を比較した.この比較によれば,(a) よりも (b) のほうが,国道沿いを走る車が増えている.

つぎに知的マルチエージェント・シミュレーションによってマクロな交通現象が再現できることを示そう.マクロな交通現象にはいろいろなものがあるが,交通流と渋滞という 2 つの現象に着目する.従来の交通工学の知見によれば,車の流れが安定しているときは,道路区間の車両密度は時間とともに周期性のある波になるといわれている[44].そこで国道 16 号線の上下双方から,5 秒に 1 台の割合で車両を発生させ,中央付近の車両密度の時系列をプロットしたものが図 3.17 である.なお,流入点において車両の車頭間距離が 5 m 以下になるような場合には流入できないとした.同図より,時間とともに車両密度は波打ちながら上昇していき,2500 秒経過した頃から 0.045(台/m)を中心に粗密を繰り返しているのがわかる.

つぎに,柏市は典型的なベッドタウンであると仮定し,朝の交通状況を定

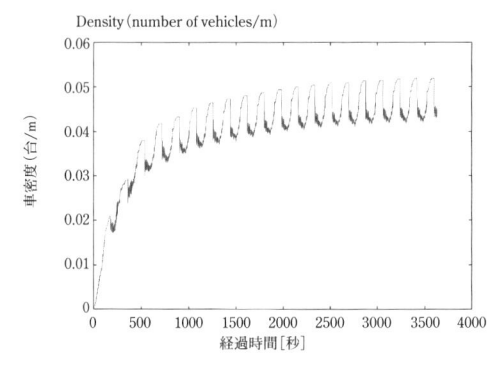

図 3.17 車両密度の時間変化（粗密波の発生の様子）

性的に再現することを試みた．本シミュレーションでは，柏市内部から発生し領域外に向かう車と，国道6号，16号を使って柏市を通過する車の2タイプの車両があると仮定する．ただし，領域外に向かう車も最終的に国道6号，16号を使うと仮定している．車の発生率として，国道は5秒に1台，県道は20秒に1台，それ以外の道路は2分に1台とした．図3.18は1時間経過したときの交通状況を示している．これをみると，国道6号，16号と，それぞれに向かう道路が渋滞しているのがわかる．図3.19にはシミュレーション結果を3次元的に可視化したものを示す．実際には動画であるが，ある時刻のスナップショットとなっており，バスやトラック，乗用車が可視化されている．

　本節では，知的マルチエージェント・シミュレーションが，いかに定性的に交通状況を再現できるかを示したが，本手法を用いて，実現象を定量的に再現するためには，対象とする地域の道路交通に関する詳細なデータ（信号のサイクルスプリットなどの交通管制情報，通過交通量や車種の比率，地域内の車の台数やその利用形態など）を取得し，入力として用いる必要がある．このようなデータの取得は容易とはいわないが，第4章に記述されるように，最近の情報技術を駆使することにより，決して困難な作業ではなく，そうしたデータ収集と本シミュレーションを組み合わせることにより，道路交通現象の定量的な再現が可能になろう．さらに，現況が再現できるようになったところで，たとえば，交通管制方式の変更や新規道路の建設，ITS技術の導入などを取り入れたシミュレーションを行うことにより，これら交通施策の

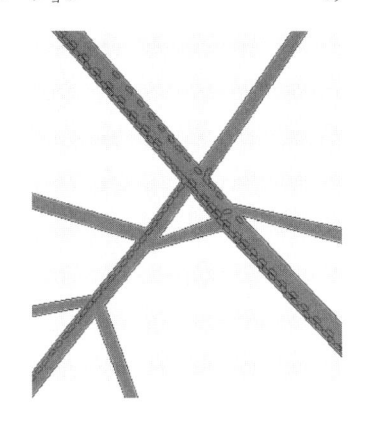

3.8 ものづくりとシミュレーション

(a)   (b)

図 3.18 交通渋滞発生の様子
(a) 全体の鳥瞰図，(b) 拡大図．

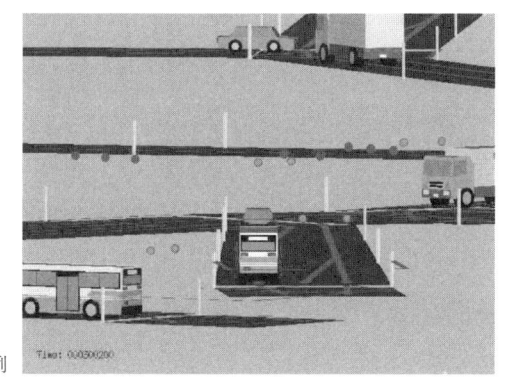

図 3.19 3次元可視化の例

効果を低コストで高精度に予測することが可能になっていくであろう．一方，このような交通流シミュレーションから，騒音，ガソリン消費，排気ガス・二酸化炭素排出などの交通システムが生み出す環境負荷を定量的に見積もることも可能となってくる．

3.8 ものづくりとシミュレーション

3.6, 3.7節では，いわば次世代環境シミュレーションという観点から，知

的シミュレーションの適用事例を紹介した．本節では，知的シミュレーションがいかにして「ものづくり」を変革していくか，という観点について説明しよう．

3.8.1 シミュレーション精度と安全率

　自然現象の解明を基本命題とする理学（サイエンス）の世界では，徹底的に精度（真実）を追求すると，必然的に必要な計算規模は無限に増大する．一方，ものづくりを中心とする工学（エンジニアリング）の世界ではどうであろうか．ここでも理学同様にさまざまな自然現象（固体の変形や気体・液体の流れなど）を対象としており，解くべき方程式系について共通項も多い．ところが，分野によって程度の差はあるものの，これまでのところは工学において理学におけるほどの徹底した計算精度の追求は行われてきていない．社会生活の質や安全性の向上に与える影響は工学のほうがはるかに直接的で大きいはずなのに，これは，一体どうしたことであろうか．

　工学では，多くの場合に「与えられた条件や制約のもとで最大の効果を生むような解を得ること」が基本命題となる．別の言葉でいえば，「妥協点を探る」ことである．計算に関していえば，その精度や速度の向上はあくまでもものづくりにおけるコスト―便益のバランスのなかで決まってくるのである．

　ものづくりの現場では，さまざまな理由から，シミュレーションの解析規模や計算速度に制約があった．それは次の2つの原因によっている．

- 高精度高速計算が可能なシミュレーションは，従来はハードウェア的にもソフトウェア的にもきわめて高価であり，一般のものづくりの現場で使用するにはコスト―便益的に見合わない．
- 高精度高速計算が可能な計算機やソフトウェアを活用するには高度の専門知識が必要であり，ものづくりに携わる一般のエンジニアにとって使いにくい．

　計算科学の最前線では，シミュレーションの精度や速度は向上してきている．たとえば，これまで不可能であった1千万〜1億自由度級の大規模メッシュを用いて人工物や自然物を丸ごと詳細にモデル化し，固体の変形や熱・流体の流れなどの力学解析から可視化，設計までを行える汎用計算力学システム ADVENTURE が開発され，そのソフトウェアはオープンソース・ソ

フトウェアとして 2002 年 3 月 1 日に一般公開された[45]-[48]．これは環境問題や自然災害，巨大人工物の事故，福祉向上に役立つ独創的な人工物の設計など，21 世紀的課題の解決に資するであろう．また，ADVENTURE システムには，最先端の計算力学モデルと超並列アルゴリズム，知的情報処理技術が統合化されており，一般のユーザが高速高精度の計算力学シミュレーションを容易に行えるようになっている．3.6 節で述べた流体解析ソフトADVENTURE_Fluid はその 1 モジュールである．

一方，現在のものづくりの現場では，高度の安全性が要求される高層ビルの設計や原子力発電所の設計においてさえ，数十自由度のバネ―質点系モデル（串団子モデル）を用いた振動解析や数千自由度の 2 次元平面や 2 次元軸対称モデルを用いた応力解析が行われているに過ぎない．シミュレーションが最も積極的に利用されている自動車分野においてさえ，数万～数十万自由度の 3 次元メッシュを用いた衝突解析や振動解析のレベルにある[49]．

それでは，この程度の空間分解能しか有しないモデルを用いて，どうやってものづくりが行われてきたのだろうか．実は，従来のものづくりにおいては，繰り返し行われる試作や実験と，エンジニアの有する経験的知識や勘が最も重視されており，シミュレーションには補助的役割しか与えられてこなかった．そして，形状や物性値，荷重などに関わる本質的な不確実性とともに，実験誤差，シミュレーション誤差などはすべて「安全率（Safety Factor）」として包括的に考慮されてきた．一般には，安全率を大きくとればとるほど確実で安全な設計が可能であるが，製造コストは増大するといわれている．しかし，実験誤差やシミュレーション誤差に起因する不確実性やあいまいさの原因を放置したままでやみくもに安全率を大きくとることは必ずしも真の安全レベルの向上にはつながらない．むしろ最先端のシミュレーションを活用して計算の精度や信頼性を十分に高め，それに基づくシミュレーション実験を繰り返し行うことができるならば，実験誤差やシミュレーション誤差に起因する不確実性を大幅に低減することが可能となり，同じコストで真の安全レベルをはるかに高めることができるようになる．

ADVENTURE システムの適用例として，大規模構造物の丸ごとシミュレーションを示す．図 3.20 はローマの古代建築パンテオンである．パンテオンの中心部は直径 60 m もある巨大なドーム構造となっている．もし大地震

(a) (b)

図 3.20　ローマの古代建築物パンテオン
(a) 正面，(b) 内部．

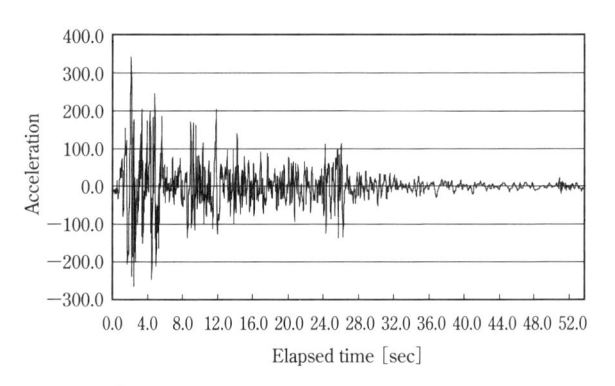

図 3.21　El Centro 地震の入力加速度履歴

がローマで発生したときに，この歴史的建造物であるパンテオンがどのように変形するか，あるいはどこに構造的な弱点があるかを，事前に定量的に検討しておくことは意義あることである．しかし，従来の計算力学シミュレーション技術では，このような巨大な構造物を局部まで詳細にモデル化したうえで全体挙動を解析することが不可能であった．図 3.22 には，ADVENTURE システムを用いてパンテオンに仮想的に図 3.21 に示すような El Centro 地震の地震荷重を加えたときの 2 秒後の変形結果を示す．ここで変形は 2000 倍に拡大してある．これをみると，胴部下部の入り口構造との不連続部において高い応力が発生していることがわかる[50]．

図 3.22 地震力を受けるパンテオンの変形の様子（変形を 2000 倍に拡大）

3.8.2 環境の世紀におけるものづくりのさらなる展開

21世紀のものづくりは大きな転換期を迎えている．これまでは，経済効率の観点から，大量生産・大量消費・大量廃棄がもっとも望ましく，そのために，生産者中心的であり性能追求も単目的であった．しかしながら，これからは経済合理性に従いながらも，同時に環境への負荷が少なく，人や社会に愛され長期間利用されるという協調的で複合的な目標を満足させうるものづくりへの転換が求められている．これを具体的なものづくりの要件に還元すれば，次のようになろう．

(a) 単目的設計から多目的設計へ
(b) 短期間の単性能評価から，保守や廃棄・リサイクルを含めた長期間の複合性能評価へ
(c) 経験に基づく安全裕度設定から，科学に基づく合理的な安全裕度設定へ

従来のものづくりは，上述の要件に照らし合わせてみればまったく不十分である．たとえば，現実の設計問題において複数の設計目標（目的関数）が存在することはきわめて自然であるし，現実の意思決定問題においても，当然ながら多様な決定要因が関与してくる．しかしながら，多目的最適化問題 (Multi-objective Optimization Problems) の具体的な解法はいまだ研究の初期段階にある[51],[52]．(a)〜(c)のいずれをとってみてもその実現のためには，計算力学，知的情報処理，超高速並列分散処理を統合化した知的シミュレーションを積極的に活用し，性能評価の精度と範囲を飛躍的に高めていくこと

が，必須であるといえる．

3.9 信頼できる知的シミュレーションを実現するために

　本章を終えるにあたり，2つの点を指摘しておきたい．第1点は，従来の実験やフィールド調査を主とした研究手法と，本章で述べた知的シミュレーション研究との関係であり，第2点は知的シミュレーションの信頼性の問題である．

　まず，はじめに断っておきたいのは，知的シミュレーションとは，それ自体が単独で存在するものではないことである．実験研究やフィールド調査は環境学において欠くことのできない研究手法であるが，一方その手法の性質上，得られる知見や情報，データは空間的，時間的に間欠的にならざるをえない．これに対して，知的シミュレーションは，対象とする分野において，これまでに構築されてきた理論，現在までに得られた情報や知識，データなどを取り込み，それらを有機的に結びつけ，そこから「未来の状態」に関わる新しい情報や知識，データを創造する役目を果たすことができる．また，後述するように知的シミュレーションの信頼性を検証するプロセスにおいては，逆に実験やフィールド調査から得られた情報や知識などが比較対象として活用される．以上のような意味で，実験やフィールド調査を中心とした研究活動と，知的シミュレーションの研究活動とは相互補完的，相互発展的であり，両者の融合によって，環境問題の解決に向けた新しいより強力なパラダイムが生まれることが期待される．

　知的シミュレーションの信頼性には，モデルの信頼性，アルゴリズムの信頼性，ディジタル計算法の信頼性，ソフトウェアの信頼性，入力データの信頼性などがすべて関係し，そのいずれか1つが欠けても成り立たない．しかも，その信頼性を検証することはなかなか容易ではない．とくに，そもそも比較すべき厳密解もなく，総合的な実験もままならない環境複雑系の問題においては，絶対的なレベルの信頼性を検証することはなかなか困難な課題である．この困難な課題に立ち向かうためには，シミュレーションに内包される個々の理論，データ，アルゴリズム，ソフトウェアの検証と，そうした作業の緻密な積み上げが必要不可欠である．一方，このような絶対的なレベル

での検証が行えなければ，知的シミュレーションは役立たないのであろうか．絶対的なレベルで信頼性を検証することができなくても，知的シミュレーションに基づく「感度解析 (Sensitivity Analysis)」を通して，ある因子が結果に影響を及ぼすかどうか，あるいは及ぼすとしてそれはどの程度であるか，さらには他の因子との関連はどうであるかなど，問題に内在し，従来の実験的アプローチやフィールド調査のみではみつけることができなかったようなさまざまな有益な情報を抽出することができる．

さらにいえば，知的シミュレーションの構成要素のいずれをもブラックボックス化せず，公開することにより，市民，NPO・NGO，行政，専門家のいずれもが公平にその情報に接することができ，シミュレーションの信頼性を共同で高めていける枠組みを作ることが肝要である．知的所有権意識の高まりとともに，コンピュータやソフトウェアの研究開発の世界では，特許等によって技術を囲い込む動きが盛んである．しかし，このような動きと並行して，すべての情報をフリーで公開し，不特定多数の目にさらすことにより，複雑化したプログラムのバグ取りや機能要求の洗い出しなどの開発効率を高め，信頼性を確立するオープンソース化の動き[53]も盛んである．Linuxはオープンソース・ソフトウェアの代表例であり，3.8節に述べたADVENTUREシステム[45]-[48]もオープンソース化によって，急速に普及が進んでいる．本章で述べた知的シミュレーション・アプローチもそのようなオープンソース化によって，信頼性が確立されながら広く社会に受け入れられ，さまざまな環境問題の解決に役立っていくことが望まれる．

参考文献

[1] ジョン・キャスティー（中村和幸訳），複雑系による科学革命，講談社 (1997)．
[2] 特集「計算科学」，学術月報，**55**(2), pp. 4-60 (2002)．
[3] 特集「計算力学の進展」，機械の研究，**49**(1), pp. 71-214(1997)．
[4] 矢川元基，吉村忍，シリーズ現代工学入門 計算固体力学，岩波書店 (2005)．
[5] たとえば，中野馨編，ニューロコンピュータの基礎，コロナ社 (1990)．
[6] たとえば，北野宏明編，遺伝的アルゴリズム，産業図書 (1995)．
[7] スチュアート・ラッセル，ピーター・ノルビック（古川康一監訳），エージェントアプローチ人工知能，共立出版 (1997)．
[8] 特集「人工現実感——現実と仮想の壁を越えて」，日本機械学会誌，**102**(971), pp.

596-644 (1999).
- [9] 北川浩, 北村隆行, 渋谷陽二, 中谷彰広, 初心者のための分子動力学法, 養賢堂 (1997).
- [10] J. Makino and M. Taiji, *Scientific Simulations with Special-purpose Computers—The GRAPE Systems*, John Wiley and Sons (1998).
- [11] 高橋亮一, 棚橋芳弘, 計算力学とCAEシリーズ 差分法, 培風館 (1991).
- [12] 矢川元基, 吉村忍, 計算力学とCAEシリーズ 有限要素法, 培風館 (1991).
- [13] 久田俊明, 野口裕久, 非線形有限要素法の基礎と応用, 丸善 (1993).
- [14] 田中正隆, 松本敏郎, 中村正行, 計算力学とCAEシリーズ 境界要素法, 培風館 (1991).
- [15] 伯野元彦, 破壊のシミュレーション (拡張個別要素法で破壊を追う), 森北出版 (1997).
- [16] 加藤恭義, 光成友孝, 築山洋, セルオートマトン法, 森北出版 (1998).
- [17] 菅野道夫, ファジィ読本, サイエンス社 (1988).
- [18] J. ランボー, M. ブラハ, W. プレメラニ, F. エディ, W. ローレンセン (羽生田栄一監訳), オブジェクト指向方法論OMT, トッパン (1992).
- [19] 矢川元基, 吉村忍, インテリジェントエンジニアリングシリーズ 感性と設計, 培風館 (1999).
- [20] 山形進, 服部正太編著, コンピュータのなかの人工社会 (マルチエージェントシミュレーションモデルと複雑系), 共立出版 (2002).
- [21] Y. Isobe, M. Sagisaka, S. Yoshimura and G. Yagawa, Risk-Benefit Analyses of SG Tube Maintenance Based on Probabilistic Fracture Mechanics, *Nuclear Engineering & Design*, **207**, pp. 287-298 (2001).
- [22] 合原一幸編著, 応用カオス——カオス, そして複雑系へ挑む, サイエンス社 (1994).
- [23] D. Ishihara and S. Yoshimura, A Monolithic Approach for Interaction of Incompressible Viscous Fluid and an Elastic Body Based on Fluid Pressure Poisson Equation, *International Journal for Numerical Methods in Engineering*, **64**, pp. 167-203 (2005).
- [24] 川田忠彦, 誰がタコマ橋を落としたか, 建設図書 (1975).
- [25] 原子力安全委員会, もんじゅナトリウム漏洩ワーキンググループ報告書 (抜粋), 日本原子力学会誌, **38**(10), pp. 2-12 (1996).
- [26] 岩崎洋一, 宇川彰, 朴泰祐, 21世紀の超高速科学技術計算プラットフォーム, 学術月報, **55**(2), pp. 134-138 (2002).
- [27] http://www.es.jamstec.go.jp
- [28] 白井出, 吉村忍, 矢川元基, 没入型仮想現実空間における大規模有限要素解析結果の並列可視化, 日本機械学会論文集A, **65**(638), pp. 2017-2023 (1999).
- [29] 廣瀬通孝, 小木哲朗, 石綿昌平, 山田俊郎, 多面型全天周ディスプレイ (CABIN) の開発とその特性評価, 信学会論文誌, J81-D-II-5, pp. 888-896 (1998).
- [30] S. Yoshimura, T. Kowalczyk, Y. Wada and G. Yagawa, A CAE System for Multidisciplinary Design and Its Interface in Internet, *Journal of Japan Society of Computational Engineering and Science*, No. 19980004 (1998).

[31] 今井洋一，吉村忍，微量汚染物質の大気拡散シミュレーション，日本機械学会第14回計算力学講演会講演論文集, No. 01-10, pp. 577-578 (2001).
[32] 「化学」編集部編，環境ホルモン＆ダイオキシン——話題の化学物質を正しく理解する，化学同人 (1999).
[33] A. J. Ley, A Random Walk Simulation of Two-dimensional Diffusion in the Neutral Surface Layer, *Atomospheric Environment*, **16**, pp. 2799-2808 (1982).
[34] 中林靖，矢川元基，吉村忍，PCクラスタによる超大規模並列有限要素法流体解析，日本機械学会第13回計算力学講演会講演論文集, No. 00-17, pp. 491-492 (2000).
[35] http://adventure.q.t.u-tokyo.ac.jp
[36] 吉村忍，守安智，西川紘史，知的マルチエージェント交通流シミュレータMATESの開発，シミュレーション, **23**(3), pp. 228-237 (2004).
[37] S. Yoshimura, MATES : Multi-Agent based Traffic and Environment Simulator—Theory, Implementation and Practical Application, *Computer Modeling in Engineering and Sciences*, **11**(1), pp. 17-26 (2006).
[38] 交通工学会編, ITS：インテリジェント交通システム, 丸善 (1997).
[39] 特集「交通社会における新しいクルマの使われ方—共同保有・共同利用の取組み」，交通工学, **36**(2), (2001).
[40] 今尾恵介，路面電車——未来型都市交通への提言，ちくま書房 (2001).
[41] 桑原雅夫，広域ネットワーク交通流シミュレーション，自動車技術, **52** (1), pp. 28-34 (1998).
[42] 交通工学研究会編，やさしい交通シミュレーション，丸善 (2000).
[43] 猪飼国夫，本多中二，板倉直明，佐藤淳一，佐藤章，中西俊男，髙橋直哉，ファジィ化微視的モデルによる渋滞解析を目的とした道路交通シミュレータ，シミュレーション, **16**(3), pp. 45-54 (1997).
[44] 大蔵泉，交通工学，コロナ社 (1993).
[45] 吉村忍，設計用大規模計算力学システムの開発，計算工学, **4**(4), pp. 210-218 (1999).
[46] 吉村忍，計算科学が変えるものづくり，学術月報, **55**(2), pp. 180-184 (2002).
[47] S. Yoshimura, R. Shioya, H. Noguchi and T. Miyamura, Advanced General-purpose Computational Mechanics System for Large Scale Analysis and Design, *Journal of Computational and Applied Mathematics*, **149**, pp. 279-296 (2002).
[48] M. Ogino, R. Shioya, H. Kawai, S. Yoshimura, Seismic Response Analysis of Full Scale Nuclear Vessel Model with ADVENTURE System on the Earth Simulator, *Journal of the Earth Simulator*, **2**, pp. 41-54 (2005).
[49] 特集「自動車特集」，計算工学, **8**(1), pp. 618-638 (2003).
[50] 宮村倫司，吉村忍，PCクラスターによる古代建築パンテオンの並列応力解析，日本建築学会構造系論文集, **550**, pp. 95-102 (2001).
[51] Mun-Bo Shim, Myung-Won Suh, T. Furukawa, G. Yagawa, S. Yoshimura, Pareto-based Continuous Evolutionary Algorithms for Multi-objective Optimization, *Evolutionary Computation*, **19**(1), pp. 22-48 (2002).
[52] 鄭珉仲，吉村忍，小林孝，野村武秀，人工衛星用ヒートパイプの多目的最適化設計におけるパレート解の視覚化とクラスタリング分析，日本機械学会論文集C, **71**

(710), pp. 3026–3033 (2005).

[53] クリス・ディボナ, サム・オックマン, マーク・ストーン (倉骨彰訳), オープンソース・ソフトウェア, O'Reilly (1999).

第4章

シミュレーション環境学——解析モデリング

4.1 シミュレーションとCAE

　工業製品の設計において，プロトタイプ作成以前にコンピュータ上で性能評価や製造過程シミュレーションを行うCAE (Computer Aided Engineering)は，設計作業を迅速化，効率化し，そして解析結果を設計作業にフィードバックさせていくことにより性能向上を図ることができるため，設計作業に不可欠なものとなりつつある．とくに近年，計算機ハードウェアの急速な高性能化，廉価化が進み，CADによる製品設計，有限要素解析ともに2次元での設計・解析から3次元での設計・解析へと移行しつつある段階である．

　CAEという言葉は，1980年にSDRC社を創設したJason Lemon博士がドイツにおける会議で提唱した．彼は以下のような文章[1]でその概念を述べている．「今日，CADやNCの導入で迅速な開発が可能になったとしても，現在の状況は依然として"作ってみて試す(built-and-test)"ことに変わりはなく，すべての工程がコンピュータ上で行われる活動，すなわちCAEによって，はじめて抜本的な改革がもたらされると考える．CAEの定着には10年近い期間を要するであろう．さらに，毎年の開発経費の1割に達する多額の投資が必要である．したがって，CAEを推進することは，単なるコンピュータを使う部署の業務にとどまらず，仕事の進め方や会社の組織をも変えることになる．これによって，製品の差別化や開発期間の効率化が加速される．」

　CAEという言葉は，Engineeringという言葉を内包しており，単なる解析を指し示すには広過ぎる概念であるという意見もある．しかし，製品設計に

おいてその機能を評価しながらよりよい設計を行っていくという作業は，設計のもっとも重要な本質であり，それをコンピュータによって支援することは Computer Aided Engineering そのものであるとして Lemon 博士はこのようによんだ．なお，真偽のほどは不明であるが，Lemon 博士はこれを真の設計，Computer Aided Design とよぼうとしたが，すでに形状処理の分野で CAD という言葉は広く使われており，D の次にくるものとして E を使ったという逸話もある．

その後 20 年で，CAE は広く工業製品の設計に使われるようになり，ある程度 Lemon 博士の理想は実現されつつある．しかし，CAE が広く製造業で使われるのに伴い，その問題点も大きくなってきている．製造業において CAE を進めていくうえで，もっとも問題となっているのがそのモデリングにかかるコストである．実際，最近の大規模化，複雑化したモデルに対しては CAE のほとんどのコストがその有限要素モデルの作成作業に費やされている．詳しくは後述するが，これは有限要素法という解析手法を採用していることによるひずみが表面化していると思われる．一般に解析手法という観点からは，決して有限要素法は唯一無二の方法ではなく，1956 年の Turner らの有限要素法のはじめての論文[2]以降もさまざまな新しい手法が提案されてきているが，現在連続体の解析手法として製造業の設計においてはほとんど独占的に使われている．しかし一方で，有限要素法はその計算効率のためにモデリングの容易さをある程度犠牲にする（メッシュ生成という犠牲を払う）方法と考えることができ，解析そのものにかかる計算負荷が実用上もっとも問題であった 80 年代の計算機環境では優れた手法であったが，計算機環境が格段によくなった現在の環境においては非常にバランスの悪い方法であるといえる．その意味で，90 年代からメッシュを使わないメッシュフリー解析法，容易にモデル生成を可能とするボクセル解析法などの研究が進んでいる．これらに関しては 4.5 節で詳しく述べる．

また，シミュレーション技術の高度化により，単に人工物（工業製品）の構造強度，流体，熱特性といった力学的特性の評価手法として計算力学を使うのみではなく，より広い分野において計算力学の手法を適用していこうという流れがある．たとえば，これまで人間の感覚のような定性的にしか評価してこなかった現象に対して計算力学手法による評価を行ったり，人工物以

外の，自然環境や人間環境における対象物に計算力学手法を適用する，あるいはコンピュータグラフィックスの世界に計算力学手法を適用するといったことも，行われるようになってきている．これに関しては，4.6 節で述べる．

4.2 モデリング技術の高度化

4.2.1 設計モデルと解析モデル

現在，製品モデルのディジタル化が急速に進んでいる．設計作業は 3 次元 CAD によって行われるようになり，そのモデルに対して CAE ツールを用いた解析が行われる．とくに連続体の解析手法としては有限要素法（FEM：Finite Element Method）が日常的に使われている．このように，設計作業と解析作業がともに 3 次元モデルによる作業に移行すると，当然これらのモデルを統合することによって，流れをスムーズにすることが求められる．すなわち，設計モデルをそのまま用いて解析を行い，その解析結果に基づく設計変更をダイレクトに設計モデルに反映させるという考え方である．ところが，現状の有限要素解析ではこのようなモデルの統合は困難である．現在の一般的な有限要素解析モデルの作成の手順は図 4.1 のように 2 つの段階に分けて考えることができる．すなわち，

- 解析対象の形状の簡略化，および解析条件（荷重条件，支持条件など）の設定
- 簡略化モデルに対する，有限要素メッシュの生成

である．

一般に，CAD で用いられる設計モデルは，製造するべき対象物の非常に細かい形状まですべて入ったものになっている．しかし，力学的解析においてはその詳細形状はサンブナンの原理により無視することができるため，力学

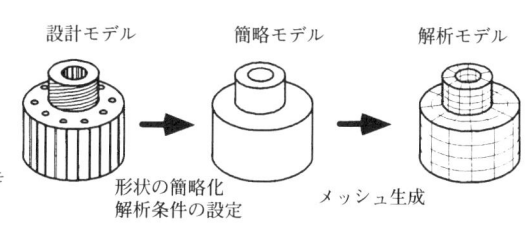

図 4.1 設計モデルから解析モデルの生成の流れ

的に重要度をもたない（とエンジニアが判断する）部分の詳細形状を簡略化した，簡略モデルがまず作成される．これは，複雑な形状はメッシュ分割できないというメッシュ生成技術の限界からくる要求である．このステップは，自動化することは非常に困難で，ほとんどエンジニアの手作業に頼っているのが現状である．実際，極端な場合にはCADのデータを基に解析モデルを生成するよりも，ゼロから解析モデルを作成し直したほうが結果的に簡単にモデルを生成できるケースも少なくない．形状フィーチャを用いてこれを自動化しようという試み[3]もあるが，一般化は難しい．また，メッシュ生成の過程に関しては，かなり自動化は進んでいるが，とくに3次元ソリッドに対して多くの問題が残っており，任意形状の6面体メッシュ自動分割は現状では困難であり，凹部の非常に多い複雑な形状に対しては4面体メッシュでさえ生成できない場合も多い．

　前述の解析モデル生成技術は解析の一連の流れの中の技術であり，有限要素解析の効率的な運用にはこれらの個々の技術の高度化とともに，この流れをいかにスムーズに行うかという統合化技術が必要である．近年は単に一度解析を行うのみでなく，誤差解析により解析精度を評価し，アダプティブ法などにより再解析を行ったり，設計変更を行い，変更した形状に対して再度解析を繰り返すというように，解析そのものを何度も繰り返す必要がある．そのため，このプリプロセッシング，有限要素解析，ポストプロセッシングの一連の流れおよび，これらのさまざまなツールを統合化する技術が重要になってくる．これらの異なる段階の作業を一貫した環境で連続的に行うようなシステムを，一般に「統合解析システム」とよぶ．

　図4.2に，統合解析システムの例を示す．ある種の製品に対する要求に対し，設計と解析を繰り返しながら製品へと結びつけていくわけであるが，CADにより設計されたデータから有限要素モデルを生成するには前述のよ

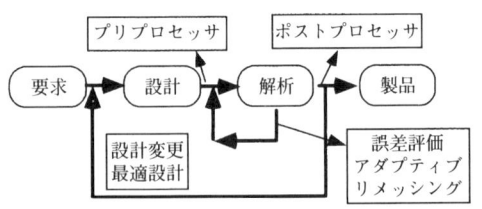

図4.2　統合解析システムの例

4.2 モデリング技術の高度化

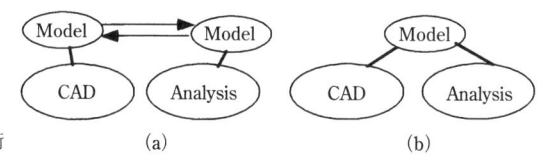

図 4.3 包括モデリング技術　(a)　(b)

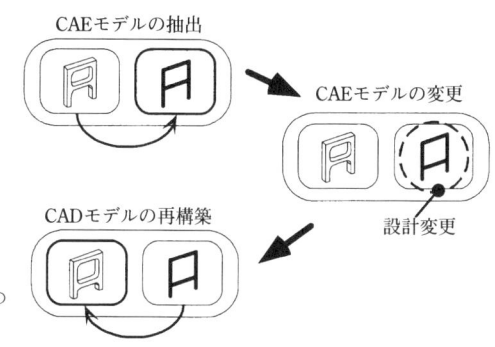

図 4.4 設計モデルと解析モデルの包括モデル

うなプリプロセッサの利用が不可欠である．解析を行った後，その解析が十分な精度で行われているかを事後誤差評価によりチェックし，もし解析精度が十分でないときには，アダプティブリメッシングやプリプロセッサによるメッシュ分割のやり直しによって十分な解析精度が出るまで再解析を行う（これについては 4.4.6 項で説明する）．解析結果をもとに，前述のポストプロセッサによる可視化の結果による設計者の評価や自動設計変更により，要求を満足し，かつよりよい設計になるまで設計と解析を繰り返していく．

このように設計と解析を統合するには，これらのモデルの統合が必要であるが，現実にはモデルの完全な統合は困難である．すなわち，設計におけるモデルは基本的に製造用のモデルであり，そのデータをもとに製品を製造できるように細部まで定義しておく必要がある．一方において，解析モデルに必要なのは全体の挙動を的確に表現できる形状表現であり，細部の表現はしばしば省略され，ソリッドモデルに替わりしばしばシェルや板などの 2 次元構造による表現やビームによる 1 次元構造の表現が用いられる．現在は，設計，解析のそれぞれのステージで別々のモデルを用い，それらを互いに変換することで行っている（図 4.3 (a)）が，これらの変換は必ずしも容易ではない．統合解析システムの実現のためには，これらの設計，解析のモデル，さらには製造用の CAM モデルを包括し，そして概念設計から詳細設計に至る

設計作業の詳細化にも対応した包括モデリング技術（図4.3 (b)）の開発が望まれている．これにより，たとえば図4.4に示すように解析の結果に基づく設計変更を行った場合，その変更を即座に設計，解析のそれぞれのステージに反映することができる[4]．しかし，現在このような設計モデルと解析モデルの統合は完全には行うことができないのが現状である．

4.3 形状モデリング技術

CADにおいてはさまざまな形状モデリング技術が使われている．詳細はその方面の専門書（たとえば [5]，[6]）に譲るとして，ここでは，形状モデリング技術を概説し，その解析モデリング技術との関連を中心に述べる．

4.3.1 3次元の形状表現

3次元の形状モデルは以下のように3つに分類することができる．
- ワイヤーフレームモデル
- サーフェースモデル
- ソリッドモデル

ワイヤーフレームモデルは図4.5のように3次元形状を針金細工のように線のみで表現する方法であり，初期のCG画像に用いられていたものがこれに相当する．このモデルでは点と稜線の位置のみの情報しかもたないため，面やソリッドの情報は得ることができないが，データ量，計算時間が少なくてすむというメリットもあり，画面への表示などに用いられる．

ワイヤーフレームモデルに面の情報を追加したのがサーフェースモデルで

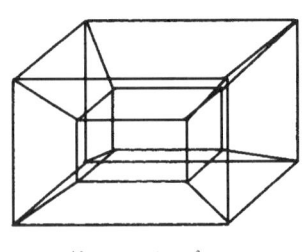

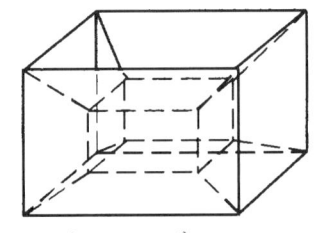

図4.5 3次元モデルの種類

図 4.6　CSG 表現

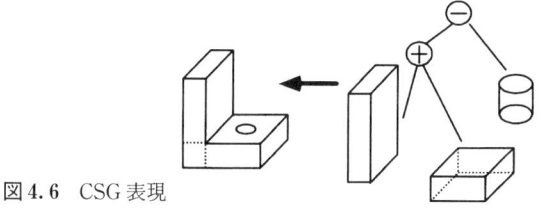

ある．面の情報は稜線のループよりなる位相情報と，後に述べるスプライン関数などによる面の幾何情報よりなる（ゲームなどに用いられるポリゴンは平面を仮定することにより位相情報のみによりサーフェースモデルを作っている）．これにより，隠線，隠面表示が可能になるうえに，3次元物体が互いに干渉しあった場合などに新たな稜線の発生などを行うことができる．しかし，あくまで面の情報のみであり，その面のどちら側が物体の内部でどちら側が空間であるかの情報はない（無限遠を空間であるとして計算を行うことにより求めることはできる）．

以前は3次元の形状表現としてデータ量，演算時間の制限などから前述のワイヤーフレームモデル，サーフェースモデルが中心であったが，近年はハードウェアの進歩とともにソリッドモデルが中心となりつつある．ソリッドモデルは実体がどこにあるかの情報をもっており，3次元の物体を完全に表現できる．ソリッドモデルはさらに，以下のようなモデルに分類できる．

- CSG 表現
- B-rep 表現
- ボクセル表現

CSG (Constructive Solid Geometry) 表現は図 4.6 に示すように，基本的な立体形状を組み合わせることによって複雑な形状を表現する方法である．プリミティブは大きさや角度などのパラメータを変更することができ，プリミティブ同士に対して和，差，積などの演算を行う．

B-rep (Boundary Representation) 表現は図 4.7 に示すようにソリッドを囲んでいる境界面で表現する方法であり，Vertex, Edge, Face といった位相情報と Point, Curve, Surface といった幾何情報よりなる．B-rep は CSG に比べ構造が複雑で，データ量が多いが実際の幾何形状そのものをデータとしてもっているため表示が早く，複雑な幾何形状に対しても柔軟に対応できる

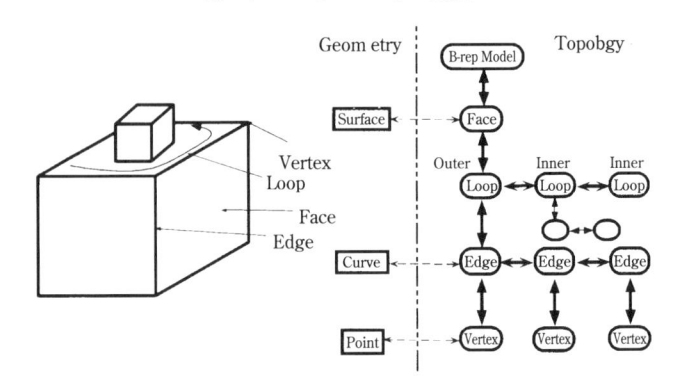

図 4.7　B-rep 表現

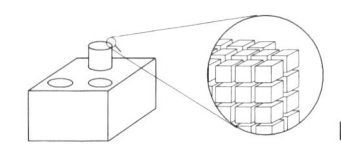

図 4.8　ボクセル表現

ため現在の CAD の主流になっている．実際のシステムでは内部表現には CSG 的な考え方も使っているものもあるが，基本的には B-rep がほとんどである．

　現在 CAD にはほとんど用いられていないが，ボクセルによる表現は図 4.8 のようにソリッドを小さな立方体の集合として表現する．和，積や差などの演算処理が容易に行える反面，正確に形状表現をしようとするとデータ量は膨大となり，ほとんど使われることはなかったが，近年解析の分野を中心にふたたび注目を集めており，ボクセル解析 (4.5.2 項) として発展しつつある．

4.3.2 多様体モデルと非多様体モデル

　多くの CAD において扱う形状は多様体である．多様体とは，図 4.9 のようにある境界上の任意の点において小さな球の領域を考えた場合，境界表面において 2 つに分割されるようなソリッド表現のことである．図 4.9 (a) はこの条件を満たすので多様体であるが，(b) は球が 3 つに分割されてしまうため，多様体ではない．このようなモデルを，非多様体とよぶ．多様体かそうでないかは，以下の Euler の条件を満足するかどうかでも判断することが

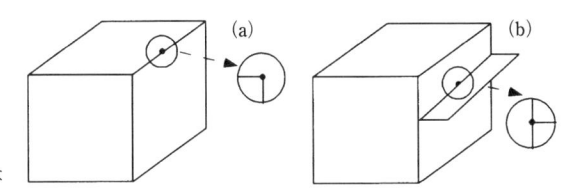

図4.9　多様体と非多様体

できる．

$$v-e+f-r = 2(s-h)$$

（ただし，v：頂点の数，e：辺の数，f：面の数，r：面内の穴の数，h：立体を貫通する穴の数，s：殻の数）

ソリッドを多様体に限ることによってWinged Edgeモデル[7]やHalf Edgeモデル[8]など，単純なデータ構造を使うことができるため，従来広くCADに用いられてきた．しかし，解析においてはソリッドのみではなくソリッドとシェルの混合構造などがしばしば用いられるため，非多様体によるモデリングが必要になる．幸い近年は非多様体に対応したソリッドモデラーが一般的になりつつあるが，これらとメッシュ生成等を行うプリプロセッサの結合は依然として十分とはいえない．

4.3.3 解析用プリプロセッサとのインタフェース

現在，多くのプリプロセッサはサーフェースモデルを中心としたCADとのインタフェースをもっている．これには，大きく分けて以下のようなものがある．

- ダイレクトトランスレータによるもの
- 中間ファイルによるもの

ダイレクトトランスレータの場合は大手のCAD以外にも，ParasolidやACIS, Design Baseなどの汎用ソリッドカーネルを用いることによって行うことができる．また，中間ファイルとしては以下に述べるようなものが用いられる．

(a) IGES (Initial Graphics Exchange Specification)[9]

ANSIが制定した中間ファイル・フォーマットで，ほとんどのCADソフトがサポートしているが，規格の使い方を厳密に規定していないため，解釈の不一致やサポート部分が異なるなどの問題が発生し正確なデータ交換がで

きない場合も多い．実際に用いられているのはワイヤーフレームとサーフェースモデルであり，ソリッドモデルについては規定があるものの，実際にはあまり使われていない．

対応策として，主にデータを交換し合うユーザー間（自動車業界など）で IGES の運用規約を決めている．日本自動車工業会が中心になって 1993 年に制定した「JAMA-IS (Japan Automotive Manufacturers Association-IGES Subset)」では，仕様の解釈を統一し，使用できる図形要素や出力媒体を限定している．

(b) DXF (Drawing Interchange File)

AutoCAD（AutoDeck 社）の外部ファイル形式として定義されたものであるが，AutoCAD が広く使われだしたのに伴い，ソリッドの中間フォーマットとして（とくにアメリカにおいて）業界標準的に使われており，ほとんどの CAD がサポートしている．

(c) STEP (Standard for the Exchange of Product Model Data)[10]

ISO が標準化を進めている製品データ交換のための国際標準規格 (ISO10303) であり，厳密に製品モデルを定義する EXPRESS 言語を利用して IGES にあったあいまいさをなくすとともに，概念設計から詳細設計，試作・テスト，生産サポートに至る 1 つの製品のライフサイクル全体にわたって必要になるすべてのデータ（製品データ）を表現することを目的としている．そのため，CAD の形状データだけではなく，NC データや部品表，材料などあらゆる種類のデータがその対象になっており，基本的な表現方法を RIM (Resource Information Model) として定義し，応用分野に応じて AP (Application Protocol) を定義することによって製品モデルとして製図，材料，加工解析などさまざまなデータを含むことが可能になっている．

4.4 メッシュ生成技術

メッシュ生成技術には，大きく分けて規則的に配置された構造メッシュと任意のトポロジーで配置した非構造メッシュがある．従来流体解析には構造メッシュが，構造解析には非構造メッシュが主流であった．これは流体の場合は差分法を使うことが多いため，差分法に適したメッシュということで構

造メッシュであった一方，構造解析では複雑な領域にメッシュを生成する必要があるため非構造メッシュが使われてきたという理由がある．しかし近年は，流体においても有限要素法の普及とともに非構造メッシュが使われるようになってきている[11]．

構造メッシュの生成法には，以下のような方法がある．

4.4.1 マッピング法，トランスファイナイトマッピング法

マッピング法は，構造メッシュを作るもっとも単純な方法で，メッシュ生成領域を4辺形（3次元の場合は6面体）の大きな領域に分割し，その領域に図4.10のように参照領域からのメッシュを写像する方法である．写像関数としてはアイソパラメトリック要素で用いられる形状関数などを用いることができる．

これを4辺形以外の領域に拡張したのがトランスファイナイト（Transfinite）マッピング法[12]であり，図4.11のように境界形状をパラメトリックに表現することにより実形状が4辺形に近い形状である場合に適用することができる．いずれの場合にも，メッシュ生成領域をあらかじめ手動で領域分割しておく必要があり，完全な自動メッシュ生成法ではなく，もとの4辺形形状がゆがんでいる場合には大きくゆがんだメッシュが生成されることになる．

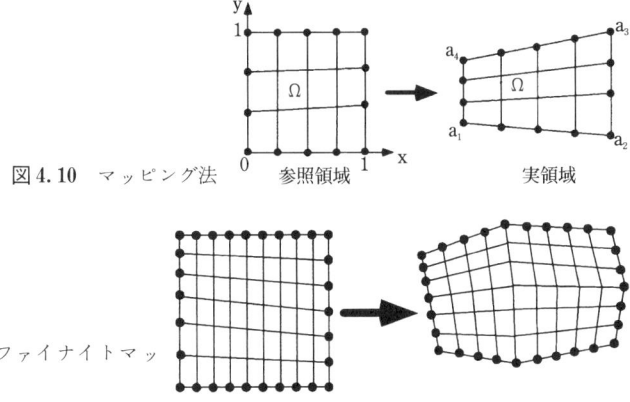

図4.10 マッピング法　参照領域　　　実領域

図4.11 トランスファイナイトマッピング法

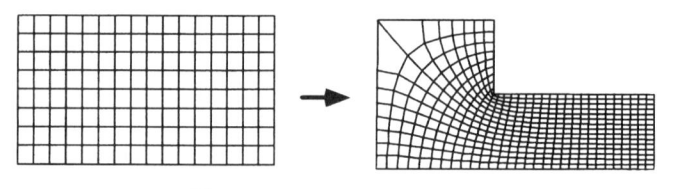

図 4.12　バウンダリフィット法

4.4.2 バウンダリフィット法[13]

　マッピング法において写像を表す関数を楕円型偏微分方程式の解として求めることによってひずみの少ないメッシュを生成することができる．実領域を (x, y)，参照領域を (ξ, η) で表すと，

$$\xi_{xx} + \xi_{yy} = P$$
$$\eta_{xx} + \eta_{yy} = Q$$

という偏微分方程式を逆に (x, y) を (ξ, η) の関数として表現し，物理形状を境界条件として解くことによって (ξ, η) から (x, y) への写像関数を求めることができる．ただし，P, Q は格子間隔の粗密を制御する関数であり，$P>0$ では $\xi=$const. の線を ξ 軸の正方向に引きつける働きをする．図 4.12 はバウンダリフィット法によってメッシュを生成した参照領域と実領域の例である．

4.4.3 デラウニー（ドローネ）法[14],[15]

　現在任意領域のメッシュ生成において主流となっているのがデラウニー法である．これは，2次元においては3角形メッシュ，3次元においては4面体メッシュを生成する方法であり，数学的にはボロノイ分割に基づく基礎理論があるため任意形状に対して簡単なアルゴリズムでメッシュが生成でき，しかもそれが幾何学的に比較的よいメッシュであることが保証されている．

　図 4.13 に代表的なアルゴリズムである Watson のアルゴリズム[14] を示す．ある3角形分割が与えられていた場合，その分割に対して新たな節点を追加したとき，周辺の要素を一度消去し，その領域に3角形を再生成することができる．はじめに領域全体を覆うような大きな3角形からはじめ，領域内にある節点を1つ1つ Watson のアルゴリズムで追加していき，最後に領域外にある3角形を消去することによりデラウニー分割を行える．3次元の場合

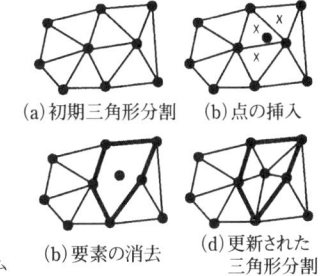

図 4.13 Watson のアルゴリズム　　(a) 初期三角形分割　(b) 点の挿入　(b) 要素の消去　(d) 更新された三角形分割

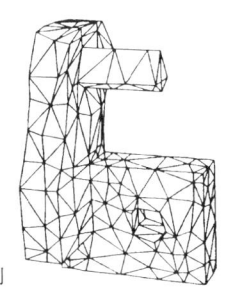

図 4.14 3 次元領域でのメッシュ生成例

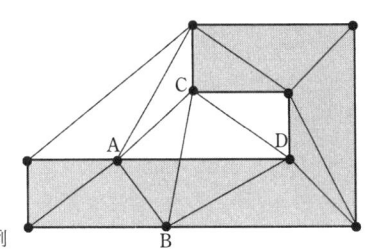

図 4.15 境界に不整合が生じた例

へもデラウニー法は容易に拡張することができる．図 4.14 にメッシュ生成例を示す．

ただし，この方法で確実に分割できることが数学的に保証されているのは凸な領域のみであり，非凸な領域を含んだ構造に対しては，たとえば図 4.15 のように境界の外部に 3 角形を生成してしまうことがある．この場合には境界上に新たな節点を発生させて再生成するなどの工夫が必要である．

なお，領域に節点を発生させるには，格子を生成してその格子点を節点とする方法以外にも，乱数を用いるもの，節点間力を定義しそれらがつりあうように節点を移動させるものなどがある．

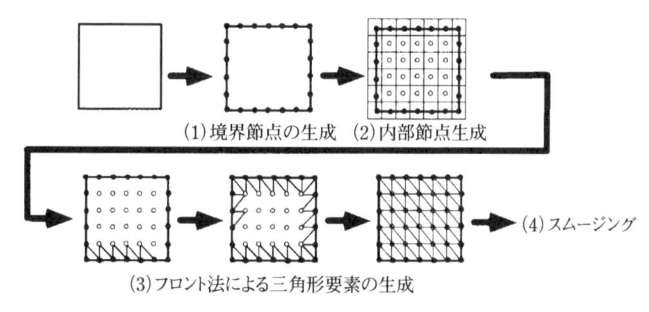

図 4.16　フロント法

4.4.4 フロント（アドバンシングフロント）法[16]

前述のように，デラウニー法においては非凸の境界上において不適合性が生じることがある．そこで，3角形分割を境界から内部に向かって行うことによってこのような不適合性の問題を回避することができる．図 4.16 に示すように，境界節点，内部節点を発生した後，境界から内部に向かって3角形分割を行っていく．この際，分割した要素によってできる内部形状をフロントとよぶ．内部に穴などがある場合にはそこもフロントと解釈し，そこからも3角形分割を行っていく．

4.4.5 ペービング法[17],[18]

ペービング法はフロント法の考え方を4角形に拡張したものと考えることができる．すなわち，図 4.17 のように境界からタイルを敷いていくように内部に向かっていく．途中，不都合が起きると図 4.17 のように調整を行う．なお，これを3次元に拡張したプラスタリング法もある．

ここでは代表的な2次元，3次元のメッシュ生成法について述べた．より詳しいメッシュ生成のアルゴリズムに関しては，[19] や [20] を参照されたい．

4.4.6 アダプティブリメッシング

これまで述べたメッシュ生成の手法により有限要素解析を行うことが可能になるが，有限要素解析の目的は「解析を行う」ことではなく，「信頼性のある解を求める」ことである．一般に有限要素法の解の精度はメッシュに依存

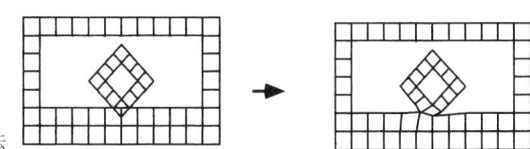

図 4.17 ペービング法

するので,応力の急激に変化する場所は細かい要素に分割することが望まれる(図 4.18)が,メッシュ生成の際にこれを完全に行うのは容易ではない.従来は,経験豊富なエンジニアがよいメッシュを手で生成することによりこのような問題に対応してきたが,メッシュの大規模化によりこれを行うことが困難になってきた.

この問題に対し,はじめのメッシュの解析結果を基に,よりよいメッシュへとメッシュを改善していくのがアダプティブリメッシングである.一般に有限要素解析の誤差には,メッシュ分割による離散化誤差以外にも物理モデル作成のときに生じるモデル化誤差があるが,このアダプティブリメッシングで改善できるのは離散化誤差のみである.

アダプティブリメッシングは2つのステップに分けることができる.すなわち,

a) 解析結果を基に,そこにどの程度離散化誤差が含まれているかを推定する事後誤差評価

b) 事後誤差評価を基にメッシュを改善していくメッシュ再生成

事後誤差評価法は数学的に複雑になるためここでは詳細は省略する.詳しくは [21] をみていただきたい.アダプティブリメッシングの方法は図 4.19 のように 3 つに分けることができる.r 法では要素のコネクティビティを変えずに,節点の位置を移動することによって誤差の大きな斜線部の要素の寸法を小さくする.h 法においては斜線部の要素を4つに細分化することによ

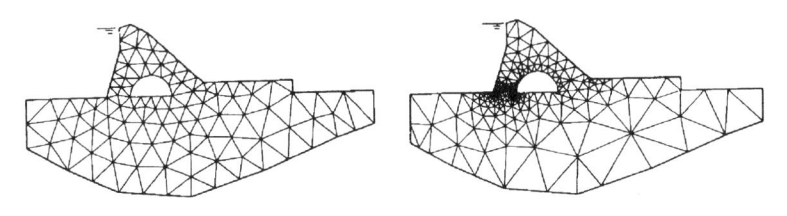

図 4.18 精度の低いメッシュと精度の高いメッシュ

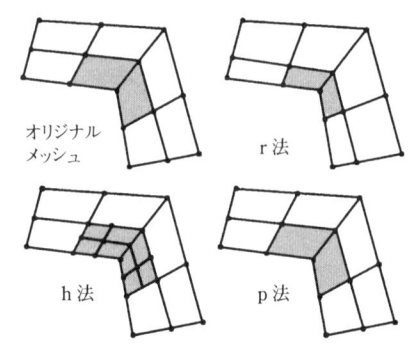

図4.19 アダプティブリメッシングの種類

って要素寸法を小さくしている．また，p法においては斜線部の要素の形状関数の次数（実際は，辺に対応する形状関数の次数）を上げることによってより高い精度の解析を可能にしている．さらに，これらを組み合わせたh-p法[22]，誤差の大きい場所を取り出してきて，その部分にあらたなメッシュをはりつけて解析を行うs法[23]なども提案されている．近年，これらのアダプティブリメッシングの機能を有した解析プログラムも増えてきている．

4.5 解析技術の展開

解析モデルの生成の完全自動化は，現在の有限要素法を用いる限り，困難であるという認識が広まっている．今後も，計算機の性能は大幅な向上が見込まれているが，このままでは，図4.20上に示すように，完全自動化が進んでいる解析部分やポストプロセス部分はどんどん短くなるが，プリプロセスの部分があまり変わらず，解析プロセス自体にかかるトータルの時間はあまり変わらないという状況に陥ってしまう．そこで，図4.20下に示すような，有限要素法とは異なる考え方に基づく新しい手法が望まれている．すなわち，解析にはこれまでより時間がかかってもかまわない（どうせ計算機は速くなる）ので，解析モデルの生成が短時間でできるような手法はないであろうか．このような考え方から生まれたのがメッシュフリー解析法[24]やボクセル解析法[25]である．

4.5 解析技術の展開　　　115

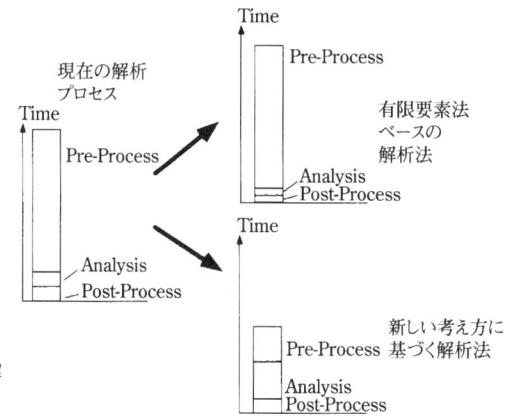

図 4.20　計算機の進歩に伴う解析に要する時間の変化

4.5.1 メッシュフリー解析法

メッシュフリー法とは，要素を用いない手法の総称である．たとえば図4.21のように節点のみを解析領域にばらまき，その節点の周りに近似関数を定義するある領域を設定する．すなわち，その領域の中ではある値をとり，その領域の外ではゼロとなる関数を考える．そして，それらの近似関数に対してガラーキン法などの弱形式による近似法を用いて解を求める方法である．

これら各々の方法について詳しく述べることは，数学的になり過ぎるので避ける．Belytschko[24]は，メッシュフリー法のメリットとして，メッシュ生成が不要であること以外に以下のような点を指摘している．

- Kirchhoffの板のような，導関数の連続性が要求されるような問題に対しても任意の次数の近似を行うことができる．
- クラックの進展や，自由表面を含む問題のような，時間の変化などに応じてメッシュを変えていかなければならない問題への適用が容易である．

図4.22(a)はElement Free Galerkin法（EFG法）を用いたクラックの

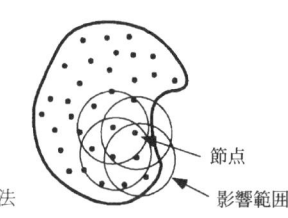

図 4.21　メッシュフリー解析法

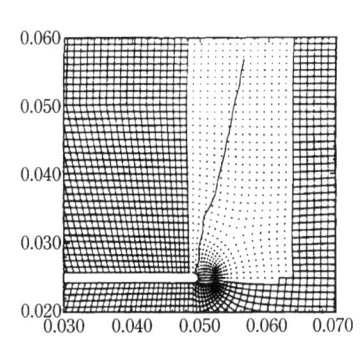

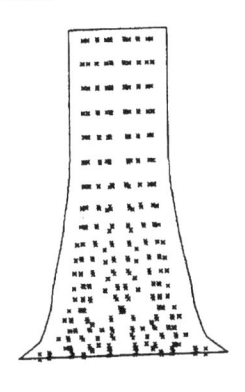

図 4.22 メッシュフリー法の適用例

進展の問題の解析例である．ノッチの入った鋼板に対し，衝撃荷重を与え，脆性的にクラックが進展している．クラックが進展する可能性のある領域をEFG法で解析し，それ以外を有限要素法により解析を行っている．クラックが進展しても，メッシュを切り直す必要はないことがわかる．

また，図 4.22（b）は非線形解析のベンチマーク問題であるテイラーバーを，軸対称問題として解いた解析結果である．J_2塑性条件と等方硬化を仮定した．初期状態として，一様断面の円筒を考え，片側に等速で動く強制変位を与えた結果である．解析には800の節点が用いられている．

EFG法[26]は，用いる近似関数を，移動最小自乗近似（MLSA）により決定する．数学的な詳細は省略するが，与えられた節点群に対して，近似の際の近似誤差がもっとも小さくなるような関数群を近似関数として用いる．

4.5.2 ボクセル解析法

ボクセル解析法は，3次元の画像などに使われるボクセルモデリング手法を解析モデル生成に応用したものであり，イメージベース解析法ともよばれる．このボクセル分割は，非常に複雑な形状に対しても容易に，しかも確実に行うことができる．そこで解析を行いたい3次元ソリッドに対し，ボクセル分割を行い，それを要素としてとらえるのがボクセル解析である．この考え方は，Hollister & Kikuchi[27]によって生体のような非常に複雑な形状の対象に対して適用され，また，機械部品に対してもVoxelcon[25]として実用化されはじめている．このため，たとえば従来の有限要素解析が図4.1のよ

4.5 解析技術の展開

図 4.23 ボクセルモデルによる解析モデルの生成

うなプロセスを経ていたのに対して，CAD モデルから図 4.23 のように直接メッシュ生成を行うことも可能になる．すなわち，前述のようなプリプロセッシングをすべて人手を介さずに自動化することができ，設計者がみずから解析を行いながらその結果を基に設計を進めていくことが可能になる．

この方法では，いわゆる「要素」は存在するが，メッシュ分割が非常に容易に行えるという意味でメッシュフリー法の1つと考えることができる．

このボクセル解析法は形状表現を正確にしようとボクセル分割を細かくするとそれに伴い解析自由度が膨大になってしまうという欠点があるが，形状表現に用いるボクセルと解析の要素として用いるボクセルを1対1対応させるのではなく，形状表現に対し解析のボクセルより細かいボクセルを用いる解析手法[28]も考えられている．解析はある程度粗いボクセルで行い，形状を表現するために境界上でより細かいボクセルを定義することによって，それほど要素数を増やさないでも解析を行うことができるようになる．図 4.24 はギアの解析例であるが，解析に用いられたボクセルは空間を $40 \times 40 \times 4$ に分割し，数千要素程度で解析を行っている．

また，Jin ら[29]は解析のボクセルとして多重ボクセルを用いる解析手法を提案している．図 4.25 はクランプの解析モデルである．左端は全体を粗い

図 4.24 ギアの解析

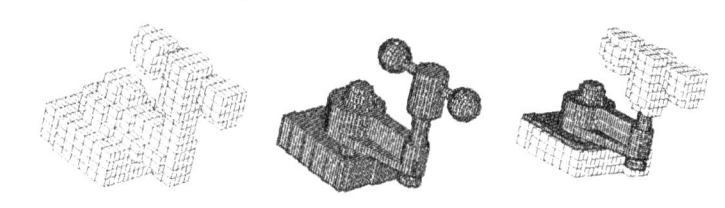

図 4.25　マルチレベルのボクセルによる解析

図 4.26　マルチスケール解析

ボクセルに切ったメッシュ，中央は全体を細かいボクセルに切ったメッシュである．右側の部分的に細かく切ったメッシュでの解析の結果，中央の全体を細かくした場合とほぼ同等の精度が得られていることがわかった．

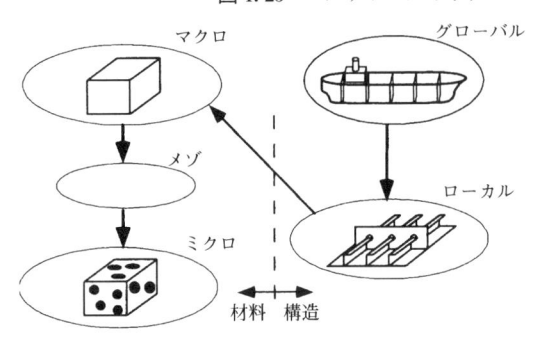

4.5.3 マルチスケール解析法

　マルチスケール解析とは，文字どおり異なる寸法のスケールを関連させながら解析する手法である．たとえば，図 4.26 に示すように構造レベルの全体構造と詳細構造を組み合わせたグローバル・ローカル解析や，材料レベルでの微視構造と材料により構成される構造の解析を組み合わせたマクロ・ミクロ解析などがある．従来，異なるスケールの解析の関連は大きなスケールから小さなスケールへの一方通行で行われることが多かった．すなわち，グローバル解析の結果をローカル解析の境界条件として利用する解析である．一般に，異なるスケールの解析同士は互いに影響を及ぼし合うが，従来はその解析手法の限界によりこれらを独立に行うことが多かった．しかし，近年計算力学手法の高度化，および計算機能力の向上に伴い異なるスケールの解析を連成させて行うことが可能になりつつある．

　1980 年代半ばから，このマルチスケール解析に均質化法[30]とよばれる方

4.5 解析技術の展開

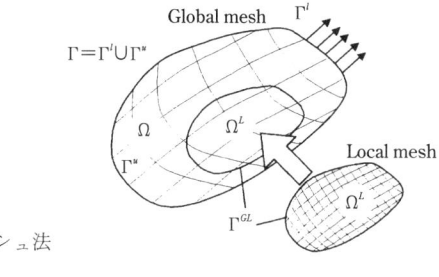

図 4.27 重合メッシュ法

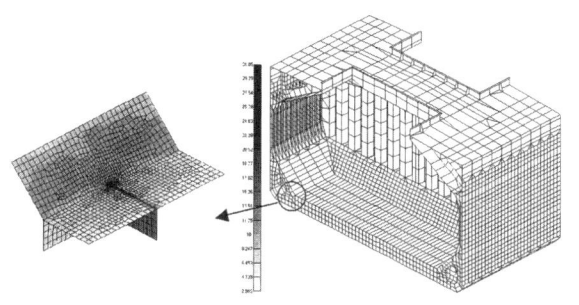

図 4.28 重合メッシュ法によるバルクキャリアの解析

法が使われるようになってきた．均質化法は，ローカルな構造に対して構造および変位の周期性を仮定することにより解析を行う方法である．構造の周期性を必要とするため，材料の微視構造の解析には非常に有効な方法であるが，構造のグローバル・ローカル解析や，材料の解析でも局所的な破壊や異物が介在する解析には使えない．

構造の周期性を必要としないマルチスケール解析法として，重合メッシュ法[31],[32],[33]がある．図 4.27 に示すように，グローバルな構造に対するメッシュに対して，詳細に解析したい部分のメッシュを重ね合わせることにより解析を行う手法である．ズーミング解析やサブストラクチャ法などのように境界で節点が一致する必要はなく，また，ローカルな領域の形状がグローバルな領域の形状と異なっていてもよい（ただし，ローカルな領域はグローバル領域に含まれている必要がある）．この特徴により，詳細構造のモデリングが簡単に行える．図 4.28 はバルクキャリアのホールド解析とビルジホッパー部の詳細解析に重合メッシュ法を用いた例である．全体構造と詳細構造とを連成させた形で解析を行っている．

図 4.29 解析技術とモデリング技術のバランス

4.5.4 解析技術とモデリング技術

計算力学は,「解析技術」と「モデリング技術」の上に成り立っている(図 4.29).これらは自動車の両輪であると同時に,重心をどこに置くかでバランスが片寄り,片方に自由度をもたせようとすると,もう片方にはそのひずみが生じる.有限要素法に関しては,「解析」の便宜のために「要素」という必ずしも解析上必須でないものを導入し,過度に「モデリング」に負荷をかけた結果が現在のメッシュ生成のボトルネックであり,それに対するアンチテーゼとして解析の負荷を増やしてもモデリングの負荷を減らそうという動きが,近年のメッシュフリー解析法,ボクセル解析法の登場である.

有限要素法においてはその登場から,「解析」の意味ではグローバル・ローカル解析を可能としていた.すなわち詳細な解析が必要な領域のメッシュを細かくし,そうでない領域のメッシュを粗くした解析は,そのようなモデル作成ができることを前提として容易に可能であった.これに対し,重合メッシュ法はモデリングにおいてはグローバルとローカルを整合性を考えずに独立に定義し,解析においてその整合性を考慮するという考え方であり,解析側に多少負担がかかるがモデリングを容易にすることができる手法である.

4.6 シミュレーション対象の多様化

有限要素法を代表とする計算力学手法は,これまで主に製品設計におけるツールとして使われてきた.しかし,前述のようなモデリング技術,解析技術の高度化に伴い,さまざまな対象に適用されるようになってきている.ここでは,そのいくつかを紹介する.

4.6.1 自然環境へのシミュレーションの適用[34]

工業製品のような人工物と比べ,自然ははるかに複雑である.また,自然

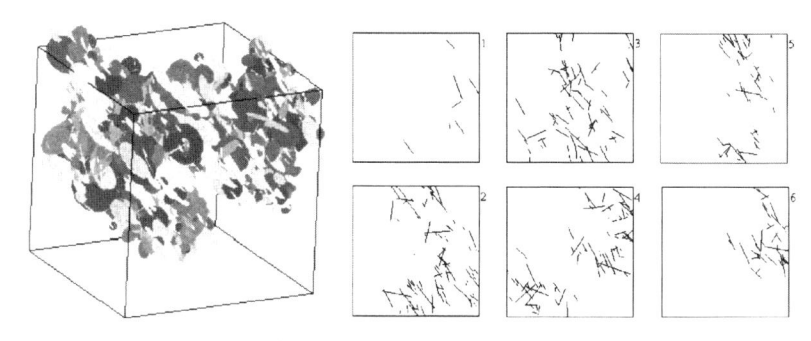

図 4.30 亀裂性岩盤のモデル

物の多くは鋼構造のような線形特性を示さず，材料非線形，不連続変形，接触などを伴う非線形現象であることが多い．

たとえば，図 4.30 は放射性廃棄物の地層処分において，バリアとなる岩盤の浸透流通過量の解析に用いられる亀裂性岩盤のモデルである．不連続面は円盤を仮定して，大きさ，方向はボーリング等により求められたある確率密度で分布するとし，50 m 立方の領域に 1000 枚の亀裂があるとした．このような複雑な形状に対しては，通常の有限要素メッシュ分割は不可能である．このような対象の解析手法としては，前述のボクセル解析法が有効である．

亀裂自体は隙間が非常に小さいため，そのサイズでボクセル分割すると，膨大なボクセル数になってしまう．そこで，マルチレベルのボクセルを用いた解析を行った．図 4.31 はボクセル分割例である．亀裂の部分を詳細分割し，最小要素が 1 辺の 1/256 となるようにした．全体を最小要素のボクセルで近似した場合の自由度はおよそ 1700 万自由度であるが，この解析においては 236 万自由度で，1/7 以下の自由度で解析を行うことができる．

4.6.2 人間環境へのシミュレーションの適用[35]

人間の体も自然物同様に非常に複雑である．また，大量生産の工業製品と異なり，それぞれの対象に個体差があるためそれに応じたモデリングが必要である．人体の複雑，多媒質で，個体ごとに異なるモデリングにおいても，前述のボクセルモデリングが有効であり，このような場合にはたとえば X 線 CT スキャナ（図 4.32）を用いたモデリングなどが使われる．

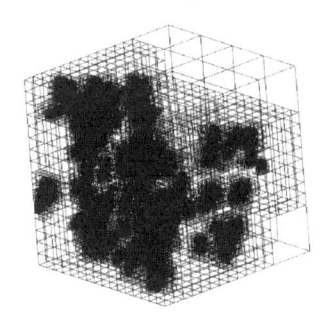

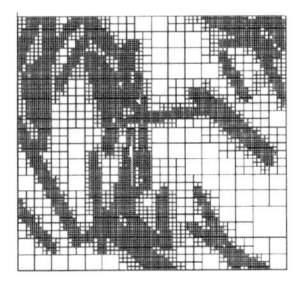

図 4.31 岩盤のマルチレベルボクセルによるモデル化

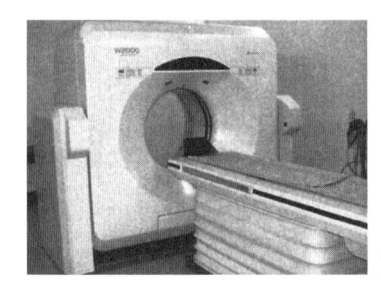

図 4.32 X線CTスキャナ

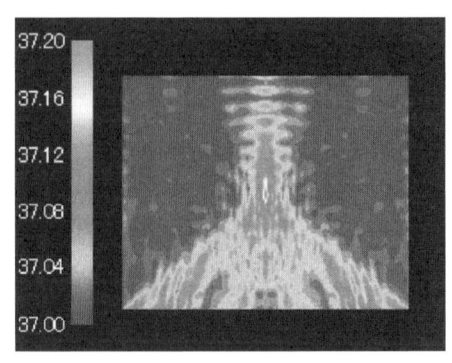

図 4.33 HIFUシミュレーション

　生体への計算力学の応用としては，血流のシミュレーションや骨の解析，心臓の挙動の解析，超音波を用いた治療など，さまざまな適用例がある．生体は，多くの場合通常の構造物に比べ軟かく，大変形，材料非線形などが問題となるので注意が必要である．図 4.33 は収束超音波により患部を加熱し，ガンを治療するHIFU（高エネルギー焦点式超音波）のシミュレーション例である．ボクセルでモデル化した生体に対して，超音波の波動伝播シミュレ

ーションを行い，それにより発生する熱量に基づき熱輸送シミュレーションを行うことによって，温度分布を求めることができる．生体に対しては実験を行うことができないため，シミュレーションによる試行が重要になる．

4.6.3 CGへのシミュレーションの適用[36],[37]

コンピュータグラフィックス（CG）技術の急速な進化はめざましく，映画，テレビゲームなどに広く使われるようになってきているが，その一方でそれに要する制作時間・費用は膨大なものとなっており，制作現場では，常に制作効率の向上が求められている．CGは現実環境とは異なる仮想的な環境の表現ではあるが，リアルに見せるためには物理法則に則った動きを表現する必要がある．この意味で，CGのモーション作成において物理シミュレーションを用いることにより，CGアニメーション制作のコストを大幅に削減できる．一方において，CAEに用いられる解析と，CGに用いられるシミュレーションではその利用に対して大きなニーズの違いがある．すなわち，解析においては正確な応力，変位を求めることが重要であるのに対して，CGにおけるシミュレーションでは必ずしも正確な解析である必要はない．場合によっては実際の世界よりもオーバーな運動をしたほうがリアルで迫力のある映像となることも多い．

一方において，CGの製作の現場では試行錯誤を繰り返しながらよりよい映像の製作を行うため，即時性が強く求められる．インタラクティブ性が求められるゲームの分野においては現実時間よりも早くシミュレーションを行うことが必須となる．この意味で，ポリゴンモデルに対して内部をメッシュ分割し，解析を行う有限要素法はCGにおけるツールとしては適当ではない．とくに，CGで用いられる形状モデルは表面だけでも数万から数十万のポリゴンになるため，自由度も膨大になる．また，同様の理由で境界要素法のような手法も適当ではない．

筆者らがCGの変形に用いている代用電荷法は形状の複雑さとは独立に自由度を設定できる手法で，これを用いることにより従来にくらべ大幅に少ない計算量で物体の変形アニメーション表現が可能な手法を提案した．図4.34はその適用例である．

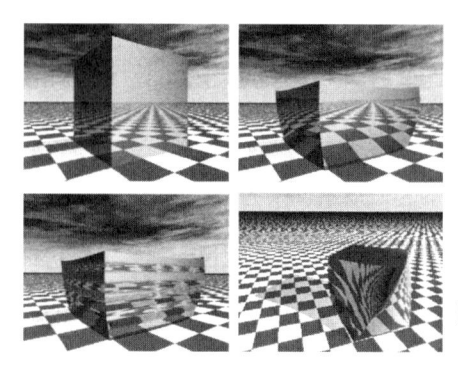

図 4.34　代用電荷法を用いた変形の CG アニメーション

4.6.4 感覚へのシミュレーションの適用[38]

前述のように，工業製品の設計においてはさまざまな CAE ソフトによる支援が一般的になっている．しかし，現在の CAE システムの利用は構造解析による強度剛性評価，流体解析等による性能評価など，非常に限られた範囲にとどまっている．実際の設計においては，使いやすさや気持ちよさなど，利用者の感性的な要因が重要な要素をしめる．すなわち，このような感性的な要因を評価し，設計に反映させることが設計の改善に重要である．近年，感性を考慮した設計が注目を集めているが，感性を定量的に評価することは難しく，被験者による定性的な評価にとどまっているのが現状である．このような感性的な情報のなかにも，力学的な現象と考えることができ，CAE による定量的な評価が可能なものもある．たとえば，触り心地といった感覚は，対象物との接触によって生じる感覚であり，粗滑感や硬軟感といった力学的な現象と，温冷感といった熱的な現象，それから，環境・状態に依存する状態知覚に分類することができる（図 4.35）．このうち，前者の 2 つは計算力学による評価が可能であると考えられる．

これらの触覚は対象物の材質や表面形状に依存する．ここでは，触覚の定量的評価を行って表面形状の設計を行った例を示す．粗滑感は材料表面の凹凸による刺激や，手を動かすときに生じる抵抗によって引き起こされると考えられ，これを評価する物理量として摩擦係数が考えられるが，摩擦係数を接触問題により評価するのは困難である．Bowden, Tabor による摩擦の凝着説[39]によれば，2 つの物体が押しつけられると，表面の非常に細かい凹凸に力が集中し，塑性変形を起こして凝着してジャンクション部が形成される．

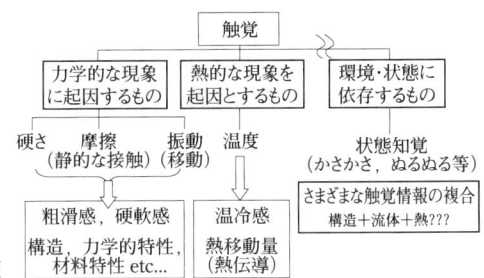

図 4.35 触覚の分類

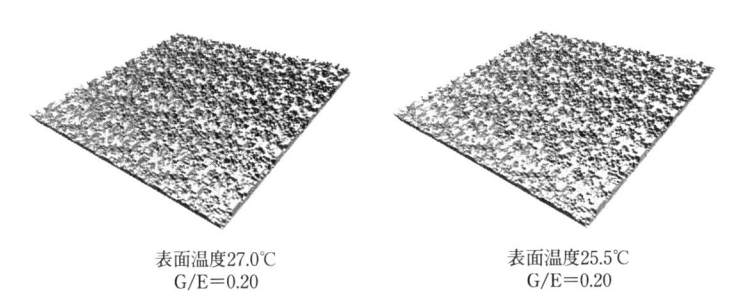

図 4.36 粗滑感，温冷感を考慮した表面形状の設計の例

表面温度27.0℃　G/E=0.20

表面温度25.5℃　G/E=0.20

　この凝着してできたジャンクション部を剪断し，相対運動させるために必要な力が摩擦であると考えられる．これにより，摩擦が剪断剛性と垂直剛性の比として表現できると考えられる．これらは線形の解析により求めることができ，最適設計等のため繰り返し解析を行う際に都合がよく，感度解析も容易に行える．

　また，温冷感は表面を触ったときの一定時間経過後の温度降下の量として評価することができる．これを，目標値からのずれを最小化する最適化問題として解いたときの設計例を図 4.36 に示す．ただし，この問題の場合一意性のある解とならないので，初期値として $1/f$ ゆらぎをもった表面形状を採用した．

参考文献

[1] Tolani, S. K. and Klosterman, A. L., *Integration and Implementation of Computer Aided Engineering and Related Manufacturing Capabilities into Mechanical*

Product Development Process, Gi-Jahrestagung (1980).
[2] M. J. Turner, R. W.Clough, H. C. Martin, and L. J. Topp. Stiffness and deflection analysis of complex structures. *Jaero. Sci.*, **23**, pp. 805-823 (1956).
[3] 鈴木克幸, 計算力学とフィーチャベースデザイン, 日本機械学会研究協力部会 **RC134** 報告書, pp. 190-201 (1997).
[4] 鈴木克幸, 大坪英臣, 設計モデルと解析モデルを統合した包括モデルによる構造最適設計, 計算工学講演会論文集, **2**(2), pp. 559-562 (1997).
[5] Mantyla, M., *An Introduction to Solid Modeling*, Computer Science Press (1988).
[6] 鳥谷浩志, 千代倉弘明編, 3次元CADの基礎と応用, 共立出版 (1991).
[7] Baumgart, B. G., A polyhedron representation for computer vision, *AFIPS Proc.*, **44**, pp. 589-596 (1975).
[8] Weiler, K., Topological Structures in Geometric Modeling, Ph. D. thesis, Rensselaer Polytechnic Institute, Troy, New York (1986).
[9] Initial Graphics Exchange Specification (IGES), Version 3.0, U. S. Department of Commerce (1986).
[10] 木村文彦, 小島俊雄編, 製品モデル表現とその利用技術, 日本規格協会 (1995).
[11] 中橋和博, 格子形成法, 数値流体力学編集委員会編, 格子形成法とコンピュータグラフィックス (数値流体力学シリーズ6, 第2章), pp. 11-86, 東京大学出版会 (1995).
[12] Haver, O., Abel, J. F., Discrete transfinite mappings for the description and meshing of three-dimensional surfaces using interactive computer graphics, *Int. J. Num. Meth. Eng.*, **18**, pp. 41-66 (1982).
[13] Thompson, J. F., Warsi Z. U. A., Mastin C. W., *Numerical Grid Generation, Foundation and Applications* (1985), North Holland.
[14] Watson D. F., Computing the n-dimensional Delauney tessellation with application to Voronoi polytopes, *The Computer Journal*, 8(2), pp. 167-172 (1981).
[15] 谷口健男, 太田親, 直線辺で構成される任意2次元領域へのデラウニー三角分割の適用, 土木学会論文集, 432/I-16, pp. 69-77 (1991).
[16] Cavedish, J. C., Automatic Triangulation of Arbitrary Planar Domains For The Finite Element Method, *Int. J. Num. Meth. Eng.*, 8, pp. 679-696 (1974).
[17] Blacker, T. D., Stephenson, M. B., Paving : A New Approach To Automated Quadrilateral Mesh Generation, *Int. J. Num. Meth. Eng.*, **32**, pp. 811-847 (1991).
[18] 川村恭己, 角洋一, 久保田智, 構造工学における数値解析法シンポジウム論文集（日本鋼構造協会), 第19巻, pp. 285-290 (1995).
[19] George, P. L., Automatic Mesh Generation, Application to Finite Element Method, Wiley Publishers (1991). Gordon, W. J., *Int. J. Num. Meth. Eng.*, **7**, pp. 461-477 (1973).
[20] 川村恭己, メッシュ生成法, 計算力学ハンドブック (I 有限要素法　構造編), 社団法人　日本機械学会, pp. 341-350 (1998).
[21] 鈴木克幸, 順応型有限要素法, 構造工学における計算力学の基礎と応用　第11章, 土木学会 (1996).

[22] Oden, J. T., Demkowicz, L., Rachowicz, W. and Westermann, T. A., Toward a universal h-p adaptive finite element strategy, part 2. A posteriori error estimation, *Computer Methods in Applied Mechanics and Engineering*, **77**, pp. 113-212 (1989).
[23] Fish, J. and Markolefas, S., Adaptive s-method for Linear Elastostatics, *Computer Methods in Applied Mechanics and Engineering*, **104**, pp. 363-396 (1993).
[24] Belytschko, T., et. al., Meshless Methods : An Overview and Recent Developments, *Computer Methods in Applied Mechanics and Engineering*, **139**, pp. 3-47 (1996).
[25] Kikuchi, N. & Diaz, A., イメージベース法が拡げるCAD/CAEの世界, 第14回Quintセミナーテキスト, (株) くいんと (1998).
[26] Belytschko, T., Lu, Y. Y and Gu, L., Element Free Galerkin Method, *Int. J. Numer. Methods Engrg*, **37**, pp. 229-256 (1994).
[27] Hollister, S. J. and Kikuchi, N., Homogenization theory and digital imaging : a basis for studying the mechanics and design principles of bone tissue, *Biotechnology and Bioengineering*, **43**(7), pp. 586-596 (1994).
[28] 鈴木, 寺田, 大坪, 米里, ボクセル情報を用いたソリッド構造の解析法, 日本造船学会論文集, 182, pp. 595-600 (1997).
[29] C. Jin, K. Suzuki and H. Ohtsubo, Linear Structural Analysis Using Cover Least Square Approximation, Journal of Applied Mechanics, *JSCE*, **3**, pp. 167-174 (2000).
[30] J. M. Guedes and N. Kikuchi, Preprocessing and postprocessing for materials based on the homogenization method with adaptive finite element methods. *Comput. Methods Appl. Mech. Engrg.*, **83**, pp. 143-198 (1990).
[31] 鈴木克幸, 大坪英臣, 閔勝載, 白石卓士郎, 重合メッシュ法による船体構造のマルチスケール解析, 日本計算工学講演会論文集, **1**, pp. 155-160 (1999).
[32] 中住昭吾, 鈴木克幸, 藤井大地, 大坪英臣, 重合メッシュ法による穴あき板の解析に関する一考察, 日本計算工学講演会論文集, **3**, pp. 145-150 (2001).
[33] 中住昭吾, 鈴木克幸, 藤井大地, 大坪英臣, 重合メッシュ法によるシェル・ソリッド混合解析, 日本造船学会論文集, **189**, pp. 219-224 (2001).
[34] 鈴木, 上永, 藤井, 大坪, 重野, マルチレベル有限被覆法によるアダプティブ浸透流解析, 応用力学論文集, **5**, pp. 263-270 (2002).
[35] 藤井, 植月, 鈴木, 大坪, ボクセル有限要素法とPML境界を用いた超音波波動伝播解析, 日本計算工学会論文集, **3**, pp. 137-146 (2001).
[36] 鈴木克幸, 物理ベースCGと計算力学, 第16回計算力学講演会講演論文集, pp. 25-26 (2003).
[37] 小玉浩平, 鈴木克幸, 大坪英臣, 代用電荷法による変形のCGアニメーション表現, 計算工学講演会論文集, **5**, pp. 55-56 (2000).
[38] 鈴木克幸, 西原鉄平, 触感を考慮した表面形状の最適設計, 第5回最適化シンポジウム講演論文集, pp. 229-234 (2002).
[39] Bowden, F. P. and Tabor,D., (曾田範宗訳), 固体の摩擦と潤滑, 丸善 (1961).

第5章

環境情報機器設計学——ユビキタス機器の実現のために

5.1 記憶装置の動向と近接光記憶

　本節では，コンピュータの代表的な外部記憶装置の技術動向を概括し，次節で述べる走査型プローブ顕微鏡応用の将来型超高密度記憶への橋渡しとなる次世代記憶の一例として，近接場応用の表面光記憶開発の現状を述べる．

　コンピュータの代表的記憶装置には，ハードディスク，フロッピーディスク，磁気テープなどの磁気記憶と，光磁気ディスク，相変化光ディスクなどの光記憶，およびフラッシュメモリに代表される半導体記憶がある．このうち主要な記憶は磁気と光であり，これのデータ転送レートと面記憶密度の推移を図5.1に示す．磁気は一時は年率100〜120％の面密度の伸びを示すなど，その性能向上はめざましいものがあった．磁気による記録は高透磁率材で構成される微小ヨーク間からの漏洩磁束を記録媒体に印加し，局所的に磁化配列を変えることで行う．読み出しは微細な媒体磁化からの漏洩磁束を磁気抵抗効果素子を用いて微弱な電気抵抗変化として高感度に検出するものである．磁気記憶の中でもハードディスクにおいては，高速回転する媒体面から数十nmオーダのすきまを介して浮上し記録・再生ヘッド素子を位置づける浮動ヘッドスライダ機構が用いられており，2006年現在，実験室レベルで230 Gbit/inch^{2}の記録密度（垂直記録方式）が，また商用機でも130 Gbit/inch^{2}を超える記録密度が実用に供されている．現行の磁気記憶（長手記録方式）においては，記録密度の増大とともに媒体の微小磁化の付き合わせが揺らぎ，記録情報が消失する熱擾乱の限界が指摘されており，これの発現が200〜300 Gbit/inch^{2}ともいわれている．

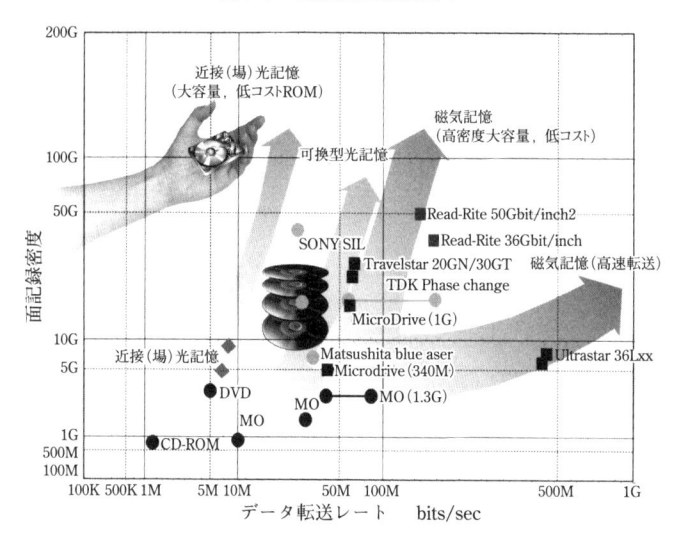

図5.1 記憶装置の性能の推移

　一方，光記憶はレーザビームを，磁気ヘッドと比較すればはるか遠方に配したレンズによって厚い透明保護層の底に形成された記録層に集光し，そこからの反射光の強弱（CD-ROM のピットや相変化）や偏光の回転（カー効果）を検出して情報再生を行う．DVD（Digital Video Disk）や MO（Magneto-Optical Disk）などの最新の装置では，その記録密度は 3 Gbit/inch^2 弱，また転送レートは数 Mbit/s から数十 Mbit/s 弱程度と，記録密度・データ転送レートともにハードディスクに劣るが，これは媒体をカートリッジとして交換でき，しかも密度性能など規格の異なる媒体も共用できるなど互換性に配慮しているためである．ネットワークの発達しつつある現在でも，数十 MB から数百 MB 単位の情報の授受がなかなか一般化しない状況で，大容量の可換媒体方式として確たる地位を築きつつある．光記憶の密度性能を制約する要因は光の波長とレンズの開口数（NA: Numerical Aperture）であり，その作動距離を機構構成上の限界まで詰めた高 NA レンズ系や青色レーザの採用により徐々に記録性能が向上しつつあるが，抜本的にこの制約を打破するには至らない．フラッシュメモリなどの半導体記憶は，各種モバイル／ウェアラブル情報機器やディジタルカメラなど小型・軽量で耐衝撃性を要するアプリケーションにその使途を広げつつある．密度性能は

基本的に半導体のリソグラフィ等に依存するが，ここにきて多層パッケージング化など高集積化も進展しており，標準サイズにて2GBから4GB程度の容量のものも現れだした．ただしビットコスト的には，ハードディスクに比してまだ2桁程度の開きがある．

　以上みてきたように，現状の記憶方式にはそれぞれ密度制限の要因が存在する．ハードディスクも10年以上前は直径200 mm以上の大径ディスクを多数スタッキングしたスピンドルユニットにより，主としてセンターファイルとして用いられてきた．ハードディスクにおける記録密度の劇的な向上は，装置のダウンサイジングを加速し，パーソナルコンピュータのデスクトップファイルとしての役割を急速に一般化するなど，性能向上がアプリケーション自体を創成した好例ともいえる．現状ではこれら主要な外部記憶を凌駕する次期方式がまだ具体的な装置としての体裁を整えていないが，これの候補となるいくつかの方式もすでに研究開発の途上にある．

　つぎにこれの一例として定在する光の場（近接場）を用いた高密度記憶の経緯と開発の現状を述べる．光の波長を下まわる微小開口には投射光束と反対側の開口の縁近傍に，図5.2に示すように伝播することなく定在する光の場が存在する[1]．これはちょうど蛇口の先に表面張力で張り出した水滴に似ており，その張り出し（定在）範囲は蛇口の口径（開口径）程度となる．この光の水滴を媒体などがよぎることで，散乱伝播光となりはるか遠方におかれた検出器にて検知することができる．検出分解能を規定する定在場の大きさは開口径に連動するので，より小さな開口を用いれば従来のレンズなどの集光系における回折限界に制約されることなく，微細な記録ビットを読み出すことができる．このような近接場に基づく高密度な表面記録実現のための課題を図5.3に整理して示す[2]．開口サイズの微小化に伴いここに形成される近接場の強度も低下し，加えて場の広がり自体も減少するために，検出する信号S/Nや再生分解能を維持するためには，開口背面に投射される光のエネルギを高めると同時に，媒体表面に極近接させながら高速走査する必要がある．諸課題には開口背面へのレーザパワーの集中，光源からのレーザ光の誘導，高速・極近接走査，開口―媒体間の媒質特性の向上などが含まれ，同図にはこれらを個別にもしくは並行して性能向上を図れる創案を簡潔に記載した．

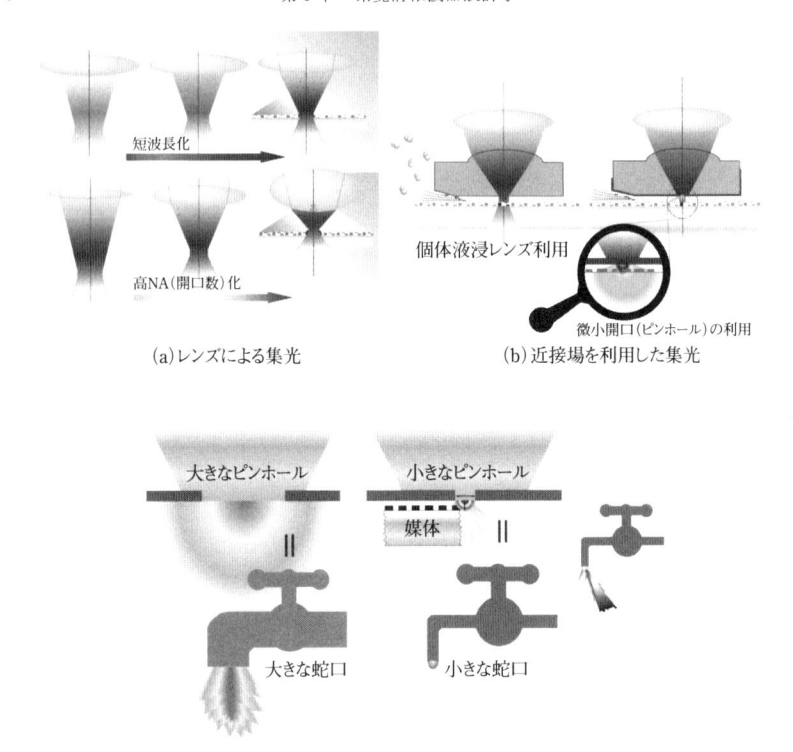

(a) レンズによる集光　　(b) 近接場を利用した集光

図 5.2　集光スポットの微小化と近接場光

　図 5.4 にこれらの諸課題に基づき構成した近接型光ヘッドの一例を示す．開口の極近接走査にはハードディスクに用いられている浮動ヘッドスライダ機構を採用することで，透明スライダコアの媒体対向面に設けられた開口を，数十 nm のすきまを保ちつつ数 m/s 以上の相対速度で走査できる．光の誘導には透明な UV 樹脂製の導波路を適用し，スライダの媒体面からの浮上・追従動作を妨げることなく端面に形成した 45 度ミラーからスライダ背面に設けた集光レンズに高エネルギのレーザ光を投射できる．

　図 5.5 には当面目標とするヘッドアセンブリ形態（図 5.4）に至る予備段階の近接型ヘッドの性能検証例を示す．ここでは光ファイバによりレーザ光を誘導し，スライダの背面にスライダと同程度のシリコンミラーを接合配置した光ヘッドアセンブリ[3]構成を採ることにより，透明ガラス基板に厚み 40 nm のクロムのパターンを形成した ROM（Read Only Memory）媒体の

5.1 記憶装置の動向と近接光記憶

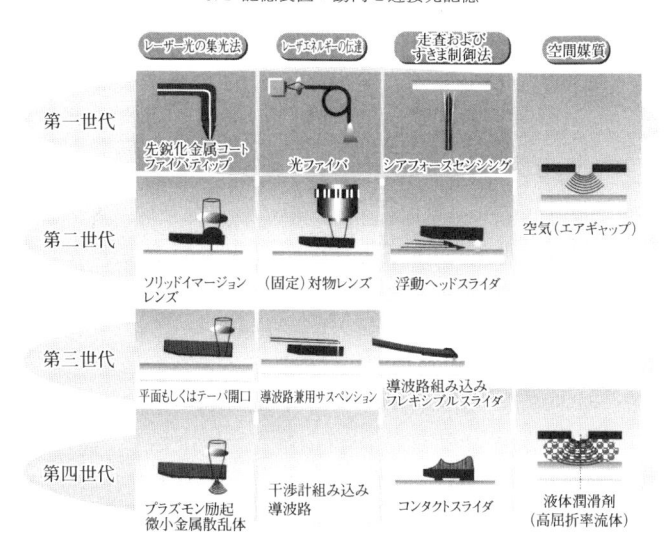

図 5.3 近接光記憶の課題と創案

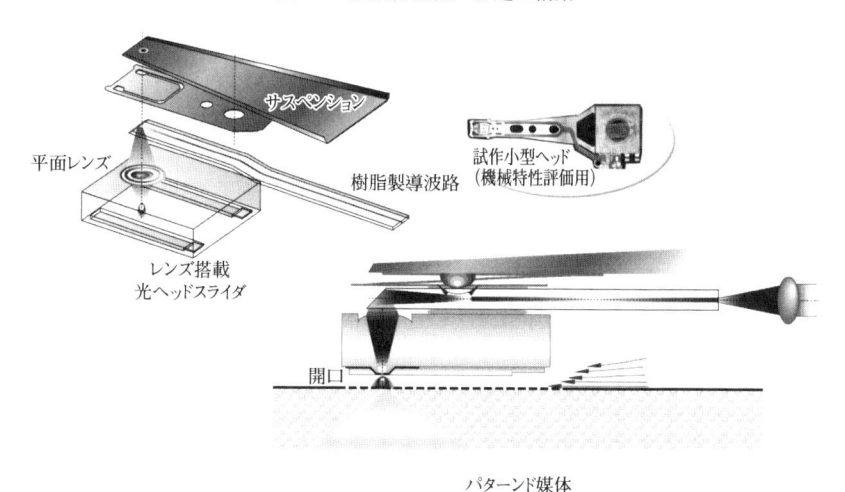

図 5.4 小型光ヘッドアセンブリ構成

読み出しを達成した結果を示す．開口の浮上すきまは 50～60 nm（空気の分子平均自由行程程度），相対速度は 2 m/s にてビット長 200 nm のパターンを明瞭に検出できている．

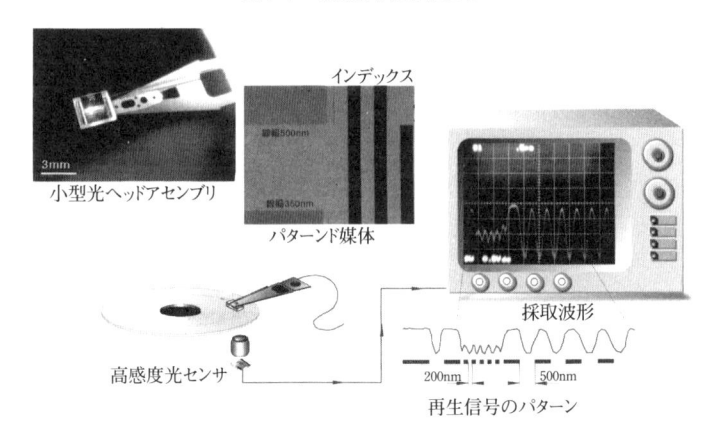

図 5.5 近接光ヘッドによる信号再生

5.2 超高密度記憶

前節にて述べたように,現行の主たる外部記憶装置である磁気ディスク装置,光ディスク装置については,これらの性能を格段に凌駕できる新たな記憶動作原理や機構に基づく新記憶装置の検討が,走査型プローブ顕微鏡(SPM：Scanning Probe Microscopy)をベースに活発化している.走査型プローブ顕微鏡は1980年代初頭に発明された走査型トンネル顕微鏡(STM：Scanning Tunneling Microscopy)[4]の要素技術をベースに,トンネル電流以外のさまざまな物理量を可視化できる走査型顕微鏡ファミリとして発展してきており,先鋭なセンサプローブにより表面修飾された微小なドットパターンをディジタル記憶情報に対応させることで,超高密度記憶を予感させる結果を種々の研究機関がデモンストレーションしている.

装置化における基本的な要件としては,単に記憶密度のみならずデータ授受の速度(転送速度),総記憶容量,補器類を含む体積記憶密度,データ(記憶)の安定保持性,耐衝撃性,さらに,装置の用途によっては書き換え・追記性,また読み出し専用(ROM)であれば媒体の作製や複製の容易性などが挙げられる.図5.6に,磁気ディスク,光ディスクの代表性能である面記録密度とデータ転送レートも参考に,次世代から次々世代の記憶として検討さ

5.2 超高密度記憶

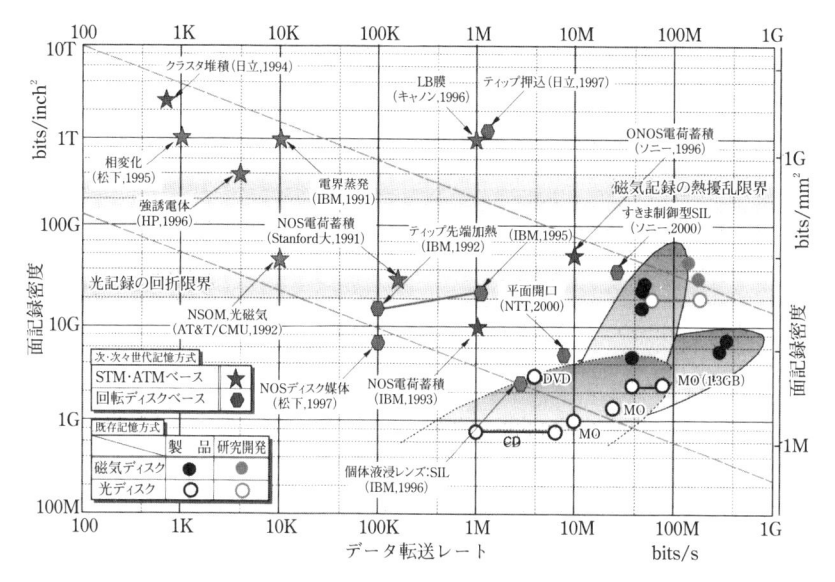

図5.6 面記録密度とデータ転送レートのトレンド

れている各種方式を比較して示した．現行装置は高密度・高速のもの（図の右上）ほど新しいが，次々世代記憶方式については性能実証にさまざまな特徴があり既述の傾向が必ずしも当てはまらないため，図中に文献などの発表年次も併記した．しかしこれらの中には，磁気記憶の急激な密度向上によりかえって現行実用装置の性能を下回るケースも多くでてきている．これは，必ずしもそれらの原理的なポテンシャルの低さを示唆しているのではなく，個々のセンサ・ヘッド機構や記録媒体などの要素部品の試作・開発において，商用磁気装置のような安定性や性能極限の追求を可能とするインフラがまだ十分成熟していないか，あるいは利用できないためと考えられる．次々世代記憶も，STMや原子間力顕微鏡（AFM：Atomic Force Microscopy）[5] など原子・分子オーダに及ぶ実空間分解能を有する手法を用いた検討例では，現状の1.5桁以上高い面記録密度を示すなど圧倒的に高い性能を示しているが，一方でデータ転送レートについてみると，その性能は現行所要値の1桁から3桁以下と極度に低く，実用デバイスとしてはきわめて不十分である．書き換え性を有するもの，またはディスク回転系による検討例がありトンネル電流や原子間力以外の動作原理に基づくものは，実証密度性能的には現行

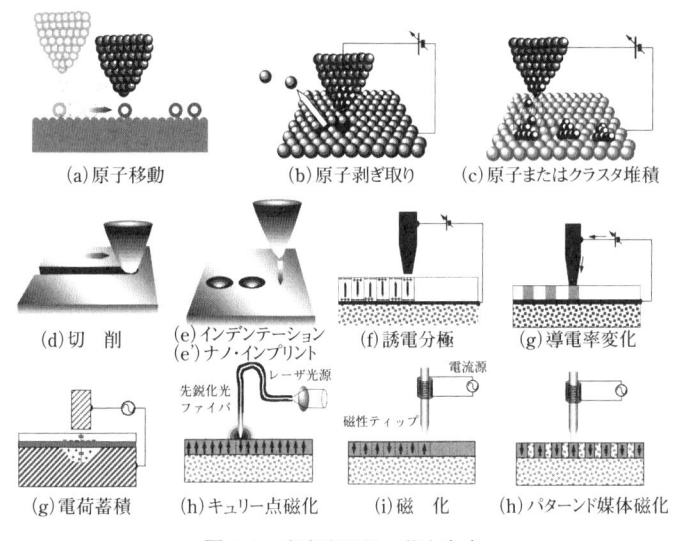

(a)原子移動　(b)原子剥ぎ取り　(c)原子またはクラスタ堆積

(d)切削　(e)インデンテーション／(e')ナノ・インプリント　(f)誘電分極　(g)導電率変化

(g)電荷蓄積　(h)キュリー点磁化　(i)磁化　(h)パターンド媒体磁化

図5.7　高密度記録の基本方式

装置のオーダにとどまっているものの，速度的には1〜数MHz前後と装置化ポテンシャルとしては相対的に高いものもある．

　種々の記録方式を図5.7にまとめて示す．換算面密度のもっとも高いものとしては，STMを用いた単原子の移動や再配列[6]，また単原子の剥ぎ取り[7]などPb（ペタビット）/inch^{2}のオーダの記録密度ポテンシャルがあるものの，記録の安定性，再現性，広範囲走査性，高清浄かつ高真空環境（UHV）維持などに難点が多く，現実的には記憶デバイスよりもむしろ極限的な基礎物性探求の手段としての趣が強い．ティップ・サンプル間にパルス電圧を印加する，あるいはパルス状押圧力を加えることでサンプル表面に原子クラスタを堆積[8]したりピット（孔）を形成[9]する方法は，ビット（ピット）径が10〜100 nmオーダのものが実現できており，後述の再生方法もあわせて広記録範囲かつものによっては100 kbit/s〜1 Mbit/sの高速再生が実証されており，ライトワンス型のメモリ（WOM）としての可能性はある．また記録に関しては，たとえば電子線リソグラフィ，X線リソグラフィなどに基づいて作製した数十nmオーダの凹凸を有するマスターにより，記録媒体にナノインプリントを行うことで，いわば超高密度の「CD-ROM版」とするコン

5.2 超高密度記憶

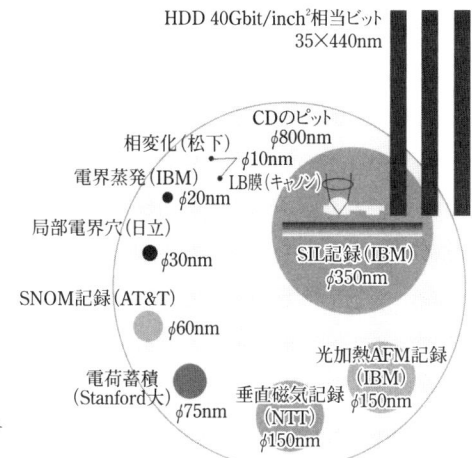

図5.8の説明ラベル:
- HDD 40Gbit/inch² 相当ビット 35×440nm
- CDのピット φ800nm
- 相変化(松下) φ10nm
- 電界蒸発(IBM) φ20nm
- LB膜(キヤノン)
- 局部電界穴(日立) φ30nm
- SIL記録(IBM) φ350nm
- SNOM記録(AT&T) φ60nm
- 電荷蓄積(Stanford大) φ75nm
- 垂直磁気記録(NTT) φ150nm
- 光加熱AFM記録(IBM) φ150nm

図 5.8 各種記録方式と記録ビットサイズの比較

セプト[10]もすでにある．一方書き換え可能なメモリとしての方式には，誘電分極[11]，導電率変化（相変化媒体など）[12],[13]，電荷蓄積[14]，光磁気媒体への光熱書き込み[15]，垂直磁気媒体書き込み[16]などの手法がある．実証ビットサイズは，AFMを用いたライトワンス型よりも大きく，10〜200 nm 程度である．速度的には換算あるいは実再生速度ともにやはり数 kHz〜1 MHz 程度の性能が示されている．なお，図5.8には参考までに代表的な記録方式において検証されている記録ビットサイズを，2002年時点の最高記録密度の磁気ビットパターン（約 40 Gbit/inch² : 35×440 nm）やコンパクトディスク（CD）のピットサイズと比較して示す．やはり STM や AFM ベースの検証ビットが圧倒的に小さく，浮動ヘッドスライダ搭載センサ形態や回転ディスク形態では，媒体との分離長の低減や機構精度維持，高速高 S/N 応答などの難しさにより本来の密度ポテンシャルが十分発揮できていないことが推測される．

図5.9に再生方法を整理して示す．これらは図5.7に示す記録方式とは必ずしも1対1の対応はしていない．まず，ライトワンスまたは再生専用（ROM）方式として，原子オーダの凹凸やクラスタについては導電性探針を用いたトンネル電流検出が，また絶縁材料を含めた凹凸に関しては AFM 探針による表面形状のトレース（カンチレバーのたわみ検出）が用いられる．また，微小なピンホール近傍に定在する光の場（近接場）を用いた再生[17]も

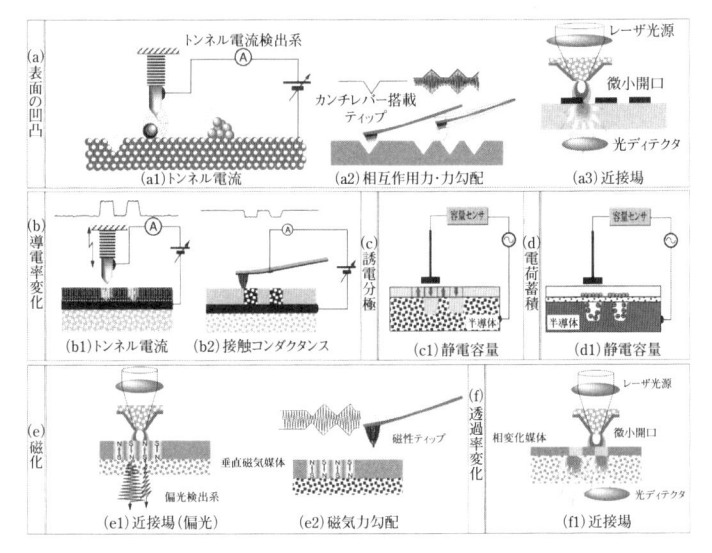

図5.9 高密度記録の再生方式

可能である．

　書き換え方式のうち，導電率変化に関してはトンネル電流検出と，導電性探針を接触摺動させることによる接触コンダクタンス検出[18]の2つが適用されている．誘電分極や電化蓄積に関しては，導電性プローブ（ティップ）と対向電極となるp型半導体基板とのあいだの空乏層の大小に起因する静電容量の変化を検出する[14]．光磁気記録に関しては，微小アパーチャによる近接場光の偏光回転[15]を，垂直磁気では磁気力勾配検出[16]などが適用できる．また，相変化媒体に透過率（反射率）変化として記録されたピットは，微小アパーチャによる近接場の散乱・透過光強度変化により検出できる．

　すでに述べたように次々世代記憶の実用にあたっては，(換算)記憶密度のみならず，データ転送速度，総容量，体積密度，記憶の安定保持性，さらにビットコストまで含めた現行方式とのポテンシャル上の優位性の実証や，それを可能とする具体構成の提示が不可欠となる．また，今後は書き換えおよびライトワンス（またはROM）いずれにしても，オールマイティかつ格段に高い記憶諸性能の実現がますます困難となるものと想定されるため，具体的なアプリケーションに特化した性能上のトレードオフも必要となる．

5.2 超高密度記憶

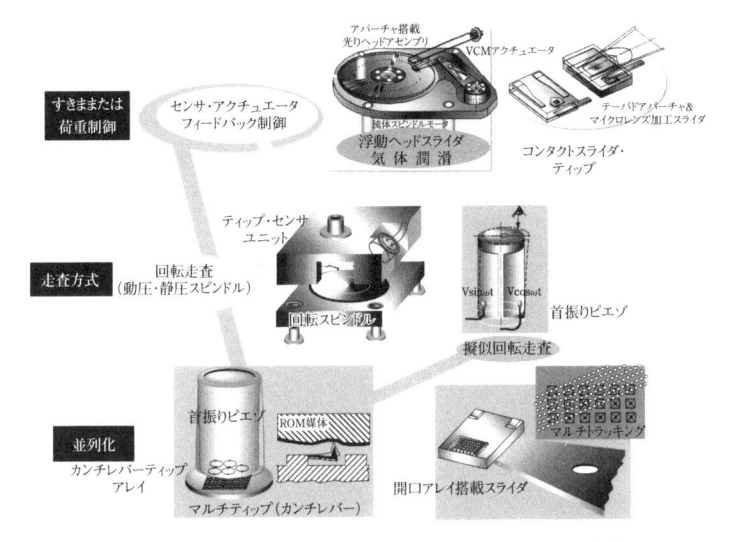

図 5.10 各種すきま制御・媒体走査・ヘッド並列化方式

図 5.10 には，基本となる記録・再生動作原理に続いて実用化の途上において必要となる，

i) ティップ（センサ感受部）—媒体間のすきま制御（接触方式であれば荷重制御），

ii) 所望の記録媒体エリアにわたる円滑・高速走査，

iii) データ転送速度を格段に向上させるための並列化方式，

に関わる創案を示す．

とくにデータ転送速度に関しては，現行の磁気，光ディスクにおいても 100 Mbit/s 以上の転送レートは必須となりつつあり，大容量のデータの授受が恒常化するに伴い，高速化の要求はとどまるところを知らない．既述の SPM ベースの記憶は，とりわけこの点に致命的なハンディを背負っており，制御・検出回路系の高速応答化の工夫やカンチレバーティップの高共振化などの策をもってしても桁レベルの速度向上は限界と思われ，並列ヘッド化，並列信号処理化は数少ない選択肢ともいえる．

まず i) に関しては大別して 2 つの方法がある．すなわち，センサによるすきま検出とこれに基づくアクチュエータによるすきまの閉ループ制御方式と，陽には制御によらない浮動ヘッドスライダまたは，コンタクトスライダ

方式である．磁気ディスク用浮動ヘッドスライダも現状では十数 nm 浮上で実用されているものもあり，近未来的には 10 nm を下回る商用機も検討されているため，プローブ顕微鏡検討に要するすきまレベルもこれによって十分実用になりうる．スライダ方式については，たとえば図示のように集光レンズやテーパ型アパーチャ（近接場センサ部）をモノリシック的に加工したヘッドスライダなども開発されている[19]．

ii) については，SPM に一般的に用いられる直交（ラスタ）走査，ボールベアリングまたは流体軸受スピンドルによる回転走査，首振り円筒ピエゾを用いた疑似回転走査[10]などがある．実際には，メモリとの観点では高速でかつ断続や速度変動の少ない安定した走査が好ましく，この点で回転走査のほうが有利と思われる．疑似回転走査となる首振りピエゾに関しては，正しくは回転運動ではなく円または楕円を軌跡とした平行移動であるため，センサヘッド（ティップ）側には面内運動方向に関して指向性をもたないこと，ビット形状が等方（円または正方形など）に近いことが必要となる．また，ピエゾ素子はその外寸に対して走査範囲が狭いため，単一ヘッドの走査では非常に走査効率が悪い．このため，後述のアレイ化，マルチティップ化による記録エリア拡大などが不可避と思われる．

iii) に関しては，シリコン基板上に多数のカンチレバーティップと個別の駆動・センシング回路を配したカンチレバーアレイ[10]が提案されている．また，スライダに形成されたマルチのアパーチャアレイ[20]などは実際製作されており，アパーチャアレイのピッチを下回る狭ピッチトラック群に対してはアレイ格子方向との角度をつけることでオントラックさせる方法も提案されている．並列ヘッド（ティップ）化に関しては，個々のティップの速度性能が低いために少なく見積もっても 100 並列化以上は必須となるが，個別のヘッドのすきま，もしくは接触荷重，トラッキング制御やデータの授受などに関する効率や機構精度の高い制御法に関する具体構成案がいまだに明らかでない．

装置化を意識した検討については，図 5.10 に記載の要素を複数組み合わせた提案や研究報告があり，これらのなかで機構上は従来のディスク装置との相違の小さい浮動ヘッドスライダと回転スピンドルを組み合わせた系を除けば，精密回転スピンドルにカンチレバーティップと変位センサ系を組み込

んだ，いわば「回転走査型 AFM」メモリ[9],[21]が換算記録密度（数十 Gbit/inch^2～1 Tbit/inch^2），転送速度（約数百 kbit/s～1 Mbit/s）ともに次々世代記憶方式の中では比較的バランスのとれた性能を示してはいる．ただし，回転数は 100 rpm 前後と遅く，また記録トラックも直径 300 μm 程度と小さいため，総容量の制約やランダムアクセス性能，記録効率，装置としての体積効率など基礎検討段階とはいえ不十分なものである．また長時間動作に伴うティップ先端の摩耗などの耐久性・信頼性，オントラック制御など密度性能とトレードオフとなる根本的な問題もあり，解決すべき課題もまだ多い．

以上みてきたように現行記憶の主力である磁気記録は，密度向上を阻む難度の高い壁に遭遇しながらもまだ当分その勢いを保ち続けるかにみえる．磁気記憶に関しては垂直記録方式など，提案としては古くまた技術的には最新のそれを導入することにより，さらに 1 Tbit/inch^2 に迫る性能飛躍も見込まれる．しかし，その一方で高保磁力化に伴う書き込み能力の限界も予感され，これには光記憶や次世代記憶技術との融合による光（熱）アシスト磁気記録への移行も考えられる．次世代・次々世代記憶は，その表向きの性能は，現行磁気の総合性能の突出の前に，ともすればかすみがちの感もある．しかし近来のマルチセンサティップの同時制御の事例のように，走査型トンネル顕微鏡とその派生技術が先行して開拓した記憶密度ポテンシャルを実用に結びつける幾多の試みが着実に深化しており，時間は要するが情報化社会の進展やその多様なニーズ拡大のなかで確実にその地位を占めると思われる．

5.3 情報機器の力学モデリング

前節では，先端技術を用いた人工物の例として，超高密度光メモリについて述べた．本節と次節では，超高密度記憶を含む情報機器全般について，その性能を決める位置決め機構を解説する．

情報機器とは，メカトロニクスを用いた情報処理装置である．情報システムは，入力出力記憶，通信，電源，演算処理（CPU）などの機能からなり，表 5.1 に示すように，演算処理以外のあらゆる機能にメカトロニクスが使用されている．本来物体移動を必要としない情報処理にメカが使われる理由は，空間運動の導入によってシステム構成が著しく簡単化されたり，信号の S/

表 5.1　情報システムにおけるメカトロニクス機器

機能	例
入力	キーボード，マウス，スキャナ，ジャイロ，加速度計，触覚センサ
出力	プリンタ，DMD，触覚ディスプレイ
記憶	磁気ディスク，光ディスク，磁気テープ，フロッピー
通信	リレー，配線切り替えロボット，光スイッチ，波長可変レーザ
電源	自動発電機
その他	ステッパ，電子部品実装機，ディスクフィルタ

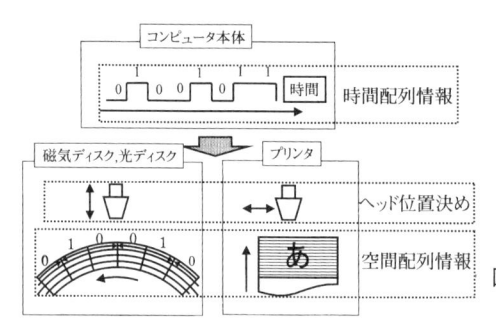

図 5.11　入出力装置と外部記憶装置の運動による情報変換[22]

N が向上するためである[22]．現在主力の情報機器は，記憶（磁気ディスク，光ディスク）と出力（プリンタ）であり，これらの装置では，CPU から時系列に出力された信号を，記憶媒体や紙の空間情報に変換するのが本質的な作用である．よってこれら装置の性能は，時間と空間の分解能，すなわち処理速度と位置決め精度によって決定される（図 5.11）．

　一般に機構の位置決め精度は剛性により，位置決め時間は固有振動数により決まり，これらはともに，動剛性（剛性／質量）の増大により達成される．単に部材を太くしても質量が増大し，動剛性は増加させることができず，剛性と質量は背反する要求となる．この第 1 の解決策がメカトロニクスの利用である．センサとアクチュエータからなるフィードバックループを用いると，部材質量の増大なく剛性を上げることが可能となる．第 2 の解決策はマイクロ化である．弾性体を相似に縮小すると固有振動数が長さに反比例して増大する．剛性は長さの 2 乗に比例して低下するが，主たる外乱である慣性力は 3 乗に比例するため，結果として位置決め精度も向上する．代表例は磁気ディスクの浮動スライダであり，微小化するほど追従性が向上する．マイクロマシンはマイクロ化とメカトロ化の併用であり，磁気ディスクヘッドやスイ

ッチへの応用研究が盛んである．

　本節では，現在もっとも普及している情報機器であり，かつ，位置決めに関してもっとも進んだ技術が用いられるハードディスクの動作原理と構造を概説する．つづいて一般の情報機器における位置決め機構がすべて同一の1自由度振動モデルに帰着され，さらに運動パターンが4つに分類されることを示す．最後に，力学モデルに基づき，位置決め機構の性能を評価し，設計の指針を示す．

5.3.1 情報機器の原理と構造

(a) 磁気ディスクの原理と構造[22]

　磁気ディスク装置は，ディスク表面の磁性膜に記録された磁気信号を，磁気センサによって記録・再生する装置である．装置の構造を図5.12に示す．表面に磁性膜をもつディスクが回転し，これに電磁アクチュエータとアーム

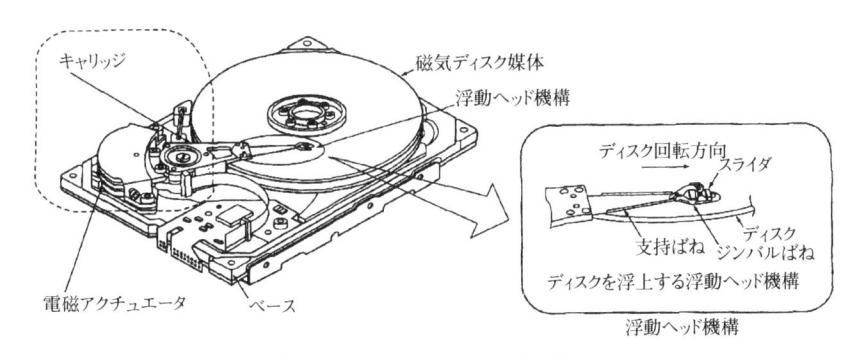

図5.12 磁気ディスク装置の構造

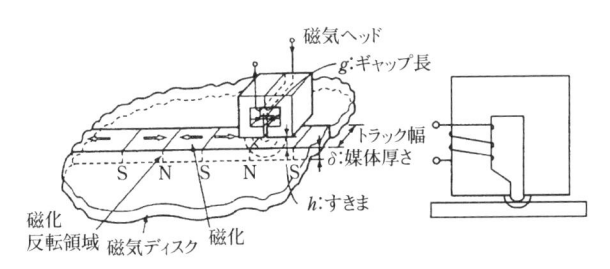

図5.13 磁気記録の原理

により揺動する磁気ヘッドを近接させて記録・再生を行う．磁気記録の原理を図 5.13 に示す．記録時は，コイルに電流を印加し，磁気ギャップから漏れ出す磁界によって磁性膜を磁化する．磁性膜材料は半硬質磁性体とよばれ，一定強度以上の外部磁界で磁化するが，一度磁化すると外部磁界が除去されても磁化を保持する性質を有する．このため，磁気ディスクは不揮発メモリとして作用する．再生時は，すでに磁化したディスクがヘッドと相対運動することによって，コイルに誘導電圧が発生し，これから磁化の方向を検出する．

磁気ディスクの記録密度向上には，ディスク上の磁気パターンを微細化する必要がある．円周方向に微細化するには，ヘッドギャップを狭小化するとともに，ヘッドとディスクの距離を近接させる必要がある．半径方向に微細化するには，ギャップ長を微小化するとともに，磁化パターンとヘッドとの半径方向位置を正確に一致させねばならない．現在，1 bit 当たりの占有面積は，円周方向に $0.1\,\mu m$，半径方向に $1\,\mu m$ のオーダであり，位置決め誤差はこれらより1桁小さい値しか許されない．磁気ディスクは，数千〜1万 rpm と高速に回転するため，位置決めは非接触に行う必要があり，さらにデータ転送速度を高めるため高速性も要求される．これに対して，ディスク面直角方向には浮動スライダによるパッシブな位置決めを，半径方向には磁気ヘッドと電磁アクチュエータによるアクティブな位置決めを行っている．各位置決め技術の概要を(b)，(c)，(d)に示す．

(b) 浮動スライダ[22]

浮動スライダは，図 5.14 に示すように，ばねに取り付けられ，スライダの後端に磁気ヘッドが搭載されている．支持機構は，水平面内の並進および回

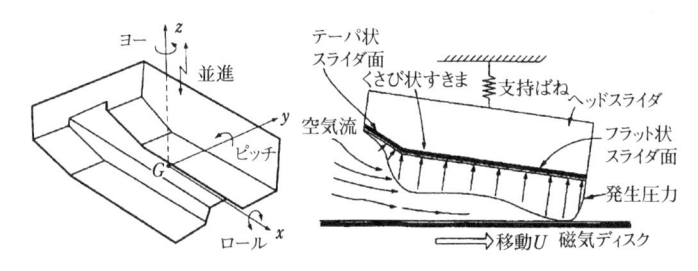

図 5.14　スライダの浮上原理[22]

転（ヨー）運動は拘束し，面外の並進と，ロール，ピッチの回転運動は自由に行えるようになっている．はじめスライダは支持機構によってディスク面に押し付けられている．ディスクが回転すると周囲の空気がつれ回り，スライダ前面のテーパ部に空気が押し込まれる．すると空気の圧力が上がり，支持機構がたわみ，スライダがディスク面から浮上する．スライダ面の空気圧力は，隙間が狭いほど高くなるため，空気力は一種のばねとして作用する．空気ばねと支持ばねのつりあい点にスライダが安定する．また，スライダが上下方向に振動すると，移動速度に比例した反力（スクイズ力）が発生する．すなわち，動的状態では，空気力はダンパーとしても作用する．

ディスク面振動へのスライダの追従性能は，空気の圧力，支持機構の剛性，スライダの慣性力のつりあいによって決定する．空気の圧力は，流体潤滑の基礎式であるレイノルズ方程式を解くことによって求められ，最終的には，上で述べたばねとダンパーに帰着される．スライダの運動は実際にはロール，ピッチを含んだ3次元的な運動であるが，浮上方向にのみ着目してもっとも単純化して示すと，図5.15のような1自由度振動系になる．後述するように，支持機構の剛性とスライダ質量をなるべく小さくし，空気膜の剛性と減衰をなるべく大きくすることが，追従性能向上に必要である．

(c) トラックサーボ[23]

磁気ディスクでは，ヘッドと目標トラックの位置ずれを検出し，ずれをゼロとするように電磁アクチュエータを駆動する制御が行われている．位置検出には種々の方式があるが，もっともわかりやすいサーボ面サーボ方式を説明する．原理を図5.16に示す．ディスクの1面（サーボ面）に，サーボトラックとよばれる位置データがあらかじめ書き込まれている．トラック上のデータは種々符号化されているが，位置決めの観点からは，隣接トラックごと

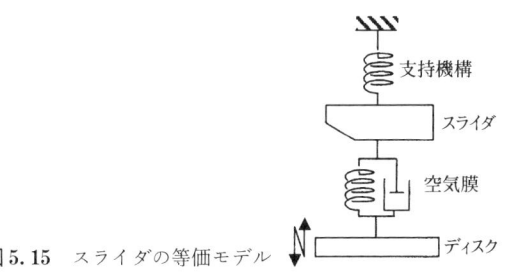

図5.15 スライダの等価モデル

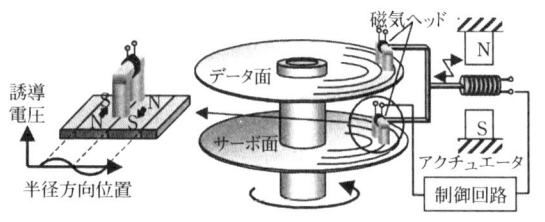

図 5.16 磁気ディスクトラックサーボの原理図

に磁化方向が反転していると考えればよい．磁気ヘッドを半径方向に移動すると，トラック中央で最大振幅，トラック境界でゼロ，隣接トラックで符号が反転するような正弦波状の出力が得られる．この出力信号の強度により，トラック境界からの距離を検出することができる．ヘッドからの出力信号を制御回路に通し，増幅して電磁アクチュエータに入力すれば，ヘッドをトラック境界に向かわせる力が発生する．これにより，ディスクが半径方向に振動しても，つねにヘッドはトラック境界に位置させることができる．データR/W用ヘッドは，サーボ用のヘッドと一体となって移動するようになっている．また，データ面のトラックは，サーボトラックとは1/2トラックずれて形成される．これにより，データ面ヘッドは常にデータトラックの中央に位置することができる．

(d) 光ディスクとステッパの位置決め[24]

その他の情報機器について，簡単に説明する．光ディスクでは，レーザビームをレンズで媒体面に絞ることで高密度な記録再生を行っている．しかし光ディスクは完全な平面ではなく，かつ，トラック中心とモータの回転中心が一致する保証もない．このため，回転とともに振動するディスク面にレーザビームの焦点を3次元的に追従させる必要がある．サーボ系に許される誤差は面外方向 $\pm 0.5\,\mu m$，面内方向 $\pm 0.05\,\mu m$ 程度である．

円周方向はモータの回転制御により，半径方向はトラッキングアクチュエータにより，面直角方向はフォーカシングアクチュエータにより制御される．円周方向の制御は，発振器からの一定周期のパルスを目標値とし，これとデータ再生信号から求めたディスクの角度信号との差をとり，これを適当な制御回路（アンプ，フィルタなど）を通し，目標値と実際の角度との差がゼロになるようにモータの駆動電圧を変化させる．半径方向および面外方向については，ヘッド内の電磁アクチュエータにより制御される．レーザ焦点とデ

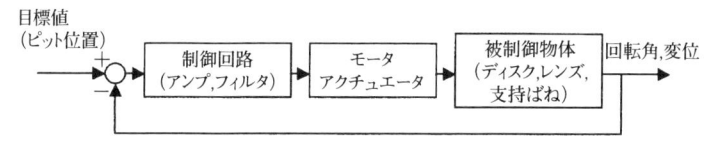

```
目標値
(ピット位置) ─→○─→[制御回路      ]─→[モータ      ]─→[被制御物体        ]─→ 回転角,変位
              −       (アンプ,フィルタ)    アクチュエータ      (ディスク,レンズ,
                                                        支持ばね)
                    ↑_____|
```

図 5.17 位置決め機構の制御ブロック図

ィスク面上のデータピットとの相対距離をレーザ反射光から検出し，距離がゼロとなるように対物レンズを駆動する．以上はすべて同一の制御ブロック図で表され，図 5.17 となる．磁気ディスクのトラックサーボも，このブロック図で目標値をトラック位置，被制御物体をヘッドとしたもので与えられる．

LSI の高密度化，高集積化は，回路パタンの微細化によって実現される．これには，シリコンウェハとマスクあるいは電子ビームとの位置決めを 2 次元的に高速・高精度に行う装置（ステッパ）が中心的役割を果たす．レーザ干渉により測長を行い，摩擦や外乱振動があってもウェハが目標位置となるように DC サーボモータを制御している．位置決めのブロック図は図 5.17 と同じである．目標値は計算機から出力される座標値であり，被制御物体はウェハおよび，これを載せたステージである．

5.3.2 位置決め制御系の力学モデル

(a) 位置決め機構の力学モデル[22],[25]

前項で述べたように，情報機器では位置決め技術が装置性能を支配する．位置決め機構には，磁気ディスクスライダのようなパッシブなものと，磁気ディスクトラックサーボ，光ディスクトラックサーボ，フォーカスサーボ，ディスク回転制御，ステッパのステージ制御のようなアクティブなもの（フィードバックループをもつもの）とがある．また，アクティブな位置決め機構には，ディスク回転やステッパのように目標値が電気信号によって与えられるものと，磁気ディスクや光ディスクのトラックサーボのように物体の運動によって与えられるものとがある．しかしこれらの機構を力学的に整理すると，すべて同一の 1 自由度振動系に帰着させることができる．ここでは，その基礎となる，フィードバックループと振動系の関係を説明する．これは，小野ら[22]により基本的な考え方が提案されたものである．

(a)制御機構	位置センサ $x-y$ / 被追従物体 x / 追従物体 / アクチュエータ / 制御回路 / 支持ばね k / M / N S N / K / $C\dfrac{d}{dt}$
(b)ブロック線図	センサ / 制御回路・アクチュエータ / 追従物体・支持ばね / X → (+,−) → K, Cs → (+力) → $\dfrac{1}{Ms^2+k}$ → Y
(c)運動方程式 (s領域)	$(X-Y)(K+Cs)\dfrac{1}{Ms^2+k}=Y$
(d)運動方程式 (時間領域)	$(K+C\dfrac{d}{dt})(x-y)=M\dfrac{d^2y}{dt^2}+ky$
(e)振動モデル	x — K, C — M — k — y

ラプラス変換

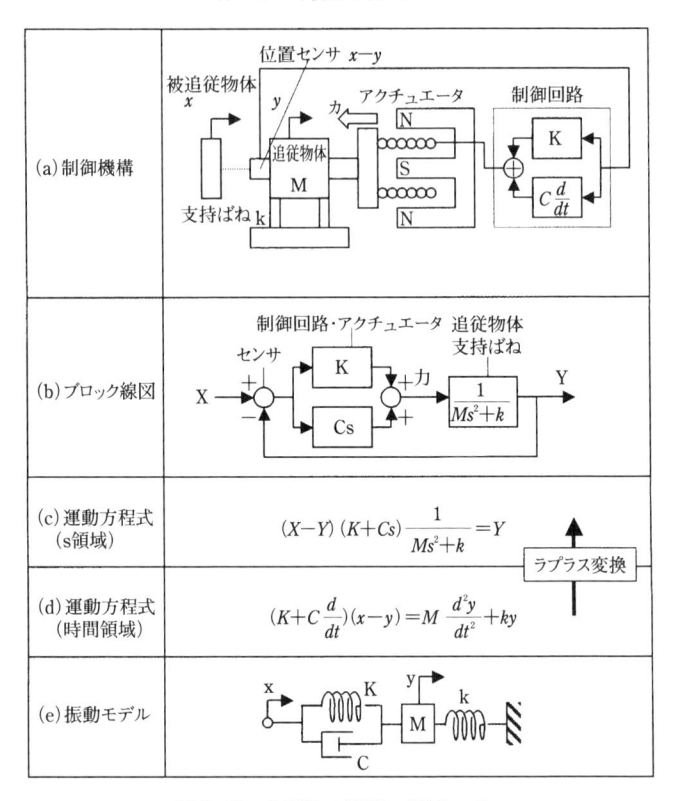

図 5.18 位置決め機構の等価モデル

図 5.18 に，代表的な位置決め制御系について，制御機構，ブロック線図，運動方程式 (s 領域)，運動方程式 (時間領域)，振動モデルの関係を示す．(a) の制御機構は，被追従物体 (変位 x) に，追従物体 (変位 y) を非接触に追従させるもので，位置センサ，アクチュエータ，制御回路，支持ばねを含んでいる．支持ばねは，追従物体を左右方向にのみ移動させ，他の方向の運動を拘束するために必要である．被追従物体と追従物体の相対距離 ($x-y$) を位置センサで検出し，それを制御回路に入力する．制御回路には種々の方式のものがあるが，ここではもっとも簡単に，入力信号を 2 つに分け，1 つは増幅回路で K 倍し，他は微分したのち C 倍に増幅し，両者を合成するものを考える．制御回路の出力はアクチュエータに入力される．アクチュエータはコイルと永久磁石からなり，入力信号に比例した力 F を発生し，追従物体を y

方向に押す．追従物体は，ばね定数 k の支持ばねに支えられ，質量 M を有する．

(b)のブロック線図は，この制御機構を自動制御の記号により単純に書き表したものである．センサによる2物体間の距離計測が，入力 X と出力 Y の差の演算になっており，これを制御回路，アクチュエータに入力する操作がフィードバックループを構成している．

(c)の運動方程式（s 領域）は，ブロック線図を数式で表したものである．入出力の偏差 $(X-Y)$ に制御回路 $(K+Cs)$ の演算を行い，さらに追従物体と支持ばね特性 $/(Ms^2+k)$ の演算を行ったものが出力 Y になる関係を表している．微分は演算子 s で表される．

(d)の運動方程式（時間領域）は，これを通常の微分方程式で表したものである．左辺がアクチュエータと制御回路により発生する力を，右辺が追従物体の慣性力と支持ばねの反力を表している．時間領域と s 領域の運動方程式は，ラプラス変換によって関係づけられる．

(e)の振動モデルは，運動方程式をパッシブな要素で表したものである．被追従物体からの入力 x がばね K，ダンパー C を介して追従物体の質量 M につながり，さらにばね k を介して接地されている．すなわち，センサとアクチュエータからなる制御機構は，ばねとダンパーで被追従物体と追従物体が結合された系と力学的に等価であることがわかる．

5.3.1項で述べた情報機器において，実際の位置決め機構が振動モデルとどのように対応するかを示したのが図5.19である．(a)は最終的に帰着される振動モデルである．(b)は光ディスクのフォーカスサーボ，(c)はトラックサーボであり，K と C はともに光センサ，電磁アクチュエータ，制御回路により生成される．(d)は磁気ディスクの浮動スライダであり，空気圧力によって K と C が生成される．(e)は磁気ディスクのトラックサーボであり，磁気センサ（ヘッド），電磁アクチュエータ，制御回路によって K と C が生成される．支持ばねはなく $k=0$ である．(f)は光ディスク，磁気ディスクの回転機構であり，角度センサ，モータ，制御回路によって K と C が生成される．支持ばねはなく $k=0$ である．また入力 x は物体の位置ではなく，クロックによる電気信号（定速度入力）である．(g)はステッパの位置合わせであり，K と C は干渉計，モータ，ネジ，制御回路によって生成される．支持ばねは

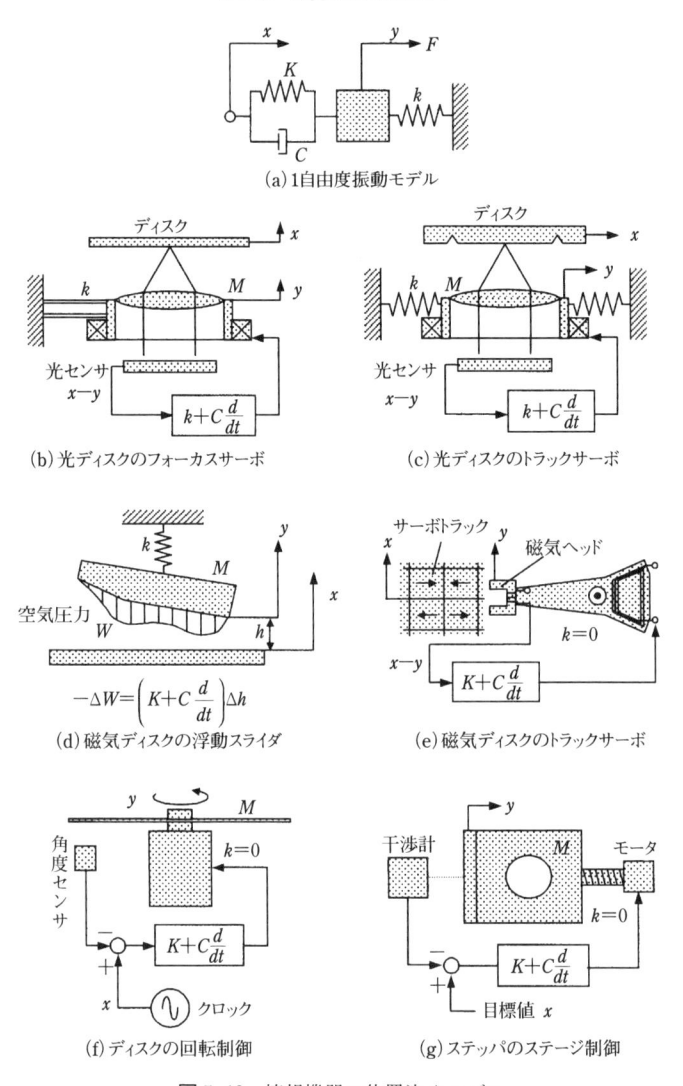

図 5.19　情報機器の位置決めモデル

(a) 1自由度振動モデル
(b) 光ディスクのフォーカスサーボ
(c) 光ディスクのトラックサーボ
(d) 磁気ディスクの浮動スライダ
$$-\Delta W = \left(K + C\frac{d}{dt}\right)\Delta h$$
(e) 磁気ディスクのトラックサーボ
(f) ディスクの回転制御
(g) ステッパのステージ制御

なく $k=0$ である．また入力 x は外部から与えられる目標位置信号である．以上の位置決め機構では外乱力も働き，これは(a)の振動モデルにおいて，質量 M に作用する力 F となる．図 5.19 の位置決め機構における入力，出力，K と C の実現手段を表にまとめたものを表 5.2 に示す．

5.3 情報機器の力学モデリング

表 5.2 位置決め機構と等価モデルの関係

位置決めの種類	入力 x	出力 y	K と C の実現手段(制御回路以外)
光ディスクトラッキング	トラック位置	レンズの水平位置	光センサと電磁アクチュエータ
光ディスクフォーカシング	ディスクデータ面高さ	レンズの上下位置	光センサと電磁アクチュエータ
磁気ディスクトラッキング	トラック位置	ヘッドの水平位置	磁気センサと電磁アクチュエータ
磁気ディスク浮動ヘッド	ディスク表面高さ	スライダの上下位置	空気膜
ディスク回転	クロック信号	ディスクの回転角	角度センサとモータ
ステッパ位置合わせ	目標位置信号	ステージの位置	干渉計, モータ, ねじ

表 5.3 位置決め機構の分類

種類	評価項目	入力	例
間欠	初期偏差に対する過渡応答	$x=x_0$	ステッパ, シーク, インパクトプリンタ, 組立て, 波長可変レーザ
連続	正弦波外力による定常変位	$F=A\sin\omega t$	ディスク回転, ポリゴンミラー
追従	正弦波外力による定常変位	$F=A\sin\omega t$	トラッキング, フォーカシング, 浮動ヘッド, オートフォーカスカメラ, SPM
	目標値のステップ移動に対する過渡応答	$x=x_0 u(t)$	
	目標値の正弦波振動に対する定常応答	$x=B\sin\omega t$	

(b) 駆動入力の単純モデル化[22],[24],[25]

情報機器の位置決めでは,実際には無限個の駆動パターンが存在するが,単純化すると,間欠,連続,追従の3つに分類できる.これらの性能評価項目,駆動入力,情報機器における例をまとめたものを表5.3に示す.間欠位置決めとは,決められた位置に物体を移動するもので,途中の経路は問題とならない.ステッパの位置あわせ,磁気ディスクや光ディスクのシーク動作などがこれに対応する.また(a)で述べたものの他,インパクトプリンタのヘッドの運動,波長可変レーザの波長調整,その他一般の部品組み立てなどがこれに含まれる.間欠位置決めの性能は,位置決め時間と偏差で決まり,これは残留振動の解析により求められる.図5.19(a)の振動モデルで,x の位置が $x=x_0 (\neq 0)$ の定位置で,y の初期値を $y(0)=\dot{y}(0)=0$ としたときの y の過渡応答を求める問題に帰着する.

連続位置決めとは,決められた変位や速度に物体を従わせるものである.光ディスク,磁気ディスクにおける回転制御が対応する.また磁気ディスク

のシーク動作もミクロにみれば途中経路を問題にしており，連続位置決めの一種とみることができる．(a)で述べたものの他，レーザプリンタにおけるポリゴンミラーの回転やロボットアームの駆動もこの制御に含まれる．連続位置決めでは，目標軌道があらかじめわかっているので，慣性力などを補償することにより，外乱がなければ対象物を正確に軌道に沿わせることが可能である．したがってその性能は予期せぬ外乱による変位がいかに小さいかで評価される．もっとも簡単な入力は正弦波外乱であり，図5.19(a)の力学モデルで，$F = A \sin \omega t$ としたときの y の定常応答を求める問題に帰着する．

追従位置決めとは，未知の運動を行う第1の物体（被追従物体）に第2の物体（追従物体）を一定距離を保って追従させるものである．連続位置決めでは第2の物体の絶対位置を検出し，これを入力信号と比較したが，追従位置決めでは第1と第2の物体の相対位置のみが検出される．光ディスクのフォーカスサーボ，トラックサーボ，磁気ディスクの浮動スライダ，トラックサーボがこれに対応する．5.3.1項で述べたものの他，オートフォーカスカメラのピント合わせやSPMのステージ駆動などもこの制御に含まれる．追従位置決めの性能は，2物体間の距離変動で評価される．距離変動は外乱力による他，被追従物体の運動形態にも依存する．代表的な運動は，ステップ状の移動と，正弦波状の移動である．これらは，図5.19(a)の振動モデルでは，$x=0$, $F = A \sin \omega t$ とした場合の y の定常応答，$F=0$, $x = x_0 u(t)$ とした場合の y の過渡応答，$F=0$, $x = B \sin \omega t$ とした場合の y の定常応答を求める問題に帰着する．

以上説明したように，情報機器の位置決め機構はすべて1自由度振動系に帰着し，その動特性はもっとも単純化すると，$F = A \sin \omega t$, $x = B \sin \omega t$, $x = x_0$, $x = x_0 u(t)$ なる入力に対する過渡応答または定常応答を求める問題となる．

5.3.3 位置決め特性の解析[24],[26],[27]

本項では，前項で述べた1自由度振動系における4種の入力応答を実際に計算し，その結果を用いて情報機器の設計指針を導出する．

(a) 正弦波外力に対する定常応答

図5.19(a)の振動系で，$x=0$, $F = A \sin \omega t$ とした場合の応答を求める．

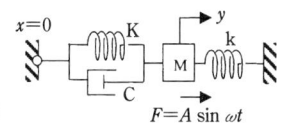

図 5.20　正弦波外力が加わる振動系

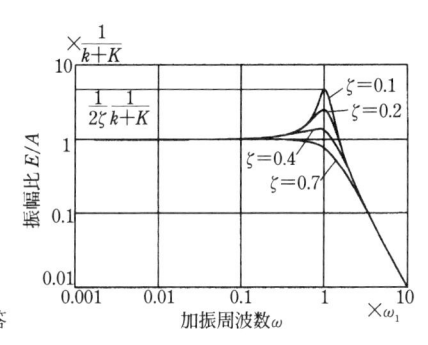

図 5.21　正弦波外力に対する定常応答

この系は，図 5.20 のモデルになる．

運動方程式は，次式である．

$$M\ddot{y} + C\dot{y} + (K+k)y = A\sin\omega t \tag{5.1}$$

定常状態での解（十分に時間が経過した状態での解）は次式となる．

$$y = E\sin(\omega t - \phi) \tag{5.2}$$

ただし

$$E = \frac{A}{M}\frac{1}{\sqrt{(\omega_1^2-\omega^2)^2 + 4\zeta^2\omega_1^2\omega^2}}, \ \tan\phi = \frac{2\zeta\omega_1\omega}{\omega_1^2-\omega^2}, \ \omega_1^2 = \frac{k+K}{M}, \ \zeta = \frac{C}{2M\omega_1}$$

いま問題にしているのは，外乱による変位であるので，外乱と応答の振幅比 E/A を ω に対してプロットすると図 5.21 となる．これより，振動系の設計指針を考察してみる．外乱による変位を低減する観点からは，E/A が小さいほどよい．これにはまず，共振振幅が小さいほどよく，ζ が大きいほど，すなわち C が大きいほどよい．つぎに一般に外乱力は低周波成分が大きいため，0 Hz 近傍の振幅（静的な変位）が小さいほどよく，これには $k+K$ が大きいほどよい．また共振周波数 ω_1 を高周波側に設定するほどよく，これには M が小さいほどよい．

(b) 目標値の正弦波振動に対する定常応答

図 5.19(a) の振動系で，$x = B\sin\omega t$，$F = 0$ とした場合の応答を求める．

この系は，図 5.22 のモデルになる．運動方程式は次式である．
$$M\ddot{y} + ky + K(y-x) + C(\dot{y}-\dot{x}) = 0 \tag{5.3}$$
最終的に欲しいのは y ではなく，偏差 $y-x$ であるので，
$$e = y - x \tag{5.4}$$
として y を e に変換する．定常状態での解 e は次式で与えられる．
$$e = E \sin(\omega t - \phi) \tag{5.5}$$
ただし，E，ω_2 は下記であり，ω_1，ζ，ϕ は(a)と同じである．
$$E = \frac{B(\omega^2 - \omega_2^2)}{\sqrt{(\omega^2 - \omega_1^2)^2 + 4\zeta^2 \omega_1^2 \omega^2}}, \quad \omega_2^2 = \frac{k}{M}$$

いま問題にしているのは，e の振幅であるので，x と e の振幅比 E/B と ω の関係をプロットしたものが図 5.23 である．$\omega=\omega_1$ において振幅最大となるのは図 5.21 と同じであるが，$\omega \to \infty$ では $|E/B| \to 1$ となっている．これは，慣性力は ω^2 に比例するため，入力周波数が高いと M が動きにくくなり（$y \to 0$ となり），$e \to -x$ となるためである．また，$\omega = \omega_2$ において $|E/B| = 0$ となり，追従誤差がゼロとなっている．これは M と k のみからなる系を考えると，$\omega = \omega_2$ は固有振動数のため，K と C の発生力ゼロ，すなわち x と y の相対変位ゼロでも，M は自由振動を行うためである．

最後に図 5.23 により，振動系の設計指針を考察する．偏差振幅を低減する観点からは，$|E/B|$ が小さいほどよい．これにはまず，共振振幅が小さいほどよく，ζ が大きいほど，すなわち C が大きいほどよい．つぎに一般にディスクなどの振動は低周波成分が大きく，0 Hz 近傍の振幅（静的な変位）が

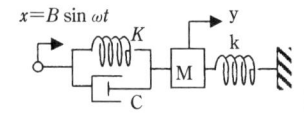

図 5.22 正弦波変位が加わる振動系

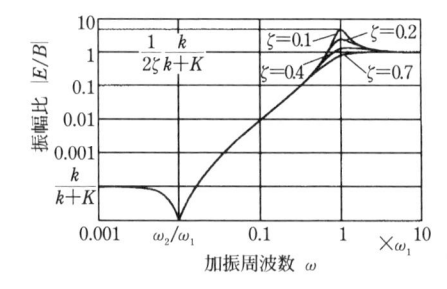

図 5.23 正弦波変位入力に対する定常応答

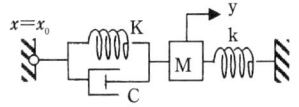

図5.24 目標値に初期偏差がある振動系

小さいほどよく，これにはKが大きくkが小さいほどよい．また共振周波数 ω_1 を高周波側に設定するほどよく，これにはMが小さいほどよい．

(c) 目標値の初期偏差に対する過渡応答

図5.19(a)で，$x=x_0$, $F=0$ とした場合の応答を求める．この系は，図5.24に示す，x が x_0 に固定されたモデルになる．ここでは過渡応答を扱うので，初期条件を考慮し，$t=0$ 近傍の状態を詳細に計算する必要がある．運動方程式は式 (5.3) と同じであり，$x=x_0$ を用いると，式 (5.6) を得る．また初期条件は式 (5.7) である．

$$M\ddot{y} + C\dot{y} + (K+k)y = Kx_0 \tag{5.6}$$

$$y(0) = \dot{y}(0) = 0 \tag{5.7}$$

上式を解くと，$\zeta<1$, $\zeta>1$ に応じて次式を得る．

$$y = y_0\left[1 - e^{-\zeta\omega_1 t}\left\{\cos\omega_d t + \frac{\zeta}{\sqrt{1-\zeta^2}}\sin\omega_d t\right\}\right] \quad (\zeta<1) \tag{5.8}$$

$$y = y_0\left[1 - e^{-\zeta\omega_1 t}\left\{\cosh\omega_h t + \frac{\zeta}{\sqrt{\zeta^2-1}}\sinh\omega_h t\right\}\right] \quad (\zeta>1) \tag{5.9}$$

$$\omega_d = \omega_1\sqrt{1-\zeta^2},\ \omega_k = \omega_i\sqrt{\zeta^2-1} \tag{5.10}$$

$\zeta<1$ のときは，y は振動的に振る舞うことがわかる．

以上の結果を図示したのが図5.25である．ζ によらず，y は $y_0=(K/K+k)x_0$ に漸近している．これは，静的に $x=x_0$ としたときの y の値である．また，横軸は $1/\omega_1$ に比例しており，ω_1 が大きいほど速く収束することがわかる．さらに ζ が大きいと y_0 に到達するのに時間がかかり，ζ が小さいと振動の減衰に時間がかかり，適当な ζ (0.7程度) でもっとも速く y_0 に収束することがわかる．以上より振動系の設計指針を考察してみる．最終偏差を低減する観点からは，y_0 が x_0 に近いほどよく，これには K が大きく k が小さいほどよい．つぎに，位置決め時間短縮のためには，ω_1 は大きいほどよく，これには M が小さく $K+k$ が大きいほどよい．さらに，収束を最適化するには，ζ は0.7程度がよく，$C(=2M\omega_1\zeta)$ には最適値が存在する．

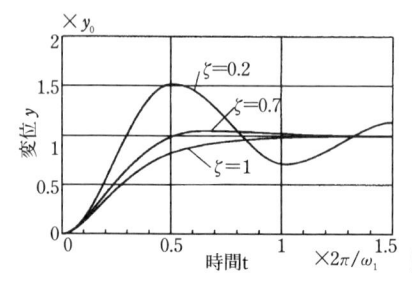

図 5.25　初期偏差に対する過渡応答

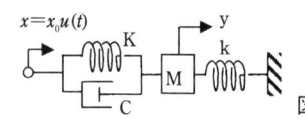

図 5.26　目標値がステップ移動する振動系

(d) 目標値のステップ移動に対する過渡応答

図 5.19(a)の振動系で，$x=x_0 u(t)$, $F=0$ とした場合の応答を求める．ここで u は単位ステップ関数である．この系は，図 5.26 のモデルになる．運動方程式は式 (5.11) であり，これに $x=x_0 u(t)$ および $du/dt=\delta(t)$ の関係を用いると式 (5.12) となる．

$$M\ddot{y}+C(\dot{y}-\dot{x})+K(y-x)+ky = 0 \qquad (5.11)$$
$$M\ddot{y}+C\dot{y}+(K+k)y = K x_0 u(t)+C x_0 \delta(t) \qquad (5.12)$$

上式を解くと，$\zeta<1$ の場合は式 (5.13) に，$\zeta>1$ の場合は式 (5.14) となる．

$$y = y_0\left[1-e^{-\zeta\omega_1 t}\left\{\cos \omega_d t+\frac{\zeta}{\sqrt{1-\zeta^2}}\left(1-\frac{2x_0}{y_0}\right)\sin \omega_d t\right\}\right] \quad (\zeta<1) \quad (5.13)$$

$$y = y_0\left[1-e^{-\zeta\omega_1 t}\left\{\mathrm{conh}\, \omega_h t+\frac{\zeta}{\sqrt{1-\zeta^2}}\left(1-\frac{2x_0}{y_0}\right)\sinh \omega_h t\right\}\right] \quad (\zeta>1) \quad (5.14)$$

$$\omega_d = \omega_1\sqrt{1-\zeta^2}, \; \omega_k = \omega_i\sqrt{\zeta^2-1} \qquad (5.15)$$

以上の結果を図示したのが図 5.27 である．図 5.25 と似ているが，初速度が正のためオーバーシュートが大きい．また ζ が大きいほど収束が速い．これは，C が大きいほど x と y の結合力が大きいため，x の移動の際には y がよく追従し，x の停止後には y に強い制動力が働くためである．M 小，K 大，k 小が望ましいことは前項と同じである．

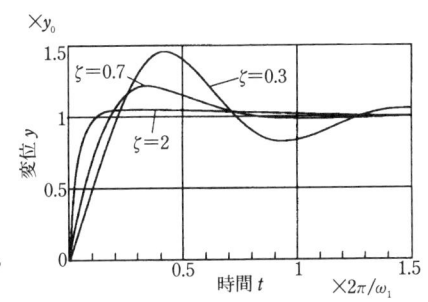

図 5.27 目標位置のステップ移動に対する過渡応答

5.3.4 まとめ

前項までに，定常外乱，目標値の定常振動，目標値の初期偏差，目標値のステップ移動に対して，振動系の動特性を考察した．これらをまとめて，位置決め誤差と位置決め時間をともに小さくする機構の設計法を考察してみる．定常外乱に対しては，M 小，C 大，K 大が必要であった．目標値の定常振動に対しては，M 小，C 大，K 大，k 小が必要であった．初期偏差に対しては，M 小，K 大，k 小であり，C は適正値が存在した．ステップ移動に対しては，M 小，K 大，k 小，C 大であった．以上から，M 小，K 大，k 小が結論される．C は条件により要求が一致しないが，通常の機構では ζ が小さく，なるべく C を大きくするほうが $\zeta=0.7$ に近づけられることが多い．これは，回路ノイズやスライダ面積の制約で ζ を大きくするのが難しいためである．すなわち C は大きいほどよい．

以上の条件を実際の情報機器に当てはめてみる．M が小さく K と C が大きいことは，アクティブな制御機構の場合，小さなアクチュエータで大きな力を発生することを意味する．また，パッシブな浮動スライダの場合，小さなスライダで大きな空気圧力を発生することを意味する．これらは背反する要求であり，その解決には高効率なアクチュエータやスライダの開発が必要となってくる．また k を小さくするには，特定方向の運動を自由にし，他の方向の運動は剛に拘束する支持ばねが必要である．これには微小な弾性部品の精密な加工・組立技術が必要である．つまるところ，これら機械部品，電子部品高性能化の研究が，情報機器高性能化の技術開発に他ならない．

以上，情報機器の位置決め技術について，力学的な観点から解説した．情報機器はメカトロニクスの最先端を走っており，その位置決めには種々の高

度な技術が用いられている．本節では，その本質をわかりやすく理解するため，もっとも単純な制御方式に限って説明した．光ディスク，磁気ディスク，ステッパにおける回転機構，位置合わせ機構，浮動スライダ，追従機構などが，すべて同一の1自由度振動モデルとなり，動特性は，定常外乱，目標値の定常振動，初期偏差，目標値のステップ移動の4入力に対する応答で整理できることを示した．

5.4 位置情報取得技術

5.4.1 人工環境における位置センシング

　人間が地球上において自分の位置を知る方法は，古くは星や太陽の見える方位と仰角および磁石を用いた航海法に始まり，近年では人工衛星を用いたGPS (Global Positioning System) により，手の中に収まる大きさの携帯機器を用いて地球上のどこにいても数mの誤差で位置を知ることのできるシステムにまで発展した．

　現代人の生活空間は，日常的なライフラインの整備に始まりエネルギー供給から情報ネットワークに至るまでさまざまなインフラが整備され，高度な技術によって支えられている人工的な環境となっている．このような人工環境における今後の情報サービスのキーワードの1つは"コンテキストアウェア (Context Aware)"である．これは位置，時間，周辺環境の情報から人の意図・行動・状況を推定し，その人にとって有益な情報を積極的に提示，あるいは環境を制御するという新しい情報サービスシステムの概念である．その中でとくに位置情報に基づく情報サービスを"Location Based Service"とよんでいる．従来は各個人の位置をシステム側が自動的に計測する，あるいは個人が自分自身の位置を地図や標識に頼らずに知る手段がなかったため，位置に基づく情報サービスという概念は存在しなかったが，現在では地球規模の全地球測位システム，携帯電話による測位，屋内においては電波や超音波によって個人の位置を計測する技術が存在する．

　無線や光を用いた測位の方式は図5.28に示すように3種類に大別できる．第1の方法は，移動する端末が固定された基地局と通信可能であれば，端末はその基地局の近傍（通信可能範囲）にいる，と判断する方式である．携帯

5.4 位置情報取得技術

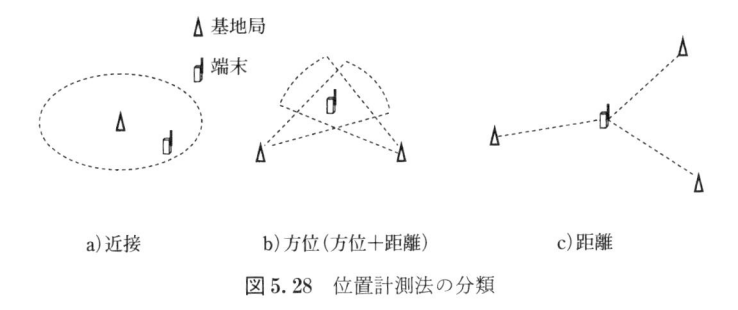

```
    △ 基地局
    ⌑ 端末
```

a) 近接   b) 方位 (方位＋距離)   c) 距離

図 5.28　位置計測法の分類

電話の単一基地局方式やRFID (Radio Frequency IDentification) による位置計測がこの方式に属する．第2の方法は基地局のアンテナが指向性をもつ場合であり，近接方式に比べて端末の存在範囲をさらに限定することができる．野生動物に装着した発信器と指向性のあるアンテナを用いた野生動物の追跡もこの方式に属する．第3の方法は電波の伝播時間あるいは電界強度から推定した基地局との距離を用いて端末の位置を求める方法である．GPS，携帯電話の測位，電波や超音波を用いた屋内の測位システムなどがこの方式に属する．

5.4.2 GPS

(1) 測位の原理

GPSは24個の人工衛星を用いた全地球範囲で利用可能な位置検出システムであり，日本語では全地球測位システムと訳されている．米国が軍事用として1970年代に開発に着手し，1993年に完成した．現在では自動車のナビゲーションをはじめとして民間利用も急速に進んでいる[36]．

GPSでは人工衛星からの「距離」を用いて位置を算出する．GPS衛星は上空約2万kmの円軌道を描いており，周期は11時間58分02秒（0.5恒星日）である．GPS衛星との相対距離はGPS衛星から送られてくる電波の伝播時間から求める．衛星の軌道は既知なので，理論的には3個の衛星からの距離を知ることができれば，電波を受信した時刻の各GPS衛星の位置を中心とし，衛星からの相対距離を半径とする3つの球の交点として受信機の位置が決定できる．理論的には2つの解が存在するが，一方ははるか上空の宇宙空間の点となるので地上付近の解は唯一に決定できる．

図 5.29 GPS 測位の原理

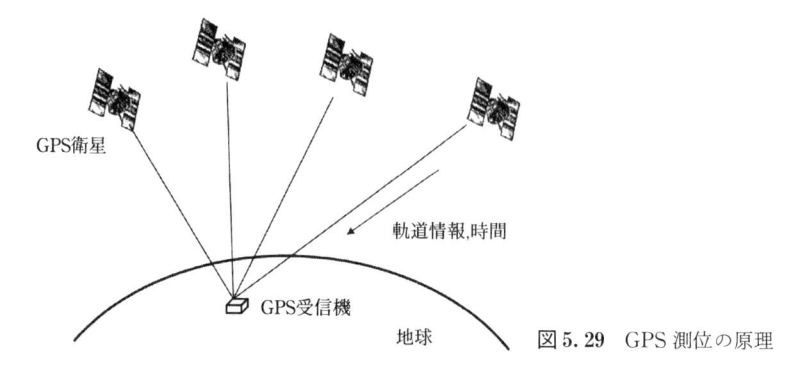

伝播時間を求めるためには地上の GPS 受信機の時計が衛星に搭載された原子時計と正確に同期している必要があるが，高価な原子時計を持ち歩くことは現実的ではない．そこで図 5.29 に示すように 4 個の衛星からの到達時刻を計測し，受信機の時計の誤差を未知数として，空間座標の 3 個の未知数に時間の誤差を未知数として加えた 4 元連立方程式を逐次近似法により解いて受信機の位置座標を求めている．受信機が最初に計測した伝播時間から求められる距離は時間の誤差を含んでいるので「疑似距離」とよばれている．測定精度は 2005 年現在，単独測位で約 10 m，電波の位相まで計測する測量用の測位法で数 cm である．

(2) GPS 衛星から送信される信号

衛星から送られてくる電波の搬送波周波数は L1 帯（1.57542 GHz）と L2 帯（1.2276 GHz）の 2 つである．一般の測位には L1 帯のみが用いられ，L2 帯はより精度を必要とする測量および軍事目的に使用される．送られてくるデータは，時刻補正，その衛星の軌道情報，他の衛星の軌道情報，電離層補正係数などであり，時間にして約 30 秒に相当する．

測位は衛星の軌道情報などに基づいた数々の補正計算が必要であり，GPS 受信機の電源を入れた直後の最初の測位においては軌道情報の取得や衛星を同定してから最初の位置が求められるまでの時間（TTFF: Time To First Fix）が数分に及ぶことがある．しかし一度位置が確定すれば，地上の位置と時刻から捕捉可能な GPS 衛星を予知できるので 4 個以上の GPS 衛星を継続して捕捉できれば，約 1 秒間隔で測位データの更新が可能である．

(3) 誤差要因

GPSの信号処理と計算法は複雑であり，GPS機器を使用するうえでそれらの詳細を理解する必要はないが，測位誤差の要因は理解しておく必要がある．主な誤差要因は以下のとおりである[37]．

(a) 雑音

雑音としては宇宙の雑音電波，対流圏の熱雑音，アンテナとケーブルからの熱雑音，受信機の増幅器の雑音が存在する．電波が伝わってくる媒体である宇宙空間と大気中の熱雑音や電波は原理的に避けることができないが，アンテナや受信機の雑音は技術によって対処することがある程度可能である．

(b) 遮蔽，反射，マルチパス

山間部の谷間や建造物の多い都市空間では衛星からの電波が遮蔽され，測位に必要な4個の衛星をとらえられない場合がある．また建造物等による反射によって衛星から直接届く電波と反射や回折を経て届く電波との干渉が起き，精度が低下する（マルチパス）．

(c) 電離層や対流圏による信号遅延の影響

電離層による信号遅延は非線形であり，測位に用いる信号の周波数や位相に対しての影響が一律でない．一方，対流圏による信号遅延は大気中の水蒸気等による電波の伝播速度の変化だけである．電離層と対流圏による信号遅延は同じ地域に存在する受信機に対しては共通に作用するので，測位する地域に設置された固定局で受信した信号からその地域におけるその時刻の信号遅延を計測し，その情報をGPS受信機に無線で送ることにより誤差の補正が可能である．この誤差補正の方式をDGPS (Differential GPS) という．

(d) GPS衛星の軌道情報の誤差

GPS衛星の軌道情報は約2時間ごとに更新されているが，すべての衛星の軌道情報が同時に更新されるわけではないので，測位に用いる衛星の軌道情報の精度にばらつきが生じる．

(e) 受信機による到達時刻計測の誤差

この誤差は他の誤差要因に比べれば影響は小さい．

(f) 逐次近似計算の残留誤差

この誤差は他の誤差要因に比べれば影響は小さい．

(g) GDOP (Geometrical Dilution Of Precision)

GDOP は測位に用いる衛星の幾何学的な配置に依存する精度低下のことを指す．仰角の大きい衛星は大気中の行路が短くマルチパスの影響も小さいが，仰角の大きい衛星だけを用いると簡単な幾何学的な関係から地上の水平位置の精度は低下する．一方，仰角の低い衛星から届く電波は大気中の行路が長く，反射によるマルチパスの問題も起こりやすい．したがって，とらえることのできる衛星の中から，測位に適した衛星を選ぶ必要がある．

(h) S/A (Selective Availability)

S/A は米国が GPS の民間利用に対して精度を制限するために意図的に加えていた誤差であり，誤差を取り除く解読コードが必要であった．しかし，2001 年の 5 月にこの制限が解除され，民間利用の単独測位でも条件がよければ 10 m 程度の精度で測位が可能となった．

(4) DGPS

DGPS は位置がわかっている参照地点と，未知の地点でほぼ同時に測位を行い，共通誤差を打ち消すことによって精度を上げる手法である．打ち消すことのできる誤差は，伝送路（電離層・大気）の誤差と軌道情報であり，それ以外の誤差要因，たとえば個々の受信機の到達時刻計測の誤差は打ち消すことができない．

DGPS による誤差補正は，計算した座標値（位置）と既知の位置情報との誤差を用いて補正する簡易 DGPS と，疑似距離誤差を用いて計算する方法がある．疑似距離を用いる方法は測位計算に遡って補正計算をするので，その機能を備えた受信機でなければ利用できない．簡易 DGPS の場合でも，参照地点と未知の地点でほぼ同時に計測し，かつ参照地点と同じ衛星の組み合わせを用いていれば誤差を数 m にまで高めることが可能である．同時計測の条件はそれほど厳しいものではなく，数秒以内であれば問題ない．

衛星の組み合わせに関する条件は，一般の単独測位用受信機を用いて簡易 DGPS を行う場合にとくに問題となる．個々の受信機は，それがとらえた衛星のなかから測位計算に最適な組み合わせを選ぶが，それが参照地点に置かれた受信機が選んだ組み合わせと同じになるとは限らない．ほぼ同じ地域であっても，アンテナの向きや周囲の地形などによってとらえられる衛星が異なってくる．異なる組み合わせを用いた測位結果を用いると，誤差の打ち消し効果がなくなってしまう．疑似距離誤差を用いた DGPS の場合は，未知

地点の受信機が選んだ衛星の擬似距離誤差を用いるので問題はない．

　衛星の軌道情報は約 2 時間ごとに更新され，しかも全衛星が一斉に更新されるわけではない．各受信機がどのようなタイミングで軌道情報を更新するかは一般に外部から知ることはできないので，参照地点の軌道情報を用いて測位計算をする，という機能をもつ受信機でなければ軌道情報の食い違いは避けられない．

　S/A が 2001 年に解除されたことにより単独測位の精度が上がったこともあり，簡易 DGPS の効果は今日では薄れてきた．

　DGPS に必要な情報は，これまで FM 放送の電波を用いて一部の位置情報サービス会社が提供していたが，現在では国土地理院が日本全国数十ヵ所の基準点データをインターネット上で公開している．

5.4.3 携帯電話を対象とした測位システム

(1) 単一基地局方式

　携帯電話の基地局は数百 m〜数 km 間隔で設置されているので，交信している基地局の通信範囲内の携帯電話の位置として，基地局の位置を代表値として用いることができ，この方式を単一基地局方式という．基地局のアンテナが特定の方位に指向性をもつ場合は携帯電話が存在する範囲をさらに限定することができる．この方式による測位の精度は基地局の設置間隔と同程度であり，都市部のように基地局の設置密度が高い地域ほどよい．ただし交信している基地局が距離的にもっとも近い基地局とは限らないので，基地局の設置間隔以上の誤差を生ずる場合も起こる．

(2) 電界強度を利用する方法

　電界強度が基地局からの距離に従って減少する性質を利用すると，基地局からの距離を推定することができる．電界強度は受信信号強度（RSSI：Received Signal Strength Indication）として得ることができる．2 つの基地局からの距離情報が得られれば基地局を中心に推定した距離を半径とする 2 つの円の交点として端末の位置の候補が 2 ヵ所得られ，さらに 3 つ目の基地局の電界強度情報を用いれば平面内の位置を唯一に特定できる．距離に対する電界強度の減衰特性はビルなどの建造物の反射や回折の影響を大きく受けるので，実際には 3 つ以上の基地局の電界強度情報と適当な評価関数を用

いて位置推定誤差が最小となる位置を推定している．電界強度を利用する方式の測位精度の目安はおおよそ基地局の設置間隔である．

現在（2005年現在），日本国内においてはPHS（Personal Handy-phone System）を運用する通信会社がこの方式の位置情報サービスを提供しており，位置情報サービス専用の端末も用意されている．PHSは他の携帯電話の方式に比べて電波出力が小さく，一般の携帯電話の通信可能距離が数kmであるのに対しPHSの通信可能距離は数百mであるため基地局の分布密度が高い．そのため電界強度を用いた測位によっても100〜200m程度の精度が得られている．

(3) A-GPS（Assisted GPS）

GPSの測位においてはきわめて微弱なGPS衛星の電波を捕捉するために，衛星ごとに設定されているコード情報に基づいて受信信号との相互相関の時間平均を取ることによって高いSN比を実現している．そのため，GPS受信機の電源を入れてから最初の位置情報が得られるまでの時間は数分に及ぶことがある．この時間の遅れは個人の位置情報の利用や緊急時の位置情報の送信には適さない．受信機の位置がおおよそわかっていれば，その場所と時刻において見えるはずのGPS衛星がわかるので衛星の電波の捕捉に要する時間を大幅に短縮することが可能となる．GPS受信機を内蔵した携帯電話に対しては，その端末が交信している基地局が設置されている場所におけるGPS衛星の軌道情報（エフェメリス）を携帯電話に送信することにより計測時間の短縮，測位精度の向上，受信感度の向上を実現している．この方式をA-GPSという（図5.30）．

さらに基地局からの電波の到達時間の差（TDOA: Time Difference Of Arrival）を併用し，GPS衛星の電波が届かない屋内における測位機能を補完する方式も存在する．

(4) EOTD（Enhanced Observed Time Difference）

携帯電話から複数の基地局へ送信する電波の到達時間の差を用いて端末の位置を計測する方法で，主としてヨーロッパとアメリカで利用されている．GPS衛星に頼らずに携帯電話網だけで測位できる利点があるが，A-GPSに比べて基地局側と端末側の双方に新たに必要なハードウェアとソフトウェアが多い．

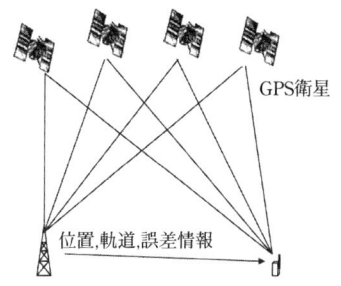

図 5.30　A-GPS（Assisted GPS）の原理　　基地局　　　　GPS内蔵携帯電話

5.4.4 電波による屋内位置探査

(1) 電波の伝播時間計測に基づく屋内位置計測

電波の伝播時間から求めた距離を用いて位置を計測する方式において，伝播時間の絶対値を用いる場合は TOA（Time Of Arrival），複数の伝播時間の時間差を用いる場合を TDOA（Time Difference Of Arrival）とよんでいる．ここでは無線 LAN のシステムによる電波の伝播時間を利用した位置計測システムの一例を概説する．無線 LAN を用いることの利点は，もともとデータ通信用に用いられているので，位置計測のために特別なハードウェアを用意する必要がないことである．

システム側から測位の要求があると，屋内に設置した基地局からユーザが持ち歩く端末へ送信し，端末においては受信後ただちに基地局へ電波を送り返す．端末側における受信から送信するまでの処理時間が一定であれば，基地局側で計測した往復時間の増減は距離に比例する．GPS では受信機が衛星の電波を受信する一方向の通信のみであるが，無線 LAN では双方向通信が可能なため，電波の往復による伝播時間の計測が可能になっている．電波の到達時刻は無線 LAN で用いられているスペクトラム拡散変調された信号を復調する過程から抽出される．

測位においては複数の基地局の1つがマスター局となり，マスター局から複数のスレーブ局へ時計の同期信号を送り，各スレーブ局においても移動局とのあいだの電波の往復時間計測を行っている．電波の往復時間以外の処理時間は事前に正確に計測しておけば電波の伝播時間が求められるので3つの固定局があれば平面上の移動局の位置を唯一に求められるが，送受信機器の

仕様変更等に柔軟に適応するため，GPS の場合と同様に共通の時間差を未知数として 4 つ以上の基地局を用いて TDOA 方式を採用している．測位精度は，もっとも好条件の障害物のない開放された室内で約 1 m である．机や椅子などが置かれた現実的な環境では壁や天井の反射，什器による回折波との干渉により時間計測の誤差が大きくなり，測位精度は 2〜4 m 程度となる．

(2) 電界強度に基づく屋内位置計測

屋外の携帯電話や PHS の電界強度が数百 m〜数 km の距離に対する電界強度の変化を利用しているのに対し，屋内においては数 m〜数十 m の距離に対する電界強度の変化から距離を推定し，端末の位置を計測する．用いられる周波数は無線 LAN や Bluetooth の 2.45 GHz 帯，特定小電力無線の 400 MHz 帯，微弱無線の 300 MHz 帯が多い．

周囲にまったく障害物のない 3 次元空間においては受信信号のパワーは理論的には次式に示すように距離の 2 乗に反比例することが知られている．

$$P_r = \frac{\lambda^2 P_t G_r G_t}{(4\pi d)^2} \tag{5.16}$$

ここで P_r[W] は受信信号パワー，P_t[W] は送信信号パワー，d は送受信機間距離，λ は電波の波長，G_t は送信アンテナゲイン，G_r は受信アンテナゲインである．この式が適用できるのは $d > \lambda/2\pi$ の範囲とされているが，実用的には数波長以上の距離から安定した減衰特性を示す．アンテナゲインは理想的にマッチングのとれたアンテナの場合は 1 となる．しかしアンテナには指向性があり，また実際に用いるアンテナのアンテナゲインのデータは公表されていない場合も多いので，式 (5.16) を用いて受信信号パワーを定量的に求めることは難しい．

地面や床が存在する場合は，地面や床からの反射波との干渉が生じ，減衰が大きくなり，距離の約 4 乗に反比例するといわれている．しかし，現実の環境は机，椅子，キャビネット，棚などが存在し，形状も材料もさまざまであるため，反射，吸収，回折が複雑に影響する．物が少ない比較的オープンな空間では受信信号パワーは距離の 2〜3 乗に反比例し，机や棚などの多い環境では 3〜4 乗に反比例する．

図 5.31 は情報機器用の近距離無線通信に使われる Bluetooth の通信モジュールを用いて計測した伝播減衰の例である．計測環境は机や椅子のない，

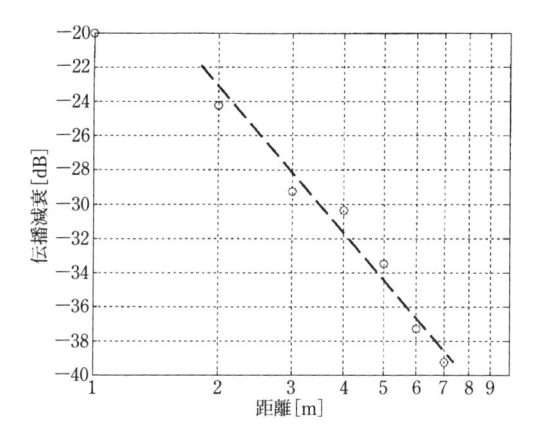

図 5.31 室内における Bluetooth 電波の減衰特性の例

比較的オープンな室内である．伝播減衰は距離の約 2.5 乗に反比例していることがわかる．床からの反射は一般に電波を弱める方向に作用するとされているが，実際には廊下のような空間では床や天井からの反射との干渉が逆に強め合うこともあり，計算値より減衰が小さくなる場合も起こる．図 5.32 は PHS と同じ 1.9 GHz の周波数を用いているコードレスホンを用いて，オフィスビルの廊下で伝播減衰を測定した結果である．最初の 3 m くらいまでは距離の増加とともに減衰しているが，それ以後は減衰の度合いが小さくなり，遠くまで届いていることがわかる．

　無線受信機における受信信号の強さ RSSI はアナログ電圧または数値として知ることができる．一般的な RSSI の用途は，1) 無信号時に復調を停止するスケルチ機能，2) 電界強度に応じて受信感度を制御する AGC (Automatic Gain Control) 機能，3) 送信側への受信信号強度のフィードバックによる送信電力制御などであり，電界強度を利用して距離を推定することを目的としてはいない．たとえば Bluetooth の標準仕様では，受信機が安定して動作する電界強度を -60 dBm から -40 dBm と規定しており，この範囲を Golden Receive Power Range と称している．標準的な Bluetooth モジュールにおいては，電界強度がこの範囲内にある場合は RSSI 値として 0 dBm を出力し，範囲外の場合は上限または下限との差を RSSI 値として出力する．したがって Bluetooth の RSSI 値を用いて距離計測を行う場合は，RSSI 値

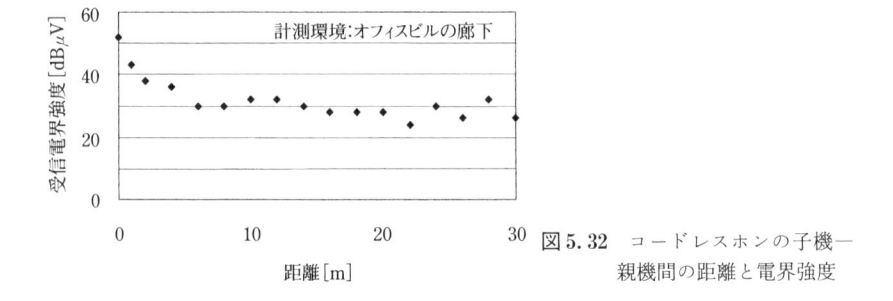

図 5.32 コードレスホンの子機―親機間の距離と電界強度

の絶対値を出力する機能をもつモジュールを選定する必要がある．

5.4.5 超音波を用いた屋内位置計測

(1) 超音波による距離計測

空気中の音波の伝播速度（340 m/s）は電磁波の伝播速度（30万 km/s）の約100万分の1であり，伝播時間の計測ははるかに容易である．そのため空間距離を測る手段として，産業界においてはタンク内の液面・粉体レベル計，移動ロボットの障害物検出などに利用されている．

音波の到達時刻計測は，AGC によって受信信号振幅を安定させた後，適当な閾値を設定して検出するのがもっとも簡単な方法であり，分解能は約1波長である．使用する周波数を上げて波長を短くすれば分解能は上がるが，空気の物理的な性質により周波数が高くなるほど減衰が大きくなり，到達距離が短くなる．普通の屋内環境で使用できる音波の周波数の上限は1 MHz 程度である．屋内の距離計測でよく用いられる周波数は 40 kHz～200 kHz である．空中の超音波としてよく用いられる 40 kHz の音波の波長は 8.5 mm であり，距離計測の精度は 1～2 cm である．

音波の位相検出，あるいは帯域の広いバースト波を用いたパルス圧縮などの手法により到達時間計測の分解能を高めることは可能である．しかし，空中の音波の伝播速度は温度や湿度によって変化し，また風の影響も無視できないので，温湿度変化による音速補正等を行ったとしても実用上の精度の限界は測定距離の 0.1%（1 m に対して 1 mm）程度である．

(2) 超音波による屋内位置計測

図 5.33 に超音波による屋内位置計測の概念図を示す．複数の超音波送

(受) 信機を天井などに設置し，移動する人間も受 (送) 信機を携帯する．送信は移動端末側からでも固定側からでもよい．

移動する端末側から超音波を送信する場合は，天井に配置された複数の受信器で音波を受信して到達時刻を計測し，複数の距離から発信器の位置を計算する．空中の超音波による距離計測の精度が 1〜2 cm なので，測位精度は数 cm である．超音波は電波より遮蔽の影響が大きいので，天井のように送受信機間の見通しのよい場所に受信機を設置する必要がある．到達時刻の計測における時間の同期は，音波を送信するのと同時に電波または赤外線でトリガ信号を送ればよい．音波の伝播速度は電波や赤外線に比べてはるかに遅いので，トリガ信号到達時刻はすべての受信機に対して同時とみなすことができる．移動端末側を受信機とする場合は送信機を特定する ID 情報が必要となるが，超音波を変調して情報を載せることは効率が悪いので，送信側から送る電波または赤外線のトリガ信号に送信機の ID 情報を載せて送信する．

空気中に存在する固体表面は音波にとってきわめてよい反射体であり，机やキャビネット，パーティション等が存在するオフィス環境では，反射によるマルチパスの問題が起こる．しかし超音波による距離計測に用いられるパルスの長さは空間長にして数 cm〜数十 cm 程度であり，反射による複数の信号の干渉はそれほど問題ではない．発信を 1 つの発信器に限定して最初に到達したパルスのみを計測に用いる方法を適用すればマルチパスの問題はかなり回避できる．音波を用いる場合のもう 1 つの問題は，送信・受信のトランスデューサが露出していなければならないことであり，電波の場合のように端末を衣服のポケット等へ入れることができない．これは実用上の制約となる．

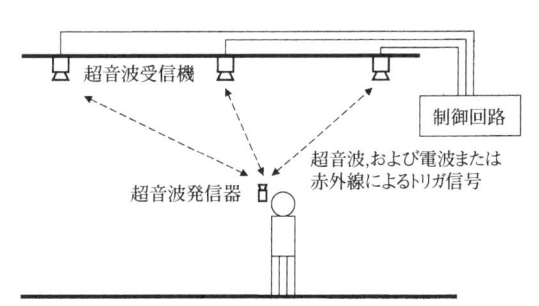

図 5.33　超音波による屋内位置計測の原理

5.4.6 RFID

(1) RFID とは

RFID とは，非接触でデータの読み書きができる小型のデータキャリアを用いた情報システムの一般的な名称である．データキャリアは RF タグ，IC タグ，無線タグなど，複数の呼び方がある．今日では非接触式のカード（定期券，身分証明書等），物流管理，家畜の管理，スキーリフトやマラソン選手の通過管理，など多方面で利用されており，今後，急速な利用の拡大が予想されている．RFID の主たる機能は電源をもたずに非接触でデータの読み書きができることであるが，送受信機との通信可能距離が数 cm〜1 m 程度であることを利用すれば，オフィス，工場，駅構内，博物館などにおいて位置情報を得る手段としても利用できるので，位置情報サービスの重要なツールの1つとなる．

万引き防止に使われる電子式盗難防止装置（EAS：Electronic Article Surveillance）のタグは，検出原理は RFID と共通する部分があるが，扱える情報がタグの有無だけ（1 ビット）であり，さらにデータの書き込み機能ももたないため RFID とは区別されている．

RF タグの多くは電池をもたず，データの読み書きをするリーダー側から電磁誘導または電波の受信により電力の供給を受けるパッシブ型である．電池を内蔵するアクティブ型は検出距離が長い（〜10 m）という特徴があるが，電池交換を 3〜5 年に一度行う必要がある．

(2) RFID システムの基本構成

RFID の基本構成を図 5.34 に示す．リーダー側も RF タグ側もアンテナ（コイル），変調回路，復調回路をもち，さらに RF タグ側は受信した信号から回路を駆動する直流電圧を取り出す整流回路をもつ．RF タグに使用される周波数は，日本国内では 135 kHz 以下の長波，13.56 MHz の短波，および 2.45 GHz のマイクロ波の 3 種類，欧米ではさらに 860〜930 MHz の UHF 帯が用いられている．長波と短波の場合はリーダーと RF タグ側の双方にコイルをもつ電磁誘導結合型であり，いわゆるトランスと同じ原理である．UHF とマイクロ波を用いた RF タグは電磁波としての結合を利用する．

(3) データの送信と受信

RF タグは電磁誘導や電磁波で供給されたわずかな電力を用いて回路を駆

5.4 位置情報取得技術

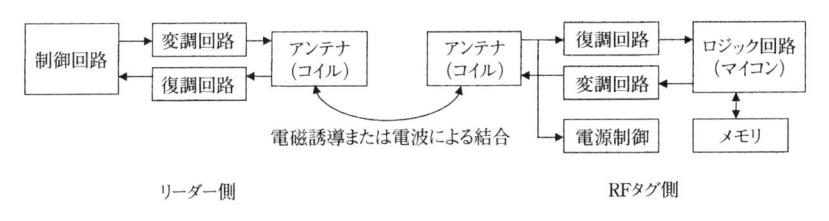

図 5.34 RF タグの構成

動するので,RF タグ側からリーダーへのデータ送信は特殊な方法で行われる.

　誘導結合型の場合は RF タグ側の受信コイルとコンデンサにより共振回路が構成されている.リーダー側のコイルを駆動する交流電流を RF タグ側の共振周波数前後の周波数で変化させると,共振周波数において受信コイルを流れる電流が増加し,それに伴って送信コイルから RF タグの共振回路への電気エネルギの伝達が大きくなり,リーダー側のコイルに流れる電流が増加する.RF タグ側ではデータの 0 と 1 に対応して共振回路の接続と切断をスイッチによって切り替えると,リーダー側のコイルに流れる電流をデータに対応して変化させることができる.この電流変化を検出することによってRF タグのデータを読み出すことができる.

　ただし観測される電流の変化は送信電流に比べて 10 万分の 1 程度の小さな変化であり,電流または電圧の変化として,そのまま検出することは困難である.そこで RF タグ側では送信周波数 f_r より低く,データのビットレートより高い周波数 f_s で共振回路を切り替える.するとリーダー側の駆動回路には $f_r \pm f_s$ の 2 つの周波数が現れる.この周波数を検出することによりRF タグのデータを復調することができる.たとえば f_r=13.56 MHz に対しては f_s=212 kHz が用いられ,RF タグのデータビットに対応して13.348 MHz と 13.772 Hz の周波数の信号が現れるので,バンドパスフィルタにより送信周波数と分離してデータを取り出すことができる.

　電磁波型の場合は RF タグのアンテナに可変容量ダイオードを接続しておき,ダイオードの非線形特性により受信した周波数の高調波（主として 2 倍の周波数）が発生して RF タグのアンテナから送信されることを利用する.RF タグ側ではデータに対応してダイオードの接続を切り替えることにより

高調波の発生を制御する．リーダー側では高調波の発生を検出することにより RF タグのデータの読み出しを行う．

(4) 測位手段としての RFID

リーダーに RF タグが近接したことは数 cm〜1 m 程度の距離で検出できるので特定の位置に接近したことを検出する手段として利用できる．たとえば博物館の展示品の近傍にリーダーを設置すれば，RF タグを携帯した人が近づくと説明文を表示する，あるいは音声を流すというサービスが可能となる．オフィスや工場の装置にリーダーを設置し，作業員が RF タグを携帯すれば作業分析や工程管理に利用できる．測位手段として RFID を利用する場合，小型でコストの安い RF タグを環境中に配置するほうが簡単であるが，消費電力の大きいリーダーを持ち歩く人間が不便であり，研究的な用途以外では要所要所にリーダーを設置し，人間が RF タグを携帯するほうが現実的である．

参考文献
[1] たとえば大津元一，ナノ・フォトニクス，米田出版 (1999)．
[2] 大久保俊文，トライボロジスト，**47**(3) (2002) 掲載予定．
[3] 加藤健二ほか，平成 14 年春季応用物理学会講演会予稿集 (2002) 掲載予定．
[4] Bining, G. et al., Phys. Rev. Lett., **49**, 57 (1982).
[5] Bining, G. et al., Phys. Rev. Lett., **59**, 930 (1986).
[6] Eiglar, D. M. et al. Nature, **344**, 524 (1990).
[7] Hosoki, S. et al., Appl. Surf. Sci., **60**(61), 643 (1992).
[8] Mamin, H. J. et al., J. Vac. Sci. Technol., **B9**-2, 1398 (1991).
[9] Hosaka, S. et al., J. Vac. Sci. Technol., **B15**-4, 788 (1997).
[10] Phol, D. W., IBM J. Res. Dedelop., **39**-6, 701 (1995).
[11] Yamamoto, R. et al., Jpn. J. Appl. Phys., **33**(1-10), 5829 (1994).
[12] Kado, H. et al., Appl. Phys. Lett., **66**(22), 2961 (1995).
[13] Yano, K. et al., J. Vac. Sci. Technol., **B14** (2), 1353 (1996).
[14] Barrett, R. C. et al., J. Appl. Phys., **70**(5), 2725 (1991).
[15] Betzig, E. et al., Appl. Phys. Lett., **61**, 643 (1992).
[16] Ohkubo, T. et al., IEEE Trans. Magn. **27**, 5286 (1991).
[17] Yoshikawa, H. et al., Opt. Lett., **25**, 67 (2000).
[18] Thoda, T. et al., National Tech. Rep., **41**(6), 629 (1995).
[19] Kato, K. et al., Tech. Digest of "International Symposium on Optical Memory 2000", 188 (2000).

[20] Goto, K. et al., Tech. Digest CLEO/Pacific Rim 2001, **II**, 540 (2001).
[21] 楠本修ほか, 表面科学, **18**(4), 30 (1997).
[22] 小野京右・多川則男・中山正之・市原順一・吉村茂, 記憶と記録, オーム社 (1995).
[23] 保坂寛, 情報機器位置決め機構の力学 (1), マイクロメカトロニクス, **44**(1), pp. 80-91 (2000).
[24] 板生清・保坂寛・片桐祥雅, 光マイクロメカトロニクス, 共立出版 (1999).
[25] 保坂寛, 情報機器位置決め機構の力学 (2), マイクロメカトロニクス, **44**(2), pp. 77-82 (2000).
[26] 保坂寛, 情報機器位置決め機構の力学 (3), マイクロメカトロニクス, **44**(3), pp. 56-63 (2000).
[27] 保坂寛, 情報機器位置決め機構の力学 (4), マイクロメカトロニクス, **44**(4), pp. 77-85 (2000).
[28] 大津元一・河田聡編, 近接場ナノフォトニクスハンドブック, オプトロニクス社 (1997).
[29] Iino, A., Kotanagi, S., Suzuki, M., Kasuga, M., Development of Ultrasonic Micro-Motor and Application to Vibration Alann Analogue Quartz Watch, *Advances in Information Storage Systems*, **10**, pp. 263-273 (1999).
[30] 佐藤誠・下川房男・稲垣秀一郎・西田安秀, 毛管現象を用いた交差導波路型マイクロ光スイッチの開発, *NTT R & D*, **48** (1), pp. 9-14 (1999).
[31] Hosaka, H. and Itao, K., Theoretical and Experimental Study on Airflow Damping of Vibrational Microcantilevers, Trans. ASME, *J. Vibration and Acoustics*, **121**, pp. 64-69 (1999).
[32] Lazan, B. J., *Damping of Materials and Members in Structural Mechanics*, Pergamon Press, New York (1968).
[33] 神保泰雄・板生清, 片持梁振動子の支持点損失, 日本時計学会誌, **47**, pp. 1-15 (1968).
[34] 保坂寛・板生清, 振動減衰のマイクロダイナミクス, 精密工学会誌, **6**(2), pp. 225-229 (1994).
[35] 鈴木哲也・保坂寛・板生清, マイクロメカニズムにおけるしゅう動位置決め法の研究, 精密工学会誌, **64**(2), pp. 226-230 (1998).
[36] B. Hofmann-Wellenhof, H. Lichtenegger, and J. Collins, *GPS Theory and Practice*, Fifth revised edition, Springer Wien New York (2001).
[37] 改訂版 GPS, 日本測地学会編 (日本測量協会), (1989).

第3部　産業社会と人工環境

第6章

廃棄物環境科学——21世紀型安心の科学：モノの最終廃棄と人の共生

6.1 廃棄物最終処分の特徴

廃棄物は，一般の廃棄物と放射性廃棄物に分類され，異なった法体系に基づいて最終処分される．すなわち，一般の廃棄物の最終処分は「廃棄物の処理及び清掃に関する法律」を中心とした法令に，また放射性廃棄物の最終処分は「核原料物質，核燃料物質及び原子炉の規制に関する法律」ならびに「特定放射性廃棄物の最終処分に関する法律」を中心とした法令に従うことになる．図6.1に，放射性廃棄物，ならびに「廃棄物の処理及び清掃に関する法律」に基づく廃棄物の分類を示す．建設残土や浚渫土砂は廃棄物ではないことがわかる．また，一般廃棄物と産業廃棄物のなかでとくに留意を要するものを特別管理廃棄物と定め，特別管理一般廃棄物および特別管理産業廃棄物としている．

一般廃棄物は，日本全体で約5161万 t（2002年）が排出され，直接焼却（約78.4%）されるなどし，約903万 t（2002年）が最終処分された．産業廃棄物の排出量は，年間約3億9300万 t であり，各家庭が似たような組成のごみを出す一般廃棄物とは異なり，各事業者がその事業活動に対応したごみを出すという特徴がある．産業廃棄物では約46%（2002年）が再生利用され，約4000万 t（2002年）が最終処分された．産業廃棄物の種類は，汚泥，動物のふん尿，建設廃材が多く，この3種類で約80%を占める（2002年）[1],[2]．廃棄物処理法の適用を受ける廃棄物の最終処分には，海洋処分と埋め立て処分があるが，ロンドン条約によって海洋処分が事実上不可能であることから，埋め立て処分されることになる．

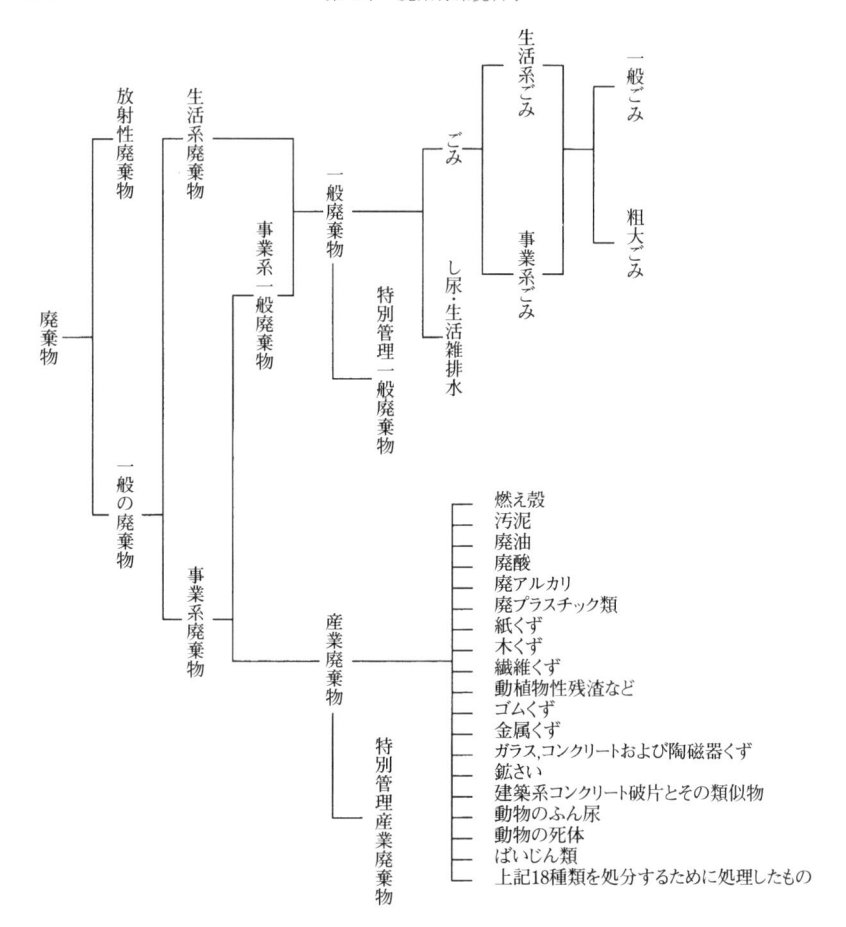

図 6.1 放射性廃棄物,ならびに「廃棄物の処理及び清掃に関する法律」による廃棄物の分類

　放射性廃棄物に関しては,日本では原子力発電所から発生した低レベル放射性廃棄物の埋設が青森県六ヶ所村で進められ,使用済み核燃料から発生する高レベル放射性廃棄物など,その他の廃棄物の最終処分方法に関しては現在さまざまな観点から検討が行われているところである.なお諸外国の現状としては,高レベル放射性廃棄物の処分に関して,アメリカ合衆国では核兵器製造プロセスから発生した廃棄物の処分が行われ,またフィンランドでは最終処分に向けての政府の原則決定が議会で承認される(2001年)などの動きがある.

廃棄物の問題には，発生から収集，処理，循環・リサイクル・リユース，最終処分までのプロセスと，行政の問題や住民自治のあり方など幅広い問題が含まれる．また放射性廃棄物処分では，核拡散問題やテロの問題をはじめとする国際政治との関係も考慮されなければならない．一般・産業廃棄物ならびに放射性廃棄物についてはともに，廃棄物処理や循環・リサイクル・リユースに関する技術論や行政学・社会学的観点からの考察が多くの成書となっている．また，最終処分の方法論と社会的合意形成に関する考察も多い．しかし，最終処分された後の廃棄物はどうなるのか．期待どおり隔離されたままなのだろうか．廃棄したモノによって10年後，100年後のわれわれの子供たちや孫たちの健康は本当に脅かされないですむのであろうか．本章では，この最終処分とその後に着目する．

「ゼロエミッション」というスローガンをよく耳にする．本当に可能なのだろうか．化学熱力学は，このスローガンが科学的にはまったくの誤りであることを明快に断じている．

便利な電気，その35%は原子力発電によってまかなわれている一方，「トイレなきマンション」という言葉にあるように，廃棄物処分の視点から原子力利用に慎重な意見も多い．しかし現実には，周囲の国々と電力網ならびに天然ガスパイプライン網がつながり，キリスト教という共通で，ある意味では絶対的な価値観を共有し，そして政治的にも経済的にも成熟しているEU諸国とは異なり，エネルギー資源を有しない日本がエネルギーセキュリティを確保するためには，再生エネルギーとしての太陽光発電（ライフサイクルでみた場合，電力発電量当たりのCO_2発生量は原子力発電よりも多く，しかも一般的な火力発電所や原子力発電所相当の100万kWの発電には東京山手線内2個分の面積が必要である）や，騒音・景観問題を有する風力発電，社会的インフラの整備と安全取り扱い技術の成熟を要する水素エネルギーには，当面は頼ることはできず，原子力発電に依存しなければならない．このためにも放射性廃棄物処分問題の解決が必須である．産業廃棄物はどうであろうか．その多くは適法に最終処分されているが，なかには香川県豊島などの例もある[3]．また，リサイクルが進んだとはいえ，多くのパソコンはやがては処分される．1日に約7万台が廃棄されているという見積もりのある携帯電話の問題も無視できない．鉛(Pb)，水銀(Hg)，カドミウム(Cd)，ガ

リウムヒ素（GaAs），PCBなどの溶出が問題となる[4]．IT革命の進展に伴い重金属等による環境汚染が確実に進展しているというおそれがある．鉛問題は狩猟とも関係している．放置された鉄砲の鉛玉による土壌や地下水汚染も重要な環境問題である．水銀やカドミウムなどの重金属が，人体にどのような影響を及ぼすのか，日本人は身をもって知っている[5]-[7]．ダイオキシンや残留性化学物質なども，廃棄物処分問題にほかならない．廃棄物中に含まれる化学物質や重金属，放射性物質などが，環境中でどのような振る舞いをみせ，どのような経路でわれわれの食卓にのぼり，また呼吸とともに吸い込むようになるのかを科学的に解明することもまた廃棄物の最終処分問題である．廃棄物の最終処分の問題は，身近なゴミから，花粉症や喘息，アトピーといった直接目に見え，体験する健康問題，外因性内分泌攪乱物質など直接目には見えないが，脳や内分泌系の奇形という形で生体系を脅かしているのではないかと一時は騒がれたような新しい視点から提起される問題，鉛や水銀，カドミウム，放射性物質など長期的な影響を考えなければならない問題など，幅広い現象や物質，さらには国民の倫理観や哲学観，文明論観等までもが対象となる．21世紀は，人が「廃棄」という行為とどのように共生していくか，どのように合理的な廃棄物の最終処分を社会的に実現していくのかを真剣に考えるときではないだろうか．

　21世紀型の廃棄物の最終処分には，いままでの工学にはない特徴があると考えられる（図6.2[8]）．人類は昔からさまざまな欲求を実現するためにいろいろな工学システムを「考案」し，「試作」し，「テスト」し，「失敗」を繰り返してきた．ある時点でその欲求の実現に成功すると，改良が加えられ性能が向上するとともに，一般大衆がその利便性に気づき，社会に取り込んでいくというのが通例である．その一方で，事故が発生し，一般の人々が安心して利用できるようにするため，安全基準の必要性が認識される．現在では，各種の工学システムに対して，その製造，運行，保守・点検などに至るまで，詳細な安全基準が設けられている．国民は詳細な安全基準の存在を知り，それらが現時点での科学技術の粋を集めたものであることを信じ，また工学システムを製造したりそれらを用いてサービスを提供する企業が安全基準を遵守することを信じて，その工学システムを利用する．ここで，重要なことは次の2点に要約される．まず第1は，従来の工学システムに対して，国民は，

6.1 廃棄物最終処分の特徴

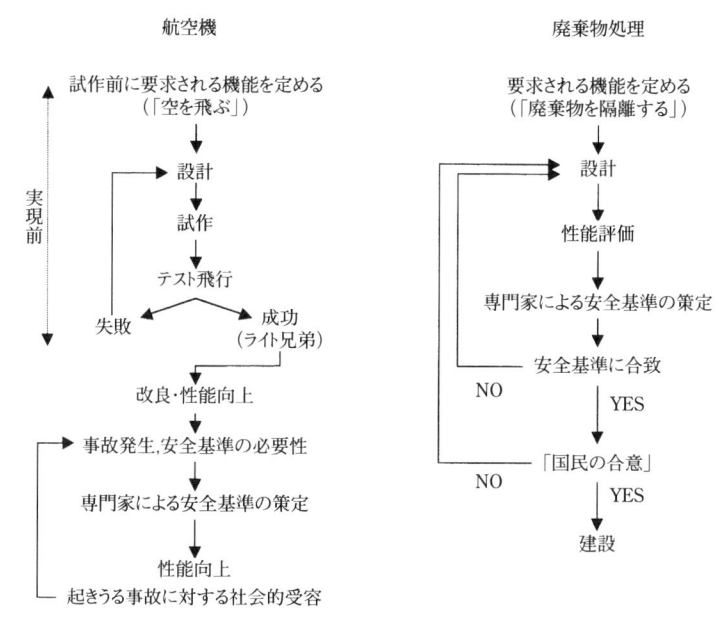

図 6.2 21世紀型廃棄物処分と20世紀型工学システムの違い

利便性と失敗を天秤にかけ，さらに失敗が進歩につながることを期待して失敗をある程度容認していることである．第2は，国民が詳細な安全基準の技術的内容に立ち入って興味を示すことは稀であり，もし示すとすれば，それを策定した専門家の中立性，学問的良心，または安全基準を実施に移す監督官庁，製造会社などの良心に関心を示すということである．

以上の2点について，廃棄物処分の場合を考えてみると，その特殊性が明らかとなる．第1についてみると長半減期の，放射性物質や安定な化学物質の場合，その寿命が人間の寿命をはるかに超えるものであり，安定な重金属には分解や放射線壊変はないことがわかる．このため，試作，テストを繰り返し行って安全性を向上させるというプロセスにはなじまない．とくに，放射性廃棄物処分の場合には，約100年の長期にわたり，1つの国にたかだか数ヵ所の処分場が存在すればよい．一方，社会に対する影響の大きさを考慮すると，「失敗」の許される範囲が極端に狭い．結局，数多く作り失敗の経験を蓄積し改良を重ねていく，という従来の工学システムにおける方法論を踏

襲できない．これらの事情を考慮すると，廃棄物の最終処分を合理的に行う場合，最初の処分場が建設される以前になんらかの安全基準を策定し，それを基に詳細な安全評価を行う必要があること，そして，その結果が国民に受け入れられなければならないことがわかる．このことは，夢の化学物質としてもてはやされた PCB，人類を疫病から救った DDT などについて，長い時間の経過と多くの犠牲のなかで人類はその誤りに気づいたことにも通じるところがある．

第2は「安全基準と国民一般の関心」と要約できるが，廃棄物処分の場合，つぎのように考えることができる．つまり，安全基準を策定すべき専門家自身が（従来の工学システムの場合に，試作，テスト，失敗を繰り返して得られるような）直接的な経験の蓄積に乏しい．したがって，安全基準策定にあたっては国民に対する透明性および策定する組織の信頼性の醸成がきわめて重要になる．また，従来の工学システムの場合，安全基準は純技術的観点から定められているようにみえるが，実は，容認される事故確率などを仮定しており，インプリシットな形で一般国民の意思が反映されているとみるべきである．寿命の短い工学システムの場合，安全基準は事故の統計的知見を反映して修正が可能であるが，廃棄物最終処分の場合，それができない．したがって，安全基準を策定する場合は，なんらかのエクスプリシットな方法によって国民の意思を反映させる必要がある．さらに，処分を実施する主体の信頼性が重要である．従来の工学システムの場合，良心的でない製造会社やサービス会社は，いずれ事故を多発する．一般国民は，それらの会社の製品を利用しないという形で淘汰する方法を有しているといえよう．しかし，廃棄物の最終処分場の場合，国民のそのような権利は著しく制限される．したがって，処分を実施する組織が安全基準を良心的に遵守するということを，国民が納得し信頼することがきわめて重要である．

以上のように，廃棄物の最終処分場については，その建設に先だって，安全基準策定，安全評価，国民の合意形成を並行して行う必要があり，しかも基礎となる安全評価は，廃棄物中に含まれる重金属，化学物質，放射性物質のなかには長寿命のものがあるがゆえに間接的な論理の積み重ねにならざるをえないというこれまでの工学システムが経験しなかった問題点を含んでいることがわかる．

このような特徴を有する廃棄物最終処分問題に関する環境学からのアプローチを21世紀型安心の科学——廃棄物環境科学ととらえることができよう．一般国民に安心され受容される廃棄物の最終処分を行うためには，処分されたあと廃棄物中に含まれる重金属や化学物質に人や生物がどれだけ曝露されるのか，そしてその曝露量によって人の健康あるいは種の生存にどのような影響が生じるのかを，定量的な指標として表す必要がある．とくに最近の日本の風潮として，"1つのミス，1つの故障すら絶対に許さない"というものがあるのではないか．このような風潮そのものはきわめて危険なものである．健全な思考の社会システムでわれわれが21世紀も生活を営むためには，リスク概念やトラスト概念の構築も必須であろう．それによってはじめて，10年後，100年後に，人が発ガンや遺伝的疾患，その他の疾病で苦しむことを防ぐことができるようになり，また生態系の保全が合理的に守られるようになる．いま，われわれが享受している便益によって，将来の世代や生態系に負の遺産を残さないことが，われわれの責務である．本章では，重金属や化学物質，放射性物質への曝露によって人や生物がどのような影響を受けるのか，また廃棄物処分場から人の生活圏や生物圏にそれらがどのように移動して，どれだけの量の被曝をもたらすのか，定量的指標には何があるのか，について，頁数の関係から事例や代表例を挙げるという方法で紹介するとともに，最後に廃棄物環境科学の今後について展望する．なお，本章では放射性物質の処分も取り扱うが，放射性元素の多くは一般の安定重金属元素の同位体であり，放射線を出して壊変するということが異なるだけであって，処分方法の基本的な理念は一般・産業廃棄物処分と同等であることに，ここで言及しておく．

6.2 化学物質の影響

今日われわれは何十万種類もの化学物質を開発し利用してきている．このような膨大な数の化学物質と人や他の生物との相互作用については，すべてが理解されているわけではない．本節では，いくつかの化学物質と人間や生物との相互作用について，その例を紹介する[9]–[11]．

6.2.1 殺虫剤・除草剤

(a) DDT

DDT の化学構造を図 6.3 に示す．DDT は，1874 年にドイツの化学者によって合成され，その後 1939 年にスイスの P. H. ミューラーによって殺虫効力が発見されたものである．これによりミューラーは 1948 年にノーベル賞を受賞した．DDT は，

(i) 安価である

(ii) 殺虫性が高い

(iii) 殺虫スペクトルが広い

(iv) 速効性が強い

(v) 残留性が高い

(vi)（当時は）人畜無害と考えられた

という殺虫剤としてはすばらしい特性を有していたことから，全世界で約 300 万 t が使用されたとされる．

DDT は，非水溶性のため容易に昆虫のワックス質の外膜を透過し，神経細胞と結合することができる．神経細胞は DDT と結合することにより，Na^+ が通るイオンチャンネルが「開」のまま保持されることとなる．このことによって，昆虫は神経の無制限の刺激を受け続けることになり死に至る．しかしやがて昆虫の中には，DDT アーゼという酵素により DDT の脱塩化水素反応を促し DDE（図 6.3）とすることで無害化させることができるものが生まれてきた．このため殺虫効果が低減するという問題が生じるようになった．

上述したように，DDT には残留性が高いという特性がある．この特性は，一度散布すれば比較的長期間にわたって殺虫効果が期待できるという観点か

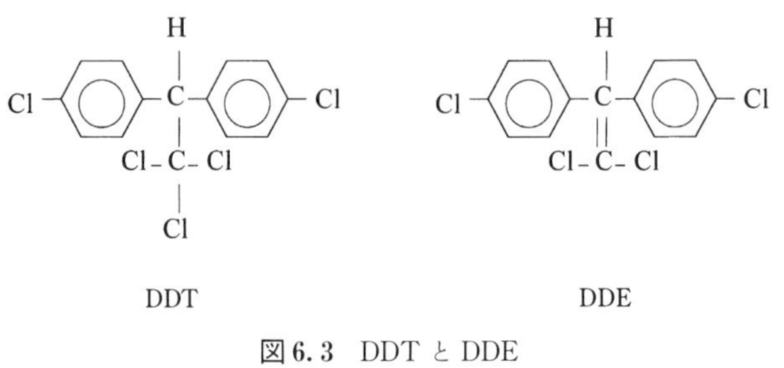

図 6.3　DDT と DDE

らは望ましいと考えられたものである．しかし，現実は必ずしもよい面だけではなかった．たとえば，ボルネオでのマラリア撲滅キャンペーンでDDTが使用されたとき，マラリアを媒介する蚊は確かに減少させることができた．しかし同時に，家の草葺きの屋板にいる毛虫を捕食する蜂も減少させてしまい，毛虫が増加して屋根が食い尽くされるということが起こった．また，DDTにより死んだ蚊をヤモリが食してヤモリが病気になり，そのヤモリを家猫が食して家猫が病気になるという連鎖によりねずみが増加し，ねずみが穀物を食べて腺ペストが流行するという事態も発生した．これらのことは，残留性が食物連鎖による生体濃縮につながる要因になりうることを示した．1962年に発行されたレイチェル・カーソンの『沈黙の春』もあってDDTは先進諸国では使用禁止となり，同時に非残留性殺虫剤の開発が行われるようになった．

(b) 非残留性有機リン酸系化合物とカルバミン酸系化合物

代表的な化学物質としては，有機リン酸系化合物ではパラチオン，カルバミン酸系化合物ではカルバリルなどがある．これらは，無害で水溶性の物質へとすみやかに分解される物質である．ともに神経伝達物質であるアセチルコリンを加水分解する酵素アセチルコリンエステラーゼの働きを妨害する．アセチルコリンエステラーゼの働きが妨害されることで神経の刺激が無制限に続くことになり，やがて死に至る．有機リン酸系化合物についてこの機構の概略を図6.4に示す．アセチルコリンエステラーゼの作用妨害機構は，

(i) アセチルコリンエステラーゼがアセチルコリンの代わりにホスホリル基やカルバミル基と結合

(ii) 電気的に陰性の基が，ホスホリル基のPやカルバミル基のCの隣にあることで，H_2Oの求核反応を阻害

というプロセスに基づいていることが考えられる．

なおパラチオンは残留性が小さい反面，人間への毒性がDDTより大きく，実際DDTでは散布者に死者はなかったがパラチオンでは死者が出た．このため，パラチオンより毒性が小さい非残留性有機リン酸系化合物であるマラチオンが分子設計され開発された．

(c) 除草剤

代表的な除草剤に，アトラジン，パラコート，2,4-D，2,4,5-Tなどがある．

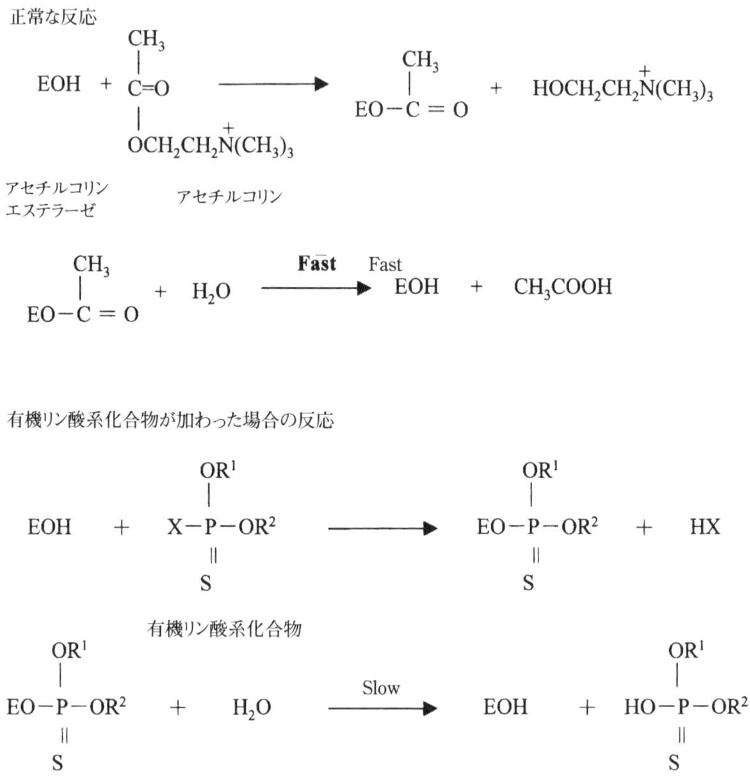

正常な反応

$$EOH + \underset{\underset{OCH_2CH_2\overset{+}{N}(CH_3)_3}{|}}{\overset{\overset{CH_3}{|}}{C=O}} \longrightarrow EO-\underset{|}{\overset{\overset{CH_3}{|}}{C}}=O + HOCH_2CH_2\overset{+}{N}(CH_3)_3$$

アセチルコリン　　　　アセチルコリン
エステラーゼ

$$EO-\underset{|}{\overset{\overset{CH_3}{|}}{C}}=O + H_2O \xrightarrow{\text{Fast}} EOH + CH_3COOH$$

有機リン酸系化合物が加わった場合の反応

$$EOH + \underset{\underset{S}{\parallel}}{\overset{\overset{OR^1}{|}}{X-P-OR^2}} \longrightarrow \underset{\underset{S}{\parallel}}{\overset{\overset{OR^1}{|}}{EO-P-OR^2}} + HX$$

有機リン酸系化合物

$$\underset{\underset{S}{\parallel}}{\overset{\overset{OR^1}{|}}{EO-P-OR^2}} + H_2O \xrightarrow{\text{Slow}} EOH + \underset{\underset{S}{\parallel}}{\overset{\overset{OR^1}{|}}{HO-P-OR^2}}$$

図6.4　アセチルコリンエステラーゼの反応と有機リン酸系化合物による阻害

アトラジンはアメリカのトウモロコシ畑で使用されたが，発ガンと新生児への影響が疑われており，メトラクロールに置き換えられてきている．

　パラコートは，マリファナ撲滅運動で使用された．

　2,4-D は，広葉の雑草を枯らすが芝や麦，トウモロコシは枯らさないことから広く使用された．ハワイで1年中咲いているパイナップルも 2,4-D のおかげである面があった．毒性は小さく容器から散布できるので遊園地や公園での除草にも適していた．しかし，林道や鉄道を塞ぐツタやイバラには効かないことから，2,4,5-T が開発された．2,4,5-T は 2,4-D よりも毒性がやや高く，不純物としてのダイオキシンの含有量も大きい．2,4-D と 2,4,5-T の同量混合物がエージェントオレンジで，ベトナム戦争の際に枯葉剤として使用さ

れた.

　これらの除草剤は，植物の葉の中に入り，芳香族アミノ酸であるフェニルアラニン，チロシン，トリプトファンの合成に必要な酵素の働きを阻害する．このアミノ酸は生物に必須のものであるが，動物と植物とでは生合成経路が異なるため，動物への影響は植物に比べて小さい．

6.2.2 発ガン物質

　発ガン物質の働きには
(i) 変異原物質としてDNA塩基などに突然変異を誘発する
(ii) 細胞分裂の速度を増加させるなどの促進効果

があると考えられる．たとえば，過剰のアルコールの摂取はアルコールを代謝する肝臓の細胞の増殖を促進することから，肝臓ガンの促進剤と考えられるという意見もある．

　また，変異原物質であるためには以下の2項目が必要条件である．
(i) 求電子型反応を行う
(ii) DNAの存在する細胞核に接近できる

(i) は，DNAの塩基が電子を多く有していることからの要求である．しか

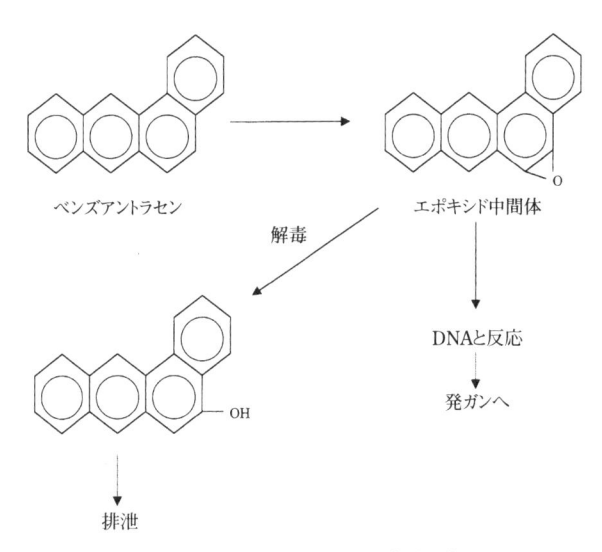

図 6.5　ベンズアントラセンの代謝と発ガン

し，求電子型反応を行う物質そのものは，細胞核に接近する前に他の分子と相互作用するために，普通は変異原物質ではない．むしろ代謝によって生成されることがある．

生体は異物を除去する機能を有しているが，その1つは脂溶性有機物の水酸化である．しかし，ディーゼル排気ガスなどに含まれるベンズアントラセンは，エポキシド中間体を経て水酸化されるが，このエポキシド中間体は細胞内部で生成する強力な求電子性物質であり，DNAと反応する機会が大きく発ガンを誘起すると考えられている（図6.5）．

6.2.3 金属

金属の中には，十分に供給されないと生体が生存できないが，過剰にあると毒性を発揮して生存できなくなるものがある．これらを必須元素といい，Ca, K, Na, Mg, Fe, Zn, Cu, Sn, V, Cr, Mn, Mo, Co, Niなどがそれにあたる．これらの生体内における濃度には図6.6に示すように最適値があるが，その値は元素によって異なる．たとえばFeは体内に約5g存在するがCuは約0.08gである．これは，FeがN（窒素）を含むタンパク質とあまり相互作用しないのに対し，Cuは強く相互作用するためであると考えられる．しかし，Feも体内における濃度が高くなると，老化やガン，心臓疾患と関係するといわれている酸素ラジカル生成の触媒となったり，バクテリアの増殖を促進し，感染を助長するとされる．

一方，非必須元素の金属の場合は図6.6に示すように，その生体内濃度の増加に伴い維持・成長する生体組織量は減少する．非必須元素の金属の例と

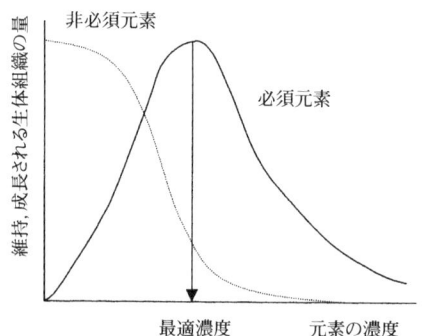

図6.6 必須元素の量－反応曲線

しては，Cd，Pb，Hg が，また完全な金属ではないが半金属性の元素としては As などが挙げられる．金属と人や生物との相互作用は，経口摂取なのか吸入摂取なのか，慢性曝露なのか急性曝露なのかなどによって異なり，毒性はさまざまである．ここでは代表的な毒性事例を紹介するにとどめ，詳細は他の成書に譲る．

Cd と人との相互作用としては，Cd の長期間にわたる経口摂取の結果みられた骨軟化症を主症状とする「イタイイタイ病」が知られる．Cd の骨代謝に及ぼす影響としては，

(i) 腎臓でのビタミン D 活性化の Cd による阻害
(ii) 消化管での Ca 吸収に及ぼす Cd の拮抗阻害
(iii) Cd が骨に直接作用することによるコラーゲン代謝の阻害
(iv) 腎尿細管機能障害による Ca や無機リンの代謝異常による骨代謝障害

が考えられている．イタイイタイ病の骨障害は，腎皮質中の Cd 濃度が高くなることで腎機能障害が生じ，骨軟化症が発症したものと考えられている．しかし，まだ不明な点も多い．

Pb は，ヘモグロビンの O_2 結合部位として働くポリフィリン—Fe 錯体で，ポリフィリンに Fe が挿入されることを阻害したり，細胞内の情報伝達系に影響を及ぼすと考えられている．すなわち，細胞内の情報伝達系では Ca^{2+} が普遍的なシグナル物質として働いているが，電位依存型カルシウムチャネルで Pb は Ca と拮抗的に取り込まれ，しかも Pb の取り込みが脱分極後長時間持続するために活動度の高い神経細胞ほど重大な障害を受けることになる．またリガンド結合型カルシウムチャネルの阻害を通して記憶形成の阻害や痙攣発作に関係していると考えられている．Pb の人の健康への影響についてはその他さまざまな相互作用があるが，ここでは割愛する．ちなみに，古代ローマ帝国は Pb の水道管を使用していたため滅んだという俗説があるが，十分な水量をたたえた水道管で流れるままにしてあったのであれば，水道水中の Pb 濃度は低くにわかには信じがたいと考える．なお，古代ローマ時代には，サパという人工甘味料があり甘くてワインに入れると日持ちがしたため使用されていた．サパとは酢酸鉛（$(CH_3COO)_2Pb$）のことで，この物質が甘味があるとともに強い殺菌作用をもっていることによる．しかし，サパが影響したかどうかも不明である．もっとも，19 世紀までワイン業者は

鉛の弾丸をワインに入れていた．

　Hg（無機）はソフトなルイス酸であるため，ソフトなルイス塩基と相互作用する．このため，酵素などの生体内生理活性物質中に含まれるシステイン（アミノ酸の1種）のもつSH基側鎖と強い親和性を示す．このように，不特定多数のSH基含有物質にHg（無機）が相互作用することによって，その活性が阻害され，細胞内の諸機能が抑制されて毒性が発現すると考えられている．一方，有機水銀にはさまざまな化学形態があるが，環境中における曝露とそれによる人の健康や他の生物への影響という観点からはメチル水銀が重要である．メチル水銀は全身的な毒性を示すが，主な標的器官は神経系である．発生，発育過程における中枢神経系は，ほかの器官や組織に比べてメチル水銀に対する感受性が高い．またメチル水銀は容易に胎盤を通過するために，母胎を通じて発生期，胎生期に曝露されることになる．神経機能障害は，メチル水銀によるタンパク質合成能力の低下，あるいは複数のタンパク質の合成比がメチル水銀によって攪乱されるためではないかと考えられている．このとき，もっとも感受性の高いタンパク質の合成反応過程はtRNAとの結合過程であるとの研究もある．また，メチル水銀もSH基との親和性が高い．

　Asは，さまざまな生体酵素の活性部分に存在するSH基と親和性が高く，その活性を阻害して強い毒性を示す．表皮の正常機能と形態維持に関与するピルビン酸代謝系を障害して皮膚障害を生じさせたり，アセチルコリンエステラーゼを生合成する酵素を失活させて呼吸困難を生じさせたりする．ナポレオンの髪から高濃度のAsが検出されたことから毒殺説があるが，当時の壁紙には含As染料が使用されており，セントヘレナのような湿気が高い場所ではカビなどによって揮発性As化合物が生成されたのかもしれず，毒殺かどうかは必ずしも明快ではない．ちなみに，ナポレオンの髪からAsが検出されたことにヒントを得て，水俣病患者の方々の体内水銀濃度評価に髪中のHg濃度を測定する方法が開発され，多くの患者の方々を比較的容易にかつ広範囲に診断することを可能にした．

6.2.4　外因性内分泌攪乱物質

　ホルモンには

(i) 恒常性の維持
(ii) 発生過程での分化

という機能がある．恒常性の維持には，たとえば血糖値の調整などがあり，個体の機能調整が行われる．発生過程での分化には，胎児や子供期における生殖腺の発達や脳の性分化，成人期における子宮卵管の発育などがあり，構造と機能の変化に関与している．とくに発生過程の分化は不可逆的な変化であることから，これに対する干渉は重大な結果をまねく可能性がある．たとえば，おたまじゃくしは甲状腺ホルモンが作用することでカエルになるが，甲状腺ホルモンがブロックされた場合にはおたまじゃくしのままである．また，このホルモンは極微量で作用することも特徴である．$10^{-11} \mathrm{mol/dm^3}$ のエストロゲンは乳ガン細胞を増殖させることが可能である．ヒトの主要なホルモンについて表6.1に示す．なお，外因性内分泌攪乱物質は女性ホルモンと比べて高濃度で存在しないと，女性ホルモンと等価なだけホルモンの受容体には結合しない．図6.7のように，ビスフェノールAでは数千倍の濃度が必要である．

以下に，ホルモンがどのように受容体と結合するのか，および外因性内分泌攪乱物質がどのように作用するのかを簡単に示す．なお，外因性内分泌攪乱物質については，今日ではほとんど話題とはならなくなったように思われる．これは，当初考えられていたほどの重大な問題ではないと一般に考えられるようになったからなのかもしれない．しかし，その生体への影響がどのような機構に基づくと考えられていたのかを知ることは，将来，そのときまでは未知であったリスク源によるリスク評価を行う必要が生じた場合の参考にはなるかもしれないと考え，ここに紹介する．

(a) 膜受容体

ここでは，水溶性ホルモンであり，ともにすい臓のランゲルハンス島 β, α

表6.1　ヒトの主要なホルモンとその作用

ホルモンの種類	分泌部位	主要な作用
成長ホルモン	下垂体	成長の亢進
甲状腺ホルモン	甲状腺	代謝の亢進，知能・成長の調整
インシュリン	すい臓	血糖の低下
副腎皮質ホルモン	副腎	代謝・免疫などの調整，ストレス反応
エストロゲン（女性ホルモン）	卵巣	女性化：卵子の発育・排卵
アンドロゲン（男性ホルモン）	精巣	男性化：精巣の発育・精子の合成

図 6.7 外因性内分泌攪乱物質と女性ホルモンの作用力

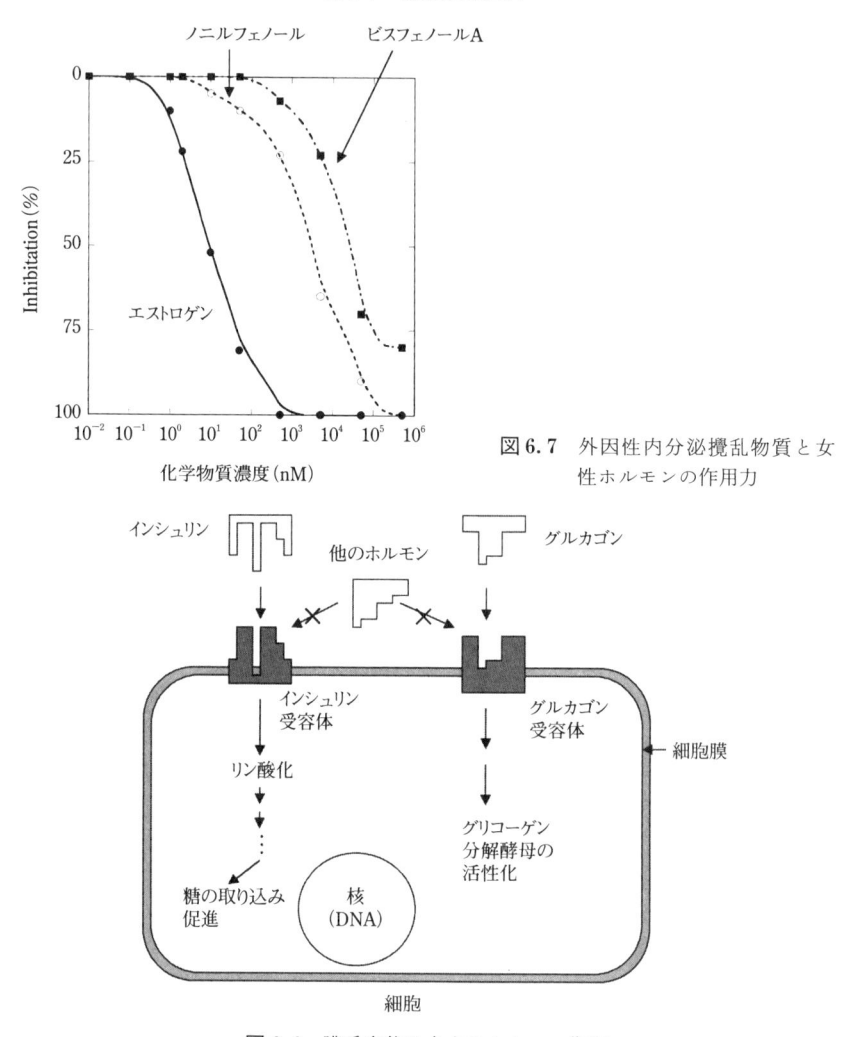

図 6.8 膜受容体を介するホルモン作用

細胞で生合成されるインシュリンとグルカゴンを例に示す (図 6.8)．インシュリンは，筋肉，脂肪細胞，肝臓に作用して細胞内で糖を取り込むことで糖の血中濃度を下げる働きをする．一方，グルカゴンは，肝臓に作用してグリコーゲンを糖に分解することで糖の血中濃度を上げる働きをする．標的細胞の表面には，細胞膜を貫通する形でインシュリンとグルカゴンのそれぞれと

特異的に結合する受容体がある．インシュリンがインシュリン受容体と結合すると，細胞内のある酵素がリン酸化され，それによって別の酵素がリン酸化される，という過程を経て，最終的に糖を取り込む酵素が活性化される．グルカゴンがグルカゴン受容体と結合すると，細胞内のサイクリック AMP のレベルが上昇する．サイクリック AMP はプロテインカイネース A に結合し，グリコーゲン分解酵素が活性化されることになる．

(b) 核受容体

ここでは，小さい脂溶性ホルモンであるエストロゲンを取り上げる（図6.9）．エストロゲンは小さい脂溶性分子のため細胞膜を自由に通過することができる．エストロゲン受容体は細胞内に存在しており，エストロゲンが受容体に結合すると受容体に分子レベルでの構造変化が起こり，二量体が形成される．このような二量体になってはじめて核の DNA にアクセスすることが可能になる．二量体が DNA 上の特定の塩基配列であるエストロゲン応答配列に結合すると，RNA ポリメラーゼ II が活性化され，mRNA が読み出されてタンパク質が生合成されることになる．

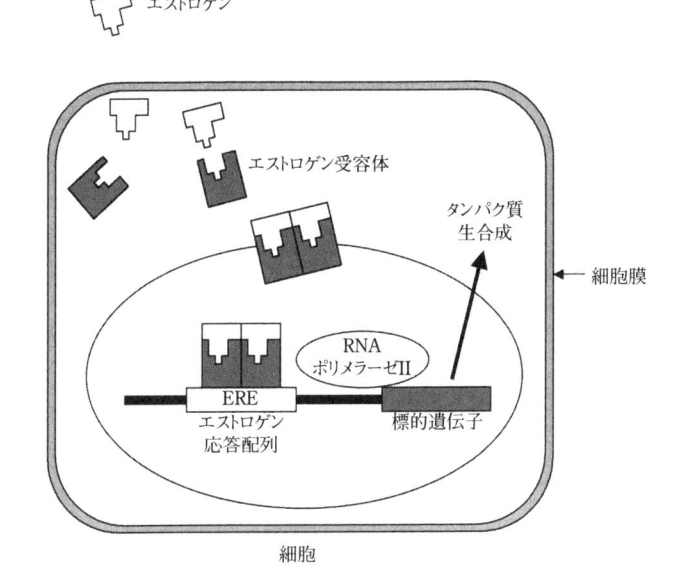

図 6.9　核受容体を介するホルモン作用

(c) アゴニストとアンタゴニスト

よくホルモンとホルモン受容体の関係を，鍵と鍵穴の関係であるという．外因性の重金属や化学物質（鍵）で，正常なホルモンの受容体（鍵穴）と結合できるもの，すなわち鍵と鍵穴が完全に一致するものをアゴニストとよぶ．アゴニストの場合は，ホルモン作用が予想される．一方，鍵穴の一部が一致して結合できるようなものをアンタゴニストとよぶが，この場合にはホルモン作用はないであろう．アンタゴニストが，正常なホルモン作用に干渉する機構としては

(i) 正常なホルモンと競争することで，正常なホルモンがホルモン受容体に結合することを確率的に低減させる

(ii) 核受容体の場合でアンタゴニストが非常に大きい場合には，結合部分が大きくなってしまい，二量体が形成できなくなる

(iii) 核受容体の場合で二量体が形成されても，RNAポリメラーゼIIを活性化できない

などが考えられる．

(d) アゴニストとしての外因性内分泌攪乱物質

DDTやその誘導体，ビスフェノールA，ノニルフェノールなどはアゴニストとして作用すると考えられている．また植物由来のエストロゲンやイソフラボン類，リグナンなどもアゴニストとして作用するとされる．

(e) ダイオキシン

ダイオキシンはエストロゲン受容体には結合せず，それ自体の本来の役割はまだ十分にわかっていないアリルハイドロカーボン受容体（Ah受容体）と結合する（図6.10）．ダイオキシンとAh受容体の結合体は，エストロゲン二量体がエストロゲン応答配列に結合したり，RNAポリメラーゼIIを活性化させることを阻害すると考えられている．

これら重金属や化学物質と人間や生物との相互作用については，極微量での発現の観察を必要とし，*in-vitro*試験や*in-vivo*試験を通して今後より効率的で精度の高い試験が行われる必要がある．このとき，これまでのような細胞を使った試験とともに，図6.11に示したような第一原理に基づいた予測なども役立つのかもしれない．また今後は，揮発性有機化合物や残留性有

6.2 化学物質の影響　　　195

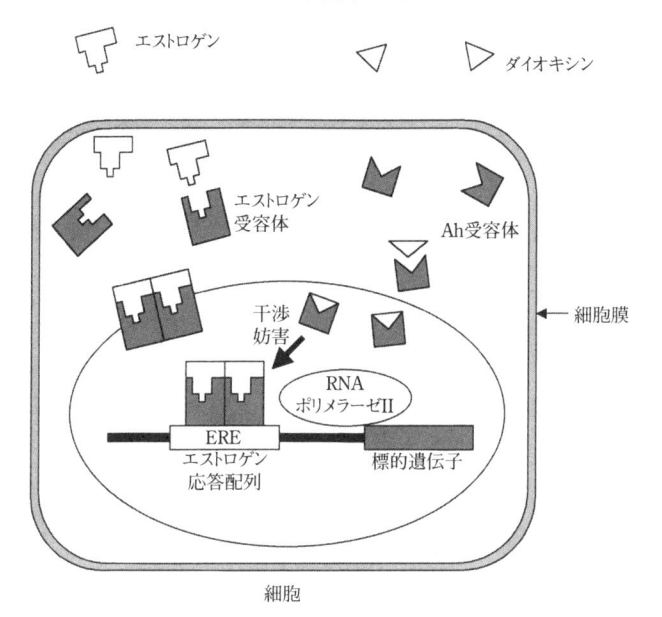

図 6.10　ダイオキシンの作用

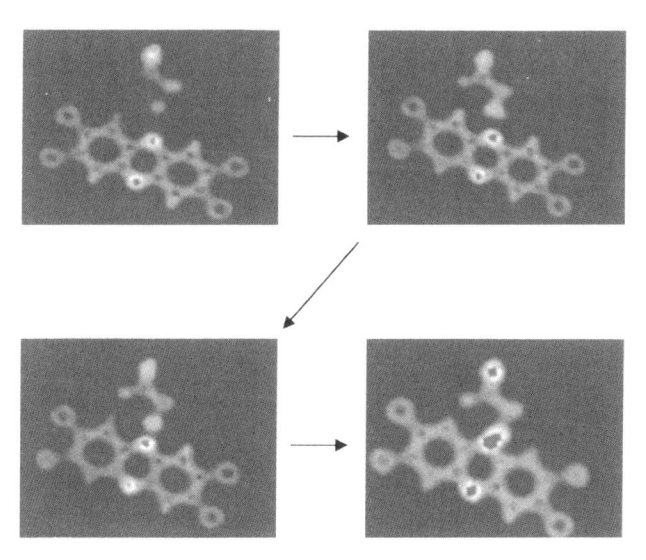

図 6.11　ダイオキシンとアミノ酸カルボキシル基との相互作用の
　　　　　第一原理的評価

機化合物が人および生物に及ぼす影響について，さらに理解を深める必要がある．

6.3 放射線の影響

放射線には，α線やβ線などの電離性放射線と，携帯電話（高周波数電磁界）や電力送電線（低周波数電磁界）に代表される非電離性放射線がある．後者については，疫学調査と実験室試験で一致しない点が多いことや疫学調査自体が現在進展中であり，いまだ明確な結論には必ずしも至っていないことと，廃棄物の最終処分という観点では主要課題ではないことから，本節では電離性放射線について述べる[12]．

6.3.1 放射線影響の分類

放射線の人間への影響は，表6.2のようにまとめられる．影響には確率的影響と確定的影響がある．確率的影響とは，具体的には悪性腫瘍と遺伝的影響のことであって，影響の発現頻度が放射線の曝露線量に依存するとともに，発現頻度と曝露線量とのあいだには閾値はないと考える．一方，確定的影響とは，白内障や受胎能の低下，皮膚の損傷など確率的影響以外の影響のことで，影響の重篤度が放射線の曝露線量に依存するものである．確定的影響の発現頻度と曝露線量とのあいだには閾値が存在する．

放射線による人や生物への影響は，放射線源が体の外にある外部被ばくと，体内に摂取することによる内部被ばくによって異なる．図6.12[13]に，外部被ばくによる人への影響例を示す．

6.3.2 DNAとの相互作用

放射線は細胞中の水分子と相互作用してOHラジカルを生成したり，あるいは溶質分子と相互作用して電子を生成し，その電子が水分子と相互作用してOHラジカルを生じさせる．このようにして生成したOHラジカルがDNAと相互作用する．また溶質分子から生じた電子がDNAと相互作用することもある．

6.3 放射線の影響

表 6.2 放射線影響の分類

影響の種類	線量に依存するもの	閾値	主な影響
確率的影響	影響の発現頻度	なし	悪性腫瘍，遺伝的影響
確定的影響	影響の重篤度	あり	白内障，受胎能の低下，皮膚の損傷　など

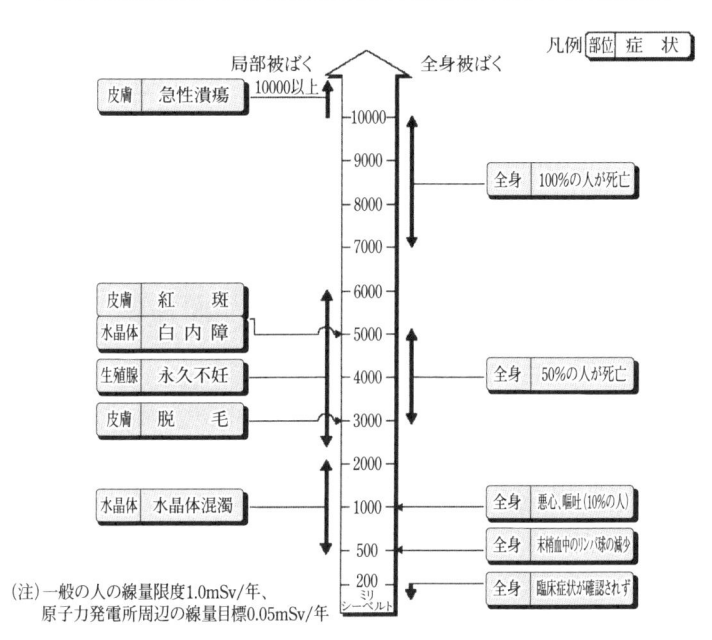

図 6.12　放射線の外部被ばくによる身体への影響

(a) DNA の損傷

DNA の損傷パターンは 100 種類以上あるが，大きくは 4 種類に分類される（図 6.13）．

(i) 塩基損傷

チミン，シトシン，アデニン，グアニンの C^5―C^6 位の二重結合に OH ラジカルが作用することで 5 員環が開裂あるいは 6 員環の二重結合部が単結合化する．

(ii) 塩基の遊離

DNA の糖―リン酸の鎖から塩基が抜けることで損傷するパターンである．塩基の遊離では，糖―リン酸結合が切れる場合と切れない場合の両方がある

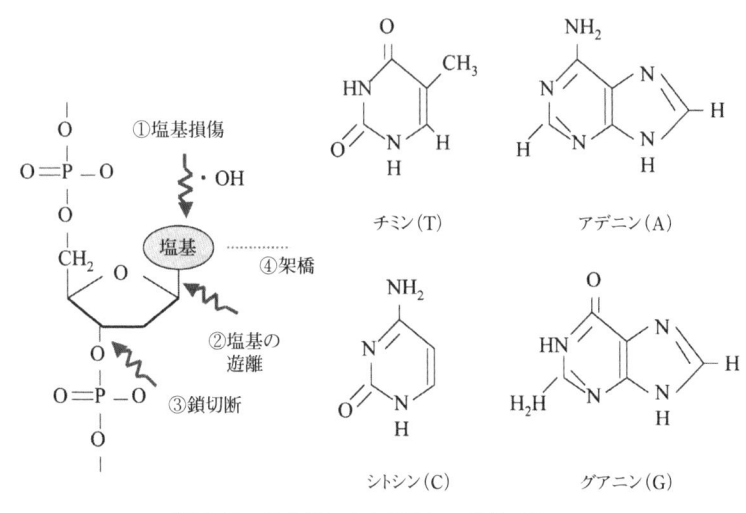

図 6.13 放射線による DNA の損傷パターン

が，切れない場合において塩基が遊離している箇所を AP 部位とよぶ．
(iii) 鎖切断

糖—リン酸の鎖の切断による損傷パターンで，典型的には OH ラジカルが $C_{4'}$ 位の水素を引き抜くことにより $C_{4'}$ 位にラジカルが形成されることで損傷が始まる．$C_{4'}$ 位にラジカルが形成されたあと，$C_{3'}$ 位が切断され，引き続いて $C_{5'}$ 位が切断されるケースと，$C_{4'}$ 位にラジカルが形成されたあと，$C_{5'}$ 位が切断されるケースがある．DNA の二重らせんのうち，一方が切断されるものを単鎖切断，両方が切断されるものを 2 本鎖切断という．
(iv) 架橋

DNA 鎖中の塩基にラジカルが誘起されて，同じ DNA 内におけるもう一方の鎖中のラジカルが誘起された塩基とのあいだで共有結合が形成されるパターン（DNA 鎖内架橋），別の DNA の中でラジカルが誘起された塩基とのあいだで結合が形成されるパターン（DNA 鎖間架橋），およびタンパク質と結合が形成されるパターン（DNA—タンパク質間架橋）がある．

ちなみに，紫外線と DNA の相互作用は，紫外線のエネルギーが低いことから，260 nm 付近の紫外光を DNA の塩基が吸収して励起し，近くの塩基とのあいだで二量体が形成されるというものである．この反応は，チミン—チ

ミン間，シトシン—シトシン間およびチミン—シトシン間において，それぞれの6員環の二重結合部位で起こる．

(b) DNA損傷と細胞死

DNAの損傷と細胞死のあいだの関係にはいまだ不明な点が多いが，DNAの2本鎖切断が細胞の致死に関係が深いという傾向がみられる．細胞の致死には，1細胞当たり40ヵ所程度の2本鎖切断が必要だといわれる．DNAの損傷箇所の大部分は修復されるが，わずかな割合で損傷が残りそれが蓄積されたり，損傷がDNA複製を介して違う形の分子変化に固定されたり，あるいは損傷が誤った修復を受けたりすることで細胞死に至るのであろう．

6.3.3 DNAの修復

人や生物は，紫外線場や自然放射線場などDNAが損傷させられる環境中で生きており，損傷させられたDNAを修復する機能を有している．この修復にもいくつかのパターンがあり，代表的な例を述べる．

(a) 塩基の除去修復

塩基損傷部分に特異的に作用するDNAグリコシラーゼによって，損傷した塩基と糖のあいだの結合が切断される．このときAP部位が形成されることになる．つづいて，糖の$C_{5'}$位がAPエンドヌクレアーゼにより，また糖の$C_{3'}$位がDNAデオキシリボホスホジエステラーゼにより結合が切断されて，AP部位のデオキシ糖が引き抜かれる．ヌクレオチドが抜けたあと，DNAポリメラーゼが相補的なヌクレオチドを$C_{5'}$位に結合させる．ヌクレオチドの$C_{3'}$位のOH基と隣の$C_{5'}$位のリン酸基が，リガーゼによりエステル結合されて修復が終了する．

(b) ヌクレオチドの除去修復

この除去修復は，損傷した塩基とその周りの塩基部分が糖鎖とともに引き抜かれ，DNAポリメラーゼとリガーゼによって，損傷していないもう一方の鎖に相補的なヌクレオチドが$C_{5'}$位側から$C_{3'}$側に向けて修復されるものである．

(c) 組換え修復

DNA上の損傷が修復される前にDNAの複製が始まると，損傷部分まで複製されたあと，およそ1000塩基程度先まで複製はスキップされ，そこから

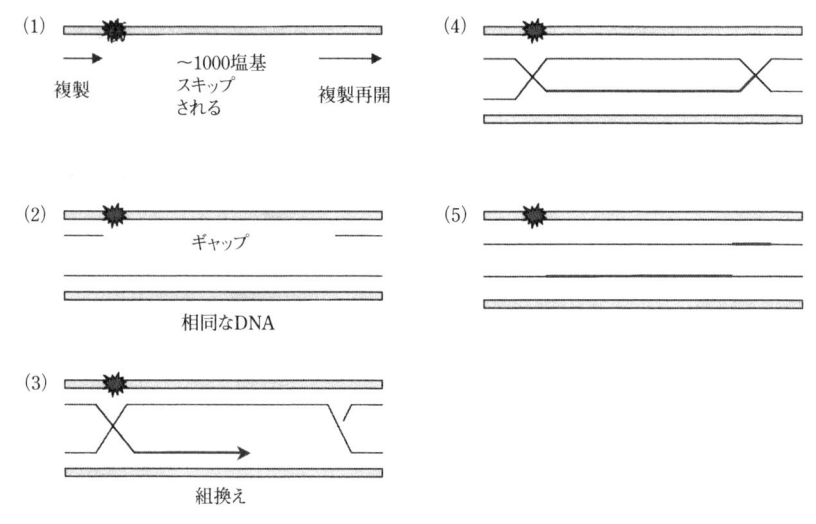

(1) 複製 ～1000塩基スキップされる 複製再開
(2) ギャップ / 相同なDNA
(3) 組換え
(4)
(5)

図 6.14 組換え修復のイメージ

再度複製が始まる（図 6.14）．このため約 1000 塩基分に相当する 1 本鎖部分が形成される．この部分は，損傷を受けていない相同な DNA とのあいだで組換えが起こることで修復が行われる．

(d) 2 本鎖切断の修復

DNA に 2 本鎖切断が生じたときには，ヌクレアーゼヘリカーゼによって 2 本鎖切断部分とその周りの塩基と糖鎖が引き抜かれ，それぞれの糖鎖において $C^{3'}$ 位側に 1 本鎖が突出するように形成される．このあと，組換え修復と同様に，損傷を受けていない相同な DNA がこの 1 本鎖部分に対合し修復される．またそのほかに，相同な DNA を必要としない修復機構もある．

6.3.4 突然変異

細胞が変異原に曝されない場合，分裂の 1 回当たりに発生する自然の突然変異は，1 塩基について 10^{-9}〜10^{-10} 程度と小さい．

DNA の変化としての突然変異には

(i) 塩基の置換

(ii) フレームシフト

(iii) 欠失

6.3 放射線の影響

などがある．突然変異の多くは，1個の塩基が他の塩基に置き換わったり，欠失したり，挿入されたりする点突然変異であり，このうちある塩基が他の塩基に置き換わるものを塩基の置換という．塩基の置換が起こることで，コドンが変化して別のアミノ酸の情報になったり，コドンが終止コドンに変化することでタンパク質合成がそこで終了してしまったりする．

フレームシフトとは，1～数塩基が欠失されたり挿入されたりすることをいう（塩基配列の一部やDNAのかなりの部分を失うものを欠失という）．これによって，フレームシフトが発生した箇所より後ろの塩基配列のコドンがずれてしまい，無関係なアミノ酸配列情報になったり，タンパク質合成が終了したりすることになる．

放射線による突然変異は，DNAの欠失など大きな変化によるものとされ，点突然変異原としては比較的弱い変異原であると考えられている．

細胞の増殖に関与する遺伝子が突然変異を起こし，遺伝子機能が活性化されて細胞をガン化させる場合，これをガン遺伝子とよび，一方，突然変異により遺伝子機能が不活性化されて細胞をガン化させる場合，これをガン抑制遺伝子とよぶ．放射線や 6.2 節で述べた化学物質には，DNAの損傷を介してガン関連遺伝子に突然変異を誘起し，ガンを発生させるものがある．

6.3.5 細胞との相互作用

放射線によるガン治療は，放射線によりガン細胞を死に至らしめる行為であり，全身急性被ばくによる個体の死は幹細胞の死による．また，生殖細胞や体細胞の突然変異や悪性形質転換が放射線による遺伝的影響や発ガンと関係しているとされる．放射線と細胞の相互作用で重要なものは，細胞死と突然変異である．

(a) 細胞死

細胞が細胞分裂により増殖する場合，分裂から分裂までの1サイクルを細胞周期という．細胞周期は大きく分けて4つの段階から構成されている．つまり，DNAが複製されるDNA複製期，それを2つの細胞に分配する分裂期，分裂期からDNA複製期のあいだのG_1期，複製期と分裂期のあいだのG_2期である．G_1期やG_2期でも細胞は代謝を行っている．細胞の生存確率で考えた放射線から受ける影響は，G_1期からDNA複製期への移行期およ

び分裂期で感受性が高いといわれる．そのほか，細胞内の酸素量が多いと放射線による損傷は増加し，グルタチオンなどの SH 基の量が多いと損傷量は減少する．

　細胞分裂と細胞分裂のあいだを間期ということから，放射線により細胞が間期のあいだに死に至るとき，間期死とよぶ．リンパ球などは比較的少量の放射線により間期死を起こすのに対し，他の細胞では非常に大量の放射線により間期死に至る．リンパ球が放射線に対して高感受性であるのは，アポトーシスを起こすことと関係していると考えられ，他の細胞の壊死とは区別される．

　細胞分裂を起こして増殖している細胞が放射線を受けると，放射線照射後に 1～数回分裂を行ったあと分裂を終了する．このとき細胞内ではタンパク質合成などは継続して行われており，代謝は継続しながら細胞分裂をする能力を失ったことになる．このような状態を細胞の増殖死という．増殖死に至るとき，ある細胞は次第に多くなって巨細胞となり，ある細胞は細胞分裂終了後に隣接する細胞と融合することがある．

(b) 突然変異

　細胞の突然変異の影響としては上述したように，遺伝的影響では生殖細胞での突然変異が，また発ガンでは体細胞の突然変異が重要な因子であると考えられている．放射線による曝露によって細胞が突然変異するためには，細胞が何回かの細胞分裂を繰り返す必要があり，そのあいだに突然変異が固定されて発現することになる．

(c) 染色体異常

　放射線への曝露によって染色体に異常が発現する．細胞周期のどの段階で曝露されたかによって，染色体型異常と染色分体型異常がみられる．

6.3.6 発ガンと潜伏期

　多段階的発ガン過程のイメージを図 6.15 に示す．原爆被ばく者の疫学調査などから，白血病に関しては被ばく後 2～3 年で発症が有意になり，6～7 年でピークを迎えたのに対し，肺ガンなどのその他のガンは，被ばく後 10～15 年経過してから有意になり，年とともに増加しつづけていることがわかっている．このことは，白血病以外のガンでは，ガン好発年齢になってから

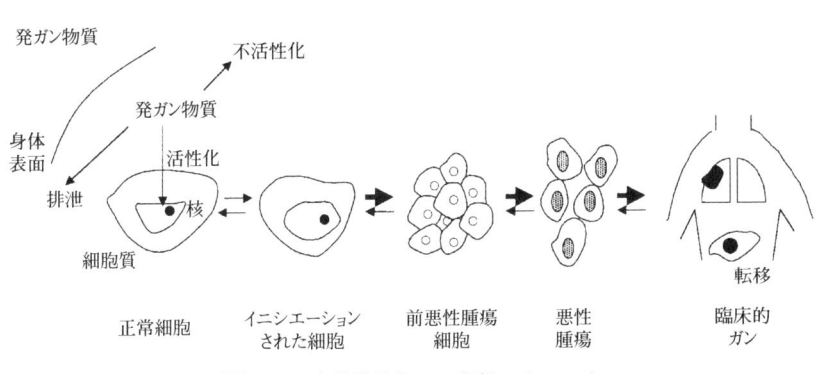

図 6.15 多段階的発ガン過程のイメージ

発ガンしていることを示しており，被ばくしたときに若かった人ほど潜伏期が長いことを意味する．

明確な原因は明らかになっていないが，ひとつの考え方として，白血病に関しては放射線の感受性が高く，イニシエーションとプロモーションが同時に起こっているのに対し，その他のガンではイニシエーションとしてのみ作用し，ほかの因子の蓄積などが必要なのではないかと考えられている．

6.4 廃棄物最終処分の安全評価

廃棄物を最終処分するにあたっては，将来，廃棄物中に含有される重金属や化学物質，放射性物質が地下水中あるいは大気中に放出された場合に，人間や生物にどのような影響を与えるのかを評価しなければならない．本節では，多くの国民がその最終処分について懸念を有している高レベル放射性廃棄物の最終処分を例に取り上げ，人の健康への影響評価という観点からの安全評価について紹介する[14]．

6.4.1 廃棄物最終処分における多重バリアシステムという概念

廃棄物の最終処分にあたっての安全評価で重要な点は，廃棄物中に含まれる放射性物質が地下水とともに移動し，その結果，人の生活圏に到達した場合，放射線による人への影響が無視しうるほど小さいことを科学的に明らか

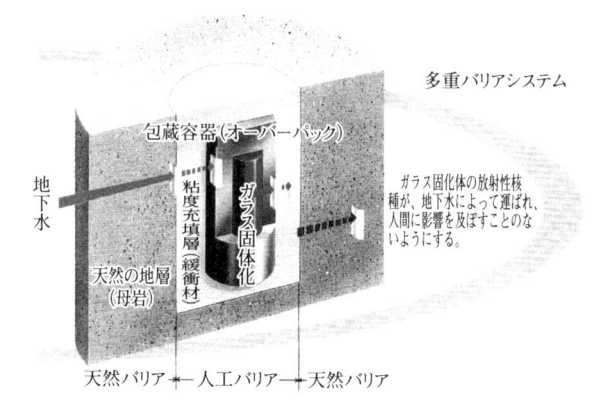

図 6.16 わが国における高レベル放射性廃棄物最終処分の多重バリアシステムの概念

にすることである.そして,そのために
(i) 廃棄物が地下水と接触する可能性を十分小さくする
(ii) もし廃棄物が地下水と接触したとしても,廃棄物中から地下水中へ放射性物質が溶け出しにくくするとともに,たとえ溶け出したとしても処分場施設外へ移動しにくくする
(iii) もし放射性物質が処分場施設外に移動したとしても,人の生活圏に至り有意な影響を及ぼさないようにする

という多重バリアシステムの考えが採用されることとなる.

　高レベル放射性廃棄物は,ガラス質(一般にはホウケイ酸ガラス)に溶融されステンレスなどの金属容器(キャニスター)に封入されて固化された状態(これをガラス固化体という)で,30年から50年程度冷却のために貯蔵される.その後,オーバーパックとよばれる容器に封入して安定な地層中の深部地下(300 m以深)に埋設し,周囲の地層とのあいだの空間には粘土質の充塡物(緩衝材)をつめることが現在もっとも有効な処分方法であるとされる.多重バリアシステムは,地下水による放射性物質の溶出・移動を効果的に抑制するために人工的に設けられたバリア(人工バリアといい,ガラス固化体,オーバーパック,緩衝材などから構成される)と,地下水の浄化,分散,希釈などの機能を元来備えた地層(天然バリアという)を組み合わせて安全確保を図るものである(図 6.16 [14]).

　この多重バリアシステムが超長期間にわたって有効に機能し,放射性物質

による人の生活圏への影響が無視できることを科学的に示すためには，多重バリアシステム全体についての長期的安全評価が重要な課題となる．この評価においては，熱や地下水の流れ方，さらには地層中で起こるさまざまな化学反応や物質輸送などが相互に影響を及ぼし合う複雑な系を対象とするため，多重バリアシステムにおける個々の諸機能に影響する因子，現象などを科学的に解明し，その有効性を定量的に明らかにしなければならない．

6.4.2 廃棄物最終処分の安全評価方法

廃棄物最終処分システムの安全評価が通常の工学システムと大きく異なるのは，
(i) きわめて長い時間軸を対象とすること
(ii) 天然の地層という不均質で大きな空間領域を有するシステム要素を含むこと
の2点である．

この問題に対するアプローチとして確立されてきた一般的な方法論では，まず最終処分システムの中で起こるかもしれないと考えられる種々の現象をピックアップし，それらの現象を組み合わせることで，将来処分場の中で起こるであろうさまざまな筋書き（シナリオという）を書き表すことが行われる．ついで，そこで考えられた現象や組み合わせた結果のシナリオを数学モデル（数式）として書き直すとともに，数式の中に代入すべき入力データの整備を行う．そして最後に，モデルとデータを用いて，シナリオどおりの事象が起きたときの影響の大きさを計算し，安全指針や安全基準と比較してシステムの安全性を判定する．すなわち，シナリオに基づくモデル予測によってシステムの安全性が示されることから，廃棄物最終処分の安全性は間接的に実証されることになる．

シナリオの作成にあたっては，システムの特質 (Features)，そこで発生する事象 (Events) や過程 (Process) をすべて抽出したリスト (FEPリスト) が利用される．抽出された FEP を組み合わせて作成されるシナリオには，2とおりのタイプがある．1つは，「緩慢な過程」から構成されるシナリオであり，そのなかでももっとも起こりそうであると考えられるシナリオを通常シナリオとよぶ．多くの最終処分の安全評価において通常シナリオと考えられ

ているものが「地下水シナリオ」とよばれるものである．これは，地下水によって，廃棄物が封入された容器が徐々に腐食され，やがて閉じ込められていた放射性物質が地下水に溶出しはじめ，人工バリアや天然バリアを通って人間の生活圏に到達するというシナリオである．他の1つは，地震，断層活動のような自然現象，あるいは試錐のような人間活動など「突発的に発生する事象」を含むシナリオである．このシナリオに関しては，その発生の可能性について確率論的な検討が行われることもある．

　モデルの開発では，概念モデルの作成，数学モデルとそれを計算するためのプログラムの開発・検証・確証が行われる．まず科学的な原理・原則，および室内や屋外（フィールド）における実験結果や観察事実から得られる知見をもとに，個々のFEPやいくつかのFEPの組み合わせが考えられ，可能性のあるすべての現象に対する概念モデルが作成される．概念モデルに対して数学的な定式化が行われた後，これを解くための計算プログラムが作成される．検証では，計算プログラムが与えられた数学モデルを数値的に正しく解いていることが確認される．確証では，モデルを用いた予測計算結果と実験結果との比較によって，モデルの妥当性が検討され，もっとも適切な概念モデルとそれに対応した数学モデルが選択される．モデルの妥当性を検討する際には，安全評価で考慮すべき時間的，空間的スケールの大きさに留意しなければならない．

　地下水シナリオを例に挙げて考える．まず処分場となる地層の環境条件を設定するため，そこでの地下水の流れと化学的な特性（pH，酸化還元電位，イオン強度など）に関するモデルが作成される．つぎに，周辺岩盤から人工バリア内への地下水の浸入と，浸入した地下水と人工バリア内に含まれる鉱物との相互作用（吸着，溶解など）によって引き起こされる人工バリア内の物理的・化学的変化を予測するためのモデルが作成される．このとき，放射性物質の放射性壊変に伴って発生する熱や埋設時に導入された空気などの移動（これらは地下水と逆方向に移動する），それらに伴う応力の発生なども考慮されなければならない．そして，これらによって予測される条件の地下水とオーバーパックやキャニスターが接することによる腐食や，放射性物質の溶出を評価するモデルが作成される．さらに，溶出した放射性物質が人工バリアや天然バリアを経て人間生活圏に達する過程を解析するためのモデルが

作成され，最後に生活圏における被ばく経路から放射線線量を算出するモデルが作成される．

開発されたモデルを用いて，最終的には地層処分システム全体を対象とした安全評価が行われる．それぞれのモデルに対応して，さまざまなパラメータ値やデータが必要となるが，これらは室内やフィールド実験などを通して取得され，データベースとして整備されてきている．この整備の一環として，信頼性を保証しデータ取得の効率化のための国際共同プロジェクトも行われている．

解析方法としては，決定論的方法と確率論的方法がある．決定論的方法では，パラメータの値を一定とした計算が行われる．パラメータの値は，通常その不確実性を考慮し，システムの性能がもっとも危険側に評価されるよう保守的に設定される．確率論的方法では，パラメータは不確実性を確率分布関数としてとらえ，システムの性能も確率分布として与えられる．

安全評価の結果として得られる個人の被ばく線量は，将来の人の生活環境を推定することが困難なことから，一般に現在の生活習慣に基づいて計算されることが多い．したがってこのような計算結果は，将来の人が実際に被るであろう線量を予測するものではなく，安全基準と比較して最終処分システムが長期間にわたり十分に安全であることを判定するための1つの指標であると考えるべきである．

6.4.3 人工バリア性能

人工バリアは，もはや人が関与しない「最終処分」において，人の英知で設置できる最後の障壁である．またわが国では，地震や断層活動，侵食・隆起・沈降といった地質環境条件の変動による不確実性が大きいと指摘されてきたこともあり，人工バリア性能の向上とその機能の不確実性低減に向けての努力がなされてきた．

人工バリアの第1の目的は，ガラス固化体への地下水の接触を遅らせ，またガラス固化体から溶出した放射性物質の移動を遅らせることにある．オーバーパックの材料としては，耐食性，機械的強度，製作性などの観点から，現在炭素鋼が候補とされている．緩衝材には，代表的な粘土鉱物であるベントナイトを圧密成形したものが考えられている．ベントナイトは，水を通し

にくいという性質の他、みずからが地下水を吸収・湿潤することにより膨張し、周辺岩盤との隙間や岩盤中に存在する割れ目を埋める自己シール性や非常に大きな陽イオン吸着性を有している。ベントナイトは従来より建設工事の際の止水に用いられてきた実績があり、また天然に産する物質であることから、地中に廃棄物とともに埋設することによる環境への影響は、人工製造物を埋設する場合よりは小さいのではないかと考えられている。

　放射性物質の移動を予測する際には、地下水の動きを理解する必要がある。地下水の動きは、廃棄物埋設後に周辺岩盤から緩衝材中に浸入する過程と、緩衝材が地下水で飽和し処分場周辺の水理が定常に達した後の状態から評価される。これまでの評価の結果、地下水が緩衝材に浸入してオーバーパック表面が濡れるまでに数十年を要すること、その後の緩衝材中では地下水の流れは事実上無視できる程度に小さく、緩衝材中の物質輸送は拡散律速になることがわかってきた。すなわち、ガラス固化体から溶出した放射性物質は、人工バリア内を拡散により移動することになる。この移動現象は、数学的には放射性物質の吸着、溶解・沈殿、放射性壊変などの物理・化学挙動を考慮した拡散方程式で記述されることになる。

　ガラス固化体からの元素の溶出と人工バリア内の核種移動現象をモデル化する場合、溶解度律速溶解を考慮する必要がある。アルカリ金属の放射性物質の場合、その溶解度は大きく、ガラスの骨格であるシリカが溶解すればそれに伴って溶出し、地下水中の濃度はガラス固化体の溶解速度によって決定される。しかし多くの重金属のような難溶性の放射性物質の場合、シリカが溶解しても地下水中に溶けることなく、その元素特有の化合物（沈殿物）をガラス固化体表面に形成することになる。このとき地下水中の元素濃度は、形成した化合物の溶解度で決まる。このような溶出を溶解度律速溶解とよぶ。つまり、ある元素の溶解が溶解度律速溶解の場合には、その元素がどれだけ多く廃棄物中に含まれていたとしても、地下水中濃度は溶解度以上には決してならない。これまでの研究から、溶解度律速溶解が吸着現象とともに放射性物質の移動に大きな影響を及ぼすことが示されている。人工バリア性能に関しては、この他にも人工バリア内における地下水組成の地球科学的解析、緩衝材やオーバーパックの熱的・構造力学的特性評価なども行われている。

6.4.4 天然バリア性能

　天然バリアには，長期的に安定で地下水の流れが少なく（たとえば，1年間に1mの移動距離），また核種移動の遅延や分散，希釈に適した環境が維持されることが期待されている．日本やイギリス，フランスでは処分を実施する地層が決定されていないため現段階では地層を特定することなく研究が進められているが，アメリカ，ドイツ，ベルギー，スイス，スウェーデン，フィンランド，カナダなどは地層が決定しているため，その特徴に応じた研究が行われている．

　天然バリアの安全評価では，対象となる地層が亀裂性媒体か多孔質性媒体かによって取り扱いが異なってくる．たとえばスイスが対象としている花崗岩のような結晶質岩は亀裂性媒体と考えられ，ベルギーが対象としている粘土層などは多孔質性媒体とみなされる．

　亀裂性媒体では，地下水の流れが卓越する水路があり，放射性物質は地下水とともにそこを優先的に流れながら亀裂周辺の母岩中にも拡散で浸透するというモデルが作成される．多孔質性媒体では，優先的な水路を考えず，均質な媒体として移流・拡散方程式でモデル化されることが多い．これらのモデルを用いて安全評価を行う場合には，地下水流速，放射性物質の吸着分配係数，拡散係数，地層の空隙率，地下水の化学条件など多くのパラメータやデータが必要となるが，室内実験やフィールド実験さらには理論的解析を通して信頼性の高いパラメータ値やデータの取得・整備が進められている．

　天然バリア環境に関してよく言及されることに，日本は地震・断層活動および火山・火成活動の頻度が高く，いわゆる変動帯に属するが，その影響や不確実性はどのように考えるのかという問題がある．天然現象のなかには，地震・断層活動および火山・火成活動のように急激かつ局所的な現象と，隆起・沈降・侵食および気候・海水準変動のように緩慢かつ広域的な現象があり，それぞれ地下深部の地質環境に影響を及ぼしている．前者については，場所によっては地質環境への影響は大きいものの，大きな変形を伴うような影響を及ぼす地域は比較的狭い範囲に限定されており，また数十万年程度であれば，その規則性および継続性からそれらの影響範囲を推論することができると考えられる．一方，後者は，地下水系などに広い範囲で影響を及ぼすが，緩慢かつ広域的であることから，過去数十万年程度について，広域にわ

たる比較的精確な地質学的な記録が残されている．それらの記録をもとに，将来についても10万年程度であれば，その影響の性質や大きさ，また影響範囲の移動や拡大の速度などを推測することができると考えられる．このような天然現象の長期的変化に関する調査研究を進めることにより，急激な現象については，その直接的な影響の及ぶことのない，最終処分にとって安定な地質環境が存在しうることを示し，また緩慢な現象については，それによって生じる処分施設への直接的および間接的影響を評価し必要に応じて適切な技術的対策を講じうることを示すことができると考えられる．最終処分の観点からは，天然現象そのものを予測するというよりは，その影響が及ぶ範囲について十分な裕度を見込んで評価しておくことが重要であり，その評価の結果と地層処分の安全評価との関連を十分に検討し，とくに注意しておく必要のある現象を抽出・整理しておくことが必要であろう．

6.4.5 多重バリア性能の評価例

(i) OECD/NEA Sorption Data Base に基づく保守的な吸着分配係数の設定
(ii) 地球化学反応解析コードによる緩衝材空隙水中における放射性物質の溶解度評価
(iii) 物質輸送理論に基づくガラス固化体溶解解析と各放射性物質のガラス固化体からの放出様式の決定
(iv) 多核種崩壊連鎖と溶解度の同位体分配を考慮した人工バリア内核種移動解析
(v) 多核種崩壊連鎖を考慮した1次元亀裂媒体モデルおよび多孔質媒体モデルによる天然バリア内核種移動解析

からなる一連のモデルが作成され，各バリアの性能が定量的に評価されている（図6.17[14]）．

ここでハザード（Hazard）とは，1年間に放出される放射性物質の放射能をその放射性物質の年摂取限度で割った値で定義される．[0] ガラス固化される高レベル放射性廃棄物の有する放射能を1年間で摂取した場合，[1] ガラス固化体を400万年間にわたり等量ずつ摂取した場合，[2] 人工バリア外側境界から放出される放射性物質を全量回収して摂取した場合，[3] 天然バ

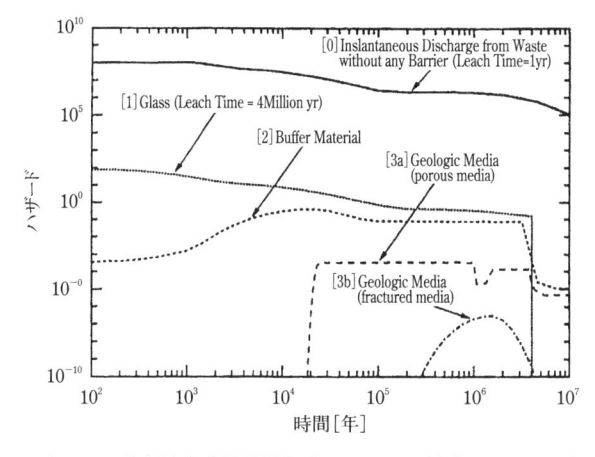

図 6.17 高レベル放射性廃棄物最終処分による人間健康への影響評価結果例

リア外側境界（つまり人間生活圏入口）から放出される放射性物質を全量回収して摂取した場合についてのハザードが示されている．現時点での研究成果に基づき，科学的評価を行った場合の各バリアの定量的性能（ハザードの低減効果）が見て取れる．ただし，あくまで現時点でわれわれが知りえている知見に基づいたものであり，今後，パラメータの時間変化や使用しているデータ自体の信頼性など，再評価すべき点も多く残されている．また，長期的な隆起・侵食の影響，最終処分場付近で地震が発生し断層が形成された場合，処分場の存在を知らずに人が侵入した場合などにおける人の健康への影響についても多くの評価結果が行われている．

このように，最終処分に伴う人間健康への影響評価では，対象となる人が処分場からの重金属や化学物質，放射性物質にどれだけ曝露されているのか，そしてその曝露量によってどのような健康影響が生じるのかが評価され，安全基準と比較されることになる．現在この安全基準は河川や大気における環境基準であったり，放射線量であったりと，統一されておらず，そもそもの基準の根拠も統一されていないのが現状である．

6.5 環境リスク[15]-[18]

6.4.5項では，高レベル放射性廃棄物を最終処分することによって，人が

摂取するであろう放射性物質濃度が，年摂取限度に比べてどれだけ下回っているかで評価した結果を示した．一方，一般廃棄物や産業廃棄物の最終処分の場合には，環境中に浸出してくるであろう重金属や化学物質濃度があらかじめ決められた安全基準に比べてどうかで判断される．このように考えると，安全評価，環境評価，人間の健康への影響評価といっても，さまざまな指標が存在していることになる．種々の産業活動や環境保全活動に対する基準がばらばらでは，整合性のとれた政策判断などは期待できない．また，化学物質や放射性物質による人への影響には，発ガンだけではなくさまざまな疾病などもあることから，今後，発ガンと疾病（疾病といっても，その中には重篤なものもあれば軽い症状しか生じさせないものもある）を同じ指標で議論することが要求されるようになるだろう．実際，21世紀型環境問題には，

(i) 絶対安全はない
(ii) ひとつひとつはきわめて小さい危険であるが，さまざまな因子から複合的な影響を受ける
(iii) 原料の生産から輸送・使用・処理・廃棄に至るまで，すべての工程での環境影響を考慮することが求められている
(iv) 予測を伴い，したがって不確実性と付き合わなければならない
(v) 一方の危険度の低減が他方の危険度の増加を引き起こす

などの特徴があり，20世紀型の法規制では対応できなくなりつつある．
　このような要求に応える指標・考え方が環境リスクである．

6.5.1 ハザードとリスク

　ハザードとは，1つの化学物質がそれ単独で単位量（1 mol，1 g など）だけあるとき，その単位量の化学物質が非常に強い毒性を示すかどうかを表現するもので，毒性が非常に強ければハザードは高いとされる．
　一方，リスクはハザードとは違う．非常にハザードが高い化学物質があったとしても，われわれは環境中においてその化学物質にほとんど曝露されていないかもしれない．あるいは，ハザードは低いかもしれないが，ある化学物質に大量に曝露されているかもしれない．このようなとき，われわれの健康に本当に悪影響を及ぼしているのはどちらであろうか．この判断を与えるものがリスクである．

6.5.2 エンドポイント

　環境リスクとは，環境にとって不都合な事柄の生起確率と考えることができる．この「不都合な事柄」をエンドポイントとよぶ．したがって，環境リスクは，「エンドポイント1単位当たりの影響の大きさ」と「生起確率」の積として求められる．

　環境リスクを評価するためには，エンドポイントを適切に決定することがきわめて重要である．エンドポイントを決定するためには以下の4つの条件が必須であるとされる．

(i) エンドポイントを避けたいと多くの人が共通に認識できること
(ii) エンドポイントを避けることが，人の健康への影響や生態系への影響を避けるために重要であること
(iii) エンドポイントの測定や予測ができること
(iv) 解決したい問題に対して敏感であること

　なお，エンドポイントとして「発ガン」を設定したとき，発ガン1単位当たりの影響の大きさに関しては，国民の間で一定の共通認識があると思われるため，しばしば生起確率だけで評価されることがある．

6.5.3 発ガンリスクと非ガンリスク

　人の健康影響を考える場合，まず注目されるのは発ガンリスクである．このリスクを評価するためには，

(i) われわれは問題としている化学物質などにどれだけ曝露されているのか
(ii) 人の健康は，単位量の曝露に対してどのような反応を示すのか（量—反応関係）

を定量的に知っておく必要がある．

　曝露量に関しては，6.4節で事例を示したように，環境中における重金属や化学物質の動態解析によって評価することができる．つまり，排出源からの浸出，大気・土壌・水環境中での動態，生物圏での動態や食物連鎖，その他決定経路上の動植物の生態，食文化など人の生活習慣などを統合的に解析することで求めることになる．

　一方，量—反応関係は，動物実験や職業上高濃度の曝露を受けた労働者の

疫学・追跡調査などによって求められる．しかし，このときの曝露量は一般の環境中で予想される濃度よりも圧倒的に大きいため，実環境で予想されるような極低濃度での曝露量へと外挿する必要がある．この外挿には，一般にモデルが利用されることになる．この両者から発ガンリスクが評価される．

なお，外挿にあたっては，利用するモデル自体の信頼性やモデル間でのばらつきなどの問題，つまり評価結果の不確実性という問題をつねに含むことになる．しかし，この不確実性を考慮してもあまりある便益を，環境リスクという概念を利用することでわれわれは享受できることに留意する必要がある．

現在，非ガン疾病に関しては，環境基準や許容摂取量に対する比（複数の化学物質などが存在するときはその比の総和）が1未満になるようにして管理されている．しかし，たとえばいま，AとBという2種類の化学物質があるとする．Aには頭痛を引き起こすという作用がある一方，Bには重い中枢神経障害を誘発する作用があるとき，AとBのそれぞれの基準値に対する比の和が0.9で基準を満たしていても，A/A（基準値）〜0.9とB/B（基準値）〜0.9では，意味合いが違ってくるであろう．また，水道水の水質基準では，発ガンという観点から0.1 mg/L以下に規制されるトリハロメタンと，子供への知能障害という観点から0.01 mg/L以下に規制される鉛を考えた場合，規制値だけがその設定根拠をおき忘れて一人歩きすることも予想される．

このため非ガン疾病に対してもリスクという概念を導入することが求められる．現在，非ガンと発ガンのリスクを統合的に取り扱う環境リスクの指標として，中西ら[15]-[18]によって「損失余命」が提案されている．たとえば，10^{-5}の発ガンリスクは，たとえば，0.04日の寿命の損失に相当するとされる．

6.5.4 生態リスク

生態系保全に関する環境リスクを考える場合，上述したような人の健康保全とは目標が違うべきである．保全目標は，1) 個体レベル，2) 個体群レベル，3) 共生体レベル，4) 生態系レベル，のどのレベルで考えるかによって大きく異なる．多くの場合，人の健康目標は，個人レベルで考え，生態系は，個体群レベルで考えるべきである．

このため，生態系への環境リスクのエンドポイントとして，同様に中西ら

によって「種の絶滅確率」が相当であると提案されている．すなわち，個々の生物の死はあまり問題にならないが，何世代か経過するうちに個体数が減少していくときには一定の絶滅リスクがあると考えるわけである．これにより，対象となる生物が地球の生態系を維持するために，どの程度重要であるかを決めることで，絶滅が与える影響を定量的に記述することができるようになる．

6.5.5 リスクを受け入れる社会へ

発ガンリスクと非ガンリスクは，損失余命という1つの指標にまとめられた．これらは，人の健康への影響である．一方，生態リスクについては，絶滅確率という指標が提案されている．

これまで述べてきたように，人への影響には遺伝的影響がある．また，カネミ油症事件で黒い赤ちゃんとして生まれてきた方が結婚し子供に恵まれたとき，その子供も黒い赤ちゃんだったという例があるというレポートもある[19]．今後は，図6.18に示すように，人への影響については遺伝的影響をも考慮したリスク指標が求められるようになるのではないか．このとき，生

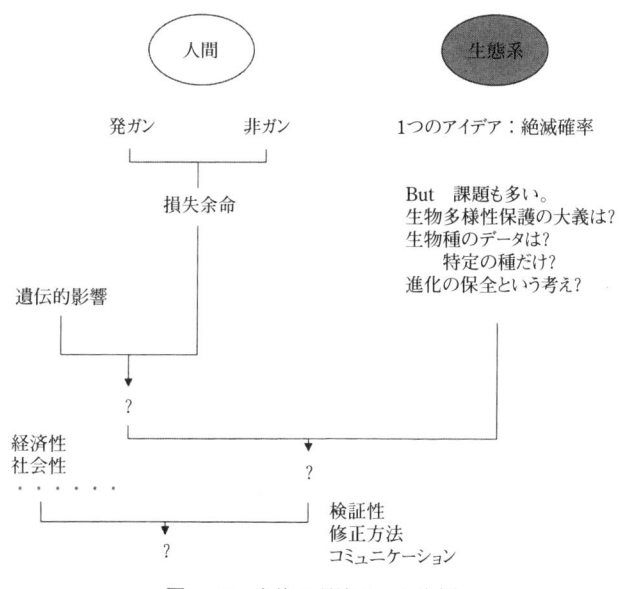

図 6.18 今後の環境リスク指標

態系リスクである絶滅確率と整合する指標となることを念頭においておくことも重要かもしれない．そして，社会的背景や経済的背景も取り込んでいくことも望まれる．このとき，環境リスクはあくまで未来環境を予測しているのであって，評価結果の検証方法や修正をいかに合理的かつ柔軟に実現するかについて考察しておく必要がある．さらに，第三者的な立場ではなく一人称で語る責任あるリスクコミュニケーションをどのように確立し，環境リスクという概念やリスクとベネフィットのバランスというものの考え方をいかに社会的に受容されるようにするのか，そして不確実性と上手に付き合っていく社会をどのように構築すればよいのかについて，検討することが必須であるといえる．

6.6 廃棄物環境科学の展望

「地球に優しい」というスローガンは美しいが，抽象的で何も語らない．環境問題には，具体的な解決が必要となっている．とりわけ21世紀の環境問題の中でも，われわれは「廃棄」という行為とどのように共生していくのかについて，真剣に考えていかなければならない．廃棄物問題は，自治体の行政区域はもちろん，いまや国境を越える"広域環境問題"となっている．このような広域な環境問題の解決手段として，第7章で述べられる環境情報ネットワークの駆使は必須となろう．さまざまな環境計測機器が小型化・ウェアラブル化・ネットワーク化されることで，環境モニタリングや環境監視などを住民間，自治体間，政府間で有機的に連携して行うことができるようになる．実際，東京大学大学院新領域創成科学研究科環境学研究系人工環境学大講座（現在，人間環境学専攻）では，ディーゼル排気ガスからの粉塵，花粉，屋内のダニやアスベストといった微粒子の，ある地域全体における *In-Situ* (その場)，*Real-Time* 計測を実現するために，小型環境計測ネットワークと最新のレーザ計測手法とを組み合わせたり，$1\,\mu m$ 以下のナノパーティクルのレーザ計測をウェアラブル機器やネットワーク技術と統合して，労働安全や環境保全に貢献しようという研究が進められている．また，近年民生向けの利用が拡大しつつある人工衛星と監視カメラ，監視員用ウェアラブル通信機器などの情報ネットワークを統合した産業廃棄物不法投棄監視シ

ステムの構築なども，自治体などとの連携のもとで始まろうとしている．

　廃棄物問題は，広域環境問題であるとともに，それ以上に"未来環境問題"である．すでに廃棄したモノからわれわれは将来どのような影響を受けるのであろうか．現時点で数十万種類の化学物質があり，今後ますます多様な物理的・化学的特性を有する化学物質が開発され利用されて，最終処分されていくことになるのであろうが，そうした未来の廃棄物最終処分によって人そして生物はどのような影響を受けるのであろうか．将来開発されるであろう化学物質はもちろん，現時点で利用している化学物質についての特性や人や生物への毒性を完全に理解するのは現実には不可能である．このため，化学物質を設計する段階から，最終処分を考慮した設計とするとともに，物理的・化学的特性や対人・対生物への影響について，基礎科学にまで立ち返って体系的な観点から整理することも必要となろう．たとえば，最近の計算機性能の向上で急速に進歩してきた計算化学を利用し，外因性内分泌攪乱物質としての疑いが強い化学物質の構造を評価[8],[10]すると，これまで鍵と鍵穴の関係だと信じられていた生体中のホルモン作用に関し，ホルモンとまったく構造の異なった化学物質がなぜ擬似ホルモン様の挙動を示すのかに関する示唆を得る．つまり，フェノールのパラ位に脂溶性の部分が存在し，その脂溶性部がベンゼン環の平面に対してある角度を有するとともにフェノールのOH基とある結合距離にある場合に，擬似ホルモン的作用を示すことがあることがわかる．例外の化学物質も多く，これだけで説明しきれるわけではないが，使用する化学物質あるいは環境中で分解される結果生じる化学物質の構造などを設計段階で評価し，廃棄に伴う人の健康や生態系への影響を簡便かつ定量的に予測できるようになるかもしれない．その一方で，現実には残留性有機化合物による土壌汚染問題など，いますぐに環境修復を要するところが多々ある．修復といっても，土を掘り返したり，客土をするだけでは問題の解決にはならず，環境リスクの観点から，どのような修復方法がよいのかと，修復の結果発生した汚染物質をどのように最終処分すればよいのかを検討しなければならない．この処分方法を考える問題も未来環境問題である．そのほかにも，マイクロマシンからさらにはナノマシンが活躍するようになってきたが，ナノマシンほど小さくなったものの循環リサイクル・リユースは可能であろうか．可能ではあるだろうが，資源的・エネルギー的に行うべ

きことなのだろうか．これらも最終処分に関する検討に基づいた設計・開発・利用が望まれる．また，必ずくるという関東地震で発生が予想される大量の廃棄物の最終処分についても，中間処理方法とともに，どのような処分システムであるべきか，考えておかなければならない．

廃棄物の最終処分というと，NIMBY（ニンビー：Not In My Back Yard）あるいは最近は BANANA（バナナ：Build Absolutely Nothing Anywhere Near Anybody）とさえいわれるようになっているが，21世紀を人が安心して暮し，生物の多様性が保全される環境とするためには，人がみな「廃棄」について責任をもつことが第一歩である．

参考文献

[1] 環境省編：循環型社会白書　平成17年度版 (2005).
[2] 北野大編著：資源・エネルギーと循環型社会，三共出版 (2003).
[3] 大川真郎，豊島産業廃棄物不投棄事件，日本評論社 (2001).
[4] 吉田文和，循環型社会基本法下の廃棄物問題の背景と解決への展望，廃棄物学会誌，**12** (2), 86-95 (2001).
[5] 原田正純，水俣病，岩波書店 (1972).
[6] 原田正純，裁かれるのは誰か，世織書房 (1995).
[7] 西村肇，岡本達明，水俣病の科学，日本評論社 (2001).
[8] 長崎晋也，廃棄物処分から環境学へ，エネルギーレビュー，**20** (8), 25-29 (2000).
[9] 佐藤洋編，Toxicology Today―中毒学から生体防御の科学へ―，金芳堂 (1994).
[10] 化学物質安全情報研究会編，環境ホルモンの問題とその対策，オーム社 (1999).
[11] T. G. Spiro and W. M. Stigliani 著，岩田元彦，竹下英一訳，地球環境の化学，学会出版社 (2000).
[12] 菅原努監修，青山喬編著，放射線基礎医学（第9版），金芳堂 (2000).
[13] 財団法人日本原子力文化振興財団，原子力図面集2000年版 (2000).
[14] 長崎晋也，高レベル放射性廃棄物処理処分の科学，パリティ，**13** (1), 24-35 (1998).
[15] 中西準子，環境のリスク，岩波講座地球環境学1　現代科学技術と地球環境学，115-141，岩波書店 (1998).
[16] 中西準子，環境リスク論，岩波書店 (1995).
[17] 横浜国立大学教授中西準子氏個人ホームページ http://homepage3.nifty.com/junko-nakanishi/.
[18] 中西準子，蒲生昌志，岸本充生，宮本健一編：環境リスクマネジメントハンドブック，朝倉書店 (2003).
[19] 白木博次，全身病　しのびよる脳・内分泌系・免疫系汚染，藤原書店 (2001).

第7章

産業環境学——産業と技術の再構成

7.1 産業環境学——ディジタル化とともに汎化した産業情報基盤

　産業環境学分野の母体となった工学部船舶海洋工学科設計研究室（現システム創成学科知能社会コース）では造船設計を具体例として情報システムを研究してきた．人工環境学という範疇のなかに新分野を作るにあたり，一般的な産業をキーワードとして研究を進めることにし，産業環境学分野とした．産業システムにおいては，CAD/CAM，データベース，インターネットが人間の働く具体的な環境である．ディジタルデータが中心になり，図面と計算書を紙の上に毎回作り出すようなことは過去のことになった．これまで，産業に関連する学術分野もそれぞれ固有の知識体系に関する研究であった．20年前までは，たとえば船舶工学といえば，材料力学，構造力学，流体力学が中心で，研究分野もそれら力学系に関するものが中心であった．産業がディジタル化されると，CAD等の製品のディジタル表現や，抽象的な知識の表現手法などの検討が必要になってきた．これは船舶工学とか，自動車工学とかいうような個別分野の学術ではなく，いろいろな産業分野に使える汎用基盤技術である．また情報技術を中心に産業システムを構築することは，新しい価値創造，イノベーションの基盤を作ることであり，わが国の今後の産業や社会，そのなかでの人間のあり方に深く関連する．

　産業は，資金と素材とから製品やシステムを構築し，さらにこれを運用し廃棄するまでの全ライフサイクルに責任をもつ．それにより利潤を得て，従業員の賃金や設備投資として，次のさらに進んだ製品やシステムを作り出していく．製品の開発，設計，生産，運用，廃棄に至るまでたくさんの知識が

蓄積され，機械工学，電気工学といった多分野にわたる職能をもった技術者たちが産業組織を構成し，知識を効率よく運用して，産業を発展させている．製品はCADなどによりディジタル化してデータベースに構築される．その設計と生産はコンピュータ，しかもインターネット上に配置され，データのやりとりや共有が可能な環境で行われるが，その効率的なシステムの個々の機能のありようや実装の仕方に関する情報技術の検討を行い，将来の産業システムの構築手法を体系的に求めていかなくてはならない．情報技術によって従来の産業組織も大きく変わる．たとえば知識処理システムを構築するために，これまでになかった情報技術に通暁した技術者を集めた組織が必要になるだろう．インターネットによる情報共有を前提として，設計も製造も世界的な最適立地を求めることができるようになり，企業の世界戦略も情報技術のあり方で大きく変わる．産業環境学は人間の産業活動にもっとも適したインターネット上の情報環境を構築しようという試みである．しかしながら，情報技術を利用するのは人間であり，人間がどのように考え，行動するかについても知見を深め，情報技術を考えていくことがきわめて重要である．いわゆるIT化は，情報技術でなく技術者のもつ産業技術が中心になって進められる．

　産業環境学の研究には，情報技術のさまざまな分野が含まれ，研究内容もきわめて多岐にわたる．これらを整理し，その方法論にまとめ，産業の新しい形態を探求することが産業環境学の目的である．

7.2 産業環境学の課題

　現在の産業環境学の課題は多岐にわたるが，産業環境が物理的な環境から高性能計算機とネットワークを中心にした環境に変化したことによって，情報・コンピュータ技術の産業基盤への応用課題が中心である．電子計算機本体やデータベースシステム，インターネットなどの通信技術の急速の進歩ばかりでなく，ソフトウェアも構造計算などの計数的なものから論理的な知識を取り扱えるようになった．データや知識のインターネットを介しての共有，再利用や，人間行動そのものの分析も産業技術の課題である．

　課題を具体的に整理すると，以下のようである．

7.2 産業環境学の課題

(1) ディジタル化に関する課題

　CADが流通し，どの分野でもCADを用いて設計が行われるようになってきた．CADは当初，製図板と同様に絵が描けるというものであった．その後，2次元から3次元になりオブジェクト指向の考え方が出てきて，単なる描画でなく部品や中間製品として表現がなされるようになり，部品同士のつながり方などもデータとして表現し工作手順なども記述できるようになった．しかし，ソフトウェアごとにデータ構造が異なり，設計CADで作られたデータがそのままではNCマシンで利用できず，データを人手で変換しなくてはならない等の問題がある．ISO10303規格，いわゆるSTEPなどで，中間的なデータ規格を作ることで解決しようと試みられているが，膨大な作業で時間がかかっている[1]．最近では，XMLなどのタグ付きデータで自由に記述していくことが試みられている．データのディジタル化も中途半端な状況である．これは本稿では扱わない．

(2) 知識処理の課題

　産業は，これまでの知識をベースに新たな知識を作り上げ，それを利用して製品を作り出すことで進展してきた．設計過程や設計，生産の知識を計算機内に実装し，利用することが現在大きな課題となっている．知識の表現手法，現場での知識抽出，その利用法についての検討が盛んになされている．設計生産の過程については作業手順と内容を示すワークフローを実装し，その個々の作業内容についてはワークフローのタスクから知識データベースにリンクを張り，知識を供給することが可能であろう．このような知識の実装と運用方法の検討が必要である．知識自体が，図や表のような形式知となっていれば利用は容易である．現場では，理由ははっきりしないがこうする，というような暗黙知がたくさんある．これを熟練技術者から抽出することはなかなか困難で，知識を整理して形式知化することも大きな問題である．これまでの経験が遺されている技術文書も多く蓄積されているが，これらを活用することも課題である．いわゆるデータマイニングの問題である．技術文書に記載された内容を分類整理し，さらには数値化するなどで，これまでの経験をこれからの活動に盛り込むことができるが，そもそも文書がディジタル化されていないことも多く，実際にあまり行われていない．

(3) ヒューマンファクタの課題

ハード，ソフトともに計算機技術は長足の進歩を遂げたといわれるが，それでもまだ入り込めない分野にヒューマンファクタの問題がある．自動車工場のようにライン化されたところでは，ロボットによる定型的な作業が主体となるが，造船所などのように多種多様な作業が大きな工場で行われるところでは，材料の持ち込みから溶接機などの配置やオペレーションなど現場作業者が状況に応じてもっている知識で対処している．工場ばかりでなく，飛行機等の運航現場では人間あるいはグループは，多様な状況のなかでそれまでの経験から的確迅速に判断して行動している．このような状況認知から判断，実行までの人間の思考サイクルを分析し，それをサポートするシステムの設計方法論とその有効性の立証方法が必要になっている．各種センサやウェアラブルコンピュータにより作業員の行動や会話を取り出して分析することが今後の課題であろう[2],[3]．

(4) インターネット上の産業支援技術

産業組織は国境を越えてインターネット上に展開し，きわめて効率的に行えるようになっている．工場内の作業員はもちろんのこと，運航中の船舶や航空機も衛星を介してオンライン化されている．これまでのような組織内の狭いコミュニケーションでは仕事は進まず，ネットワーク上でもっとも効率のよいチームで作業を進める必要がある．10年前にVirtual Enterpriseという概念が提唱され，そのインターネット上の実装手法としてOMG (Object Management Group) による分散オブジェクトの仕様であるCORBA (Common Object Request Broker Architecture) が策定された[4]．これは，さまざまな機能をもつシステムがネットワーク上に分散しているときに，ある機能を必要とするとネットワーク上のどの計算機資源で実現できるかを知らなくても，ソフトウェアが最適な場を捜し出し，実行するというものである．このように必要に応じて知識源やその専門家を見つけだすBroker機能をもち，その作業のワークフローと資源の管理を中心に，産業組織全体を統御するシステムが課題である．たとえば，あるシステムを計画設計しようとした場合に，それに関する過去の設計事例の文書などの所在や，もっとも専門的知識を有する技術者を紹介し，そこで発生する電子メール対話形式の作業をサポートしてまとめることや，運航中の船舶で突発的な故障

が起こった場合,船上からの問い合わせに対して,これまでの同種事例の関連文書と専門家を見つけ出し,陸上の運航本部とも連絡して原因を究明,寄港地への部品の配送などの対処を行うことが必要である.これらは,ワークフローと,文書検索,専門家抽出,対話分析などで行うことで可能と思われる.目的を1つにするコミュニティを支えるウェアへの深化展開が必要である.

これ以外にも多くの課題があるが,ここに述べたことは,目下の産業環境という意味でもっとも本質的な課題であり,最近の研究の状況から解決が可能になってきた.これらについて,産業の現場を観察しながらシステムを実装し,必要な情報技術の展開を図る.そして,産業環境を高度化し,人間がさらに人間らしい知恵を出すことに専念できるようなシステムを構築することが目的である.この後に続く数節でその具体的な説明を試みる.

7.3 知的生産技術の向上——ワークフローモデルと設計知識へのセマンティックウェブの応用

産業組織での知識の問題を取り扱う.組織で知識を計算機に実装して再利用し,効率的な産業システムを展開する.人間の行動は作業の手順,すなわちワークフローとそこで利用される知識としてまとめられる.ワークフローは思考や作業の順番を表現し,これを通して知識の体系化が図られる.ワークフローはいわゆるフローチャートで表され,矢印で前後関係を,矢印で結ばれるそれぞれの箱は作業タスクを表現している.このタスクボックスでは,作業内容を明確に示し,それに必要な知識にアクセスできるようにすることが必要である.

7.3.1 組織構造とワークフロー

たとえば自動車の設計を考えると,市場調査に基づき基本的な仕様を決める.具体的な設計に入るとシャーシ,車体,エンジン,操向装置,ギヤボックス,空調や電子機器など多くの部分は,それぞれ担当グループに分かれて設計が行われ,それらをまとめることで製品設計の全体ができあがる.ワークフローは全体を示す大雑把なものから,CADでの作業の詳細手順まで表現するものもある.詳細なワークフローは設計組織に対応して作られる.実

際にシステムを構築する際にはそのタスクボックスの知識の集積と整理に主眼がおかれる．タスクボックス自体も，そのなかにさらに重層的にワークフローが入る形式で具体的な詳細までが決められる．一方，設計では，その会社の設計標準や製造標準を反映させなくてはならず，過去の経験なども集積されていく必要がある．このようなワークフローと具体的な知識を共有し，かつその知識を設計者が削除したり新たに追加したりということができれば，つねに新しく正確な知識の体系をコンピュータ上に維持することができる．このことは設計知識の蓄積と，更新，共有が行えることであり，新しい形の知識共有や，熟練者による若手の教育，大学での設計教育にも利用することができる．この知識データベースを自社内でもてば，自社の設計がその知識や標準によって効率的に利用できることになる．また，この知識データベースをインターネット上におき，設計便覧をこのようなシステムに載せると，大学での新しい設計教育がインターネット上で共通に行えることになる．さらに便覧の改訂もインターネット上のサーバで簡単に行うことができて，きわめて有効であろう．このようなことで産業界での知識の効率的利用や，教育の効率化現代化に直接つながる．

7.3.2 セマンティックウェブと ShareFast

インターネットでの情報の共有手段の１つに，セマンティックウェブ技術がある．これは，従来インターネット上の情報検索が人間のブラウジングによって行われていたのを機械でも可能にするもので，将来型ウェブ技術として提唱されている[5]．インターネット上の情報にタグを付けることで，その情報の内容を示し，計算機はそれをみることでデータを選び分けることができる．セマンティックウェブの基本的な構造は以下のようである．

まず，データの内容を示すメタデータの定義をする．メタデータの定義は一般には XML (eXtensible Markup Language) を用いて RDF (Resource Description Framework) を記述する．RDF は主語，述語，目的語の構造をもち，グラフ形式で表される（図 7.1）[6],[7]．

この記法によれば，http://www.sharefast.org/sample.html の作成者 (Creator) は Yamato であるという内容を表現し，メタデータ "Creator" の内容を示す．このメタデータにはそれぞれ接頭辞でそのおかれている URI

7.3 知的生産技術の向上

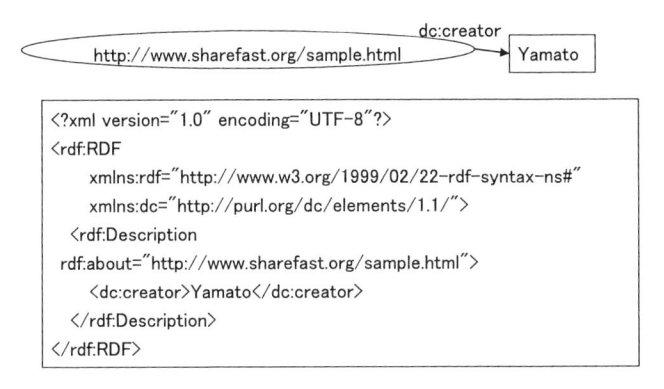

```
                           dc:creator
  http://www.sharefast.org/sample.html ──────▶ Yamato

<?xml version="1.0" encoding="UTF-8"?>
<rdf:RDF
    xmlns:rdf="http://www.w3.org/1999/02/22-rdf-syntax-ns#"
    xmlns:dc="http://purl.org/dc/elements/1.1/">
  <rdf:Description
  rdf:about="http://www.sharefast.org/sample.html">
      <dc:creator>Yamato</dc:creator>
  </rdf:Description>
</rdf:RDF>
```

図 7.1 RDF のグラフ構造と記法

(Universal Resource Identifier) が指定されている．たとえば 3 行目の rdf という接頭辞のついているプロパティは，その指定された URI において定義されている．4 行目の dc はダブリンコアとよばれ，ダブリンコアメヌデータイニシアチブで設定されたメタデータ集で，作成者や作成日などその情報の基本的なメタデータを定義している．

同義語などの管理は，オントロジーを用いて行うが，それには RDF スキーマを用いる．さらに複雑なクラス構造などを表現するために WOL (Web Ontology Language) などがある．

ウェブ上に情報を配置し，それにこのような RDF をつけ計算機がそれを検索することで，文書の作成者や内容の記述を計算機が読み出すことができるようになる．

筆者の研究室でセマンティックウェブを用いて，ワークフローの編集とその中に現れるタスクボックスで必要な情報を簡便に結びつけることのできるシステムを構築して ShareFast と名づけ，最近これをオープンソースとして公開した[8]．

ShareFast は，図 7.2 に示すようにサーバ・クライアント形式になっており，クライアントにはワークフロー作成機能 (Workflow Editor) とワークフロー・文書閲覧機能 (Tree Explorer) の 2 つの機能がある．ワークフロー作成機能 Workflow Editor では，タスクボックスとそのあいだの矢印をカーソルで結びつけることでワークフローを定義する．タスクボックスには

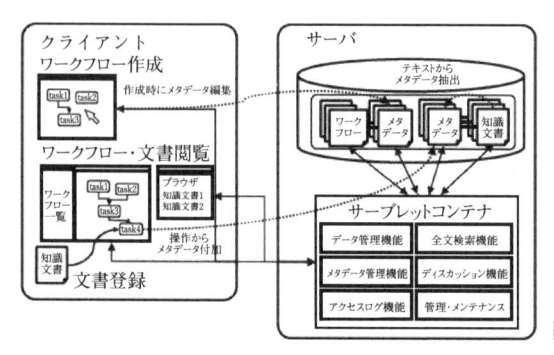

図 7.2 ShareFast

そのアクティビティの名前や決定されるべき変数名などを入れる．ここででき あがったワークフローは RDF ファイルになり，サーバにアップロードされ，それ以降サーバからダウンロードして利用できる．ワークフロー・文書閲覧機能 Tree Explorer は，サーバにあるワークフロー RDF をダウンロードして利用する（図 7.3）．必要な文書ファイルなどをドラッグアンドドロッ

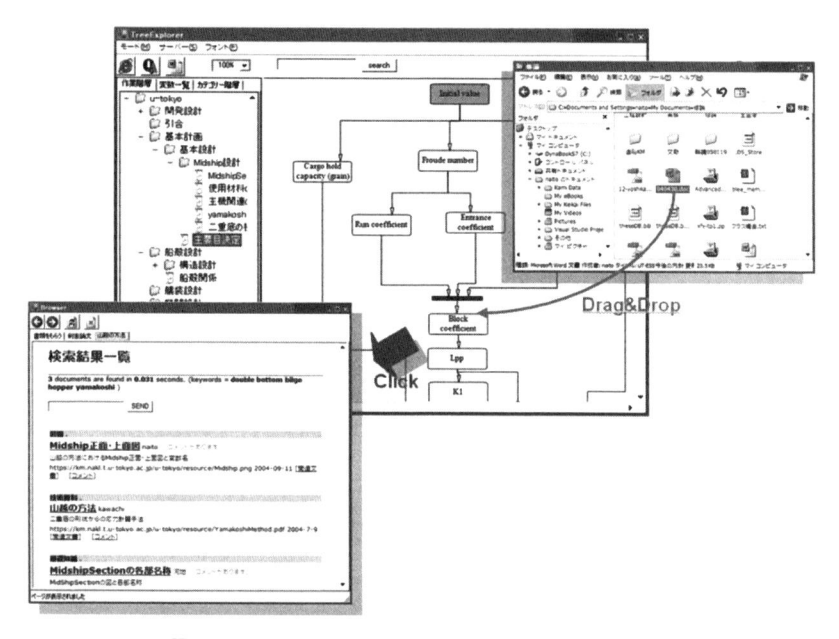

図 7.3 ワークフロー・文書閲覧機能：Tree Explorer

プでタスクボックスにアップロードできる．また，タスクボックスをクリックすることでウェブブラウザが起動して，そのタスクボックスに関連づけられたデータのリストを参照のうえ，選択し表示する．さらに，実利用の際には，それぞれのタスクボックスでダイヤログを起動して設計値の入力を行う．これによって，設計をしながら情報を参照したり，追加したりすることも容易に行える．熟練者が一度これを使うと，それ以降はそのウェブ情報にアクセスしながら初心者でも熟練者の知識による設計が可能になる．ブラウザからはメタデータの検索が可能で，必要な情報を検索することができる．

また，このシステムにはメール機能をもったQ&Aシステムを実装しており，利用者どうしでのコミュニケーションを行えるようにしている．1つの質問に対してスレッドIDを振り，さらにスレッドの状態についてもopen, closeの属性値を振り対話の進行管理をしている．これにより利用者同士のコミュニケーションを行うことができ，ワークフローや情報の質を高めていくことができる．

7.3.3 造船設計ワークフローシステムの例

上述のシステムの効果を実証するために，造船会社数社と共同で簡単な作業を行ってみた．例として，船舶の二重底の設計手順を取り上げる．鉱石運搬船や大型タンカーでは，図7.4に示すように船底構造を二重にするが，この二重底の幅や高さ，板厚，さらには補強材の入れ方などを積み荷の重さ，荷物倉の大きさなどで変えなくてはならない．初期設計では，有限要素法などの詳細な計算をせずに山越の方法とよばれる手法を用いて簡便に決定して

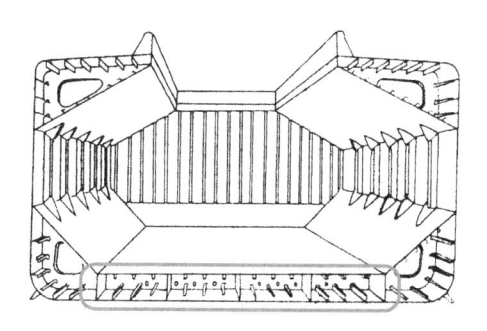

図7.4 船舶の二重底

いる[9]．山越の方法をワークフローで表すと図7.5のようになる．上方のブロックには，すでに一般配置の設計で決められている二重底高さや船倉の大きさ，さらに Stowage Factor とよばれる積み荷の比重の逆数を入れていく．そして下方に向けて順次値を入れていくと，最終的に内板と外板の厚さと，ホッパの幅と高さを変数にして繰り返し計算を行い，最終的な構造を得る．

　非常に局所的で明確な設計手順であるが，ワークフローの設定には技術者により個人差があった．しかし最終的にまとまったワークフローは全員が理解して利用できるものになった．またタスクボックスには，専門用語の定義から，材料定数表，表計算シートなどが含まれている．タスクボックスをクリックした際に現れるタスクの例を図7.6に示す．横隔壁位置における固着度 K_x の式が情報として表示され，それを表計算ソフトで計算できるようになっている．

　さらにできあがったワークフローにそって4人で別々に設計を行い，その各タスクボックスの作業に要する時間をとっていくと，図7.7のようになった．4つのバーの高さが4人の要した時間を示すが，これによるとところどころ，時間のかかる場合のあることがわかる．これをインタビューにより調査すると，単位がわからず迷ったり，材料定数を選ぶのに材料の情報が明確でなかったりと，情報の質に問題のあることがわかった．このようなやり方でこのワークフローシステムをさらに使いやすくしていくことができる．

　2つ目の例として，設計教育への応用を試みる．産業の現場ではCADによる設計が一般的であるが，教育の場ではなかなかうまくいかない．大学の講義にCADを導入しても，そのオペレーションに習熟するのが困難で，設計の本質的なポイントまで伝授することはきわめて難しい．機械部品を扱う程度であればまだしも，船舶や航空機，自動車といった大きな製品を取り扱い，その設計をCADを通して学ばせることはきわめて困難である．そこで，船舶の一般配置の設計について，手順を明確にし，必要な便覧，過去の実績，計算書等をこのシステムで表現しておき，学生がそれをフォローすることで効果的に設計教育を行うことが期待できる．学生は各タスクボックスに表示される教科書的な情報などをもとに，設計手順をフォローして学習する[10]．

　図7.8にその構成を示す．ここで UT-ESS は University of Tokyo-Educational Software for Shipbuilding で，ShareFast の原型を造船教育シ

7.3 知的生産技術の向上　　　229

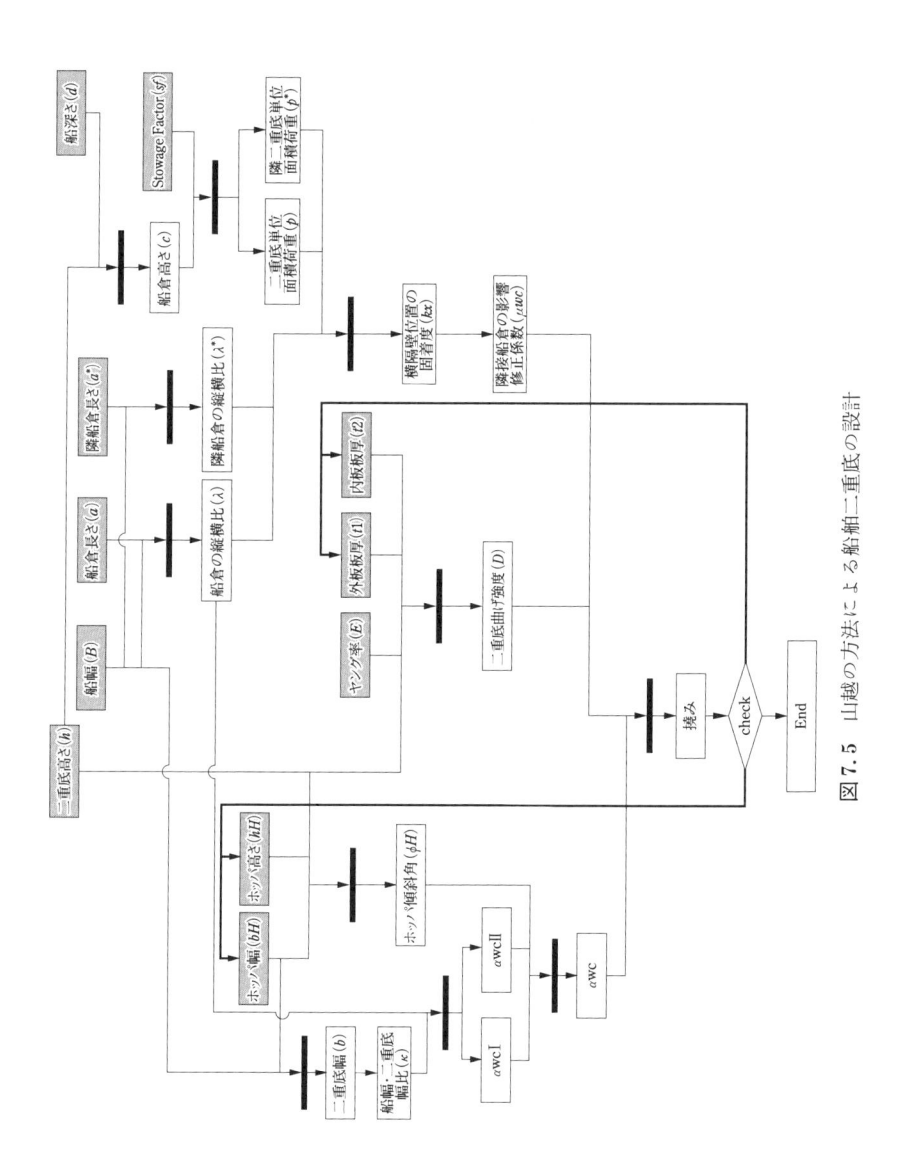

図7.5 山越の方法による船舶二重底の設計

横隔壁位置における固着度

Input				answer
λ	λ*	p	p*	kx
1	1	1	1	1

$$k_x = \left\{0.2\left(\frac{\lambda^*}{\lambda}\right)^2 + 0.4\frac{\lambda^*}{\lambda} - 0.1\right\}\frac{p^*}{p} + 0.07\frac{\lambda^*}{\lambda} + 0.43$$

図7.6　タスクボックスとその情報

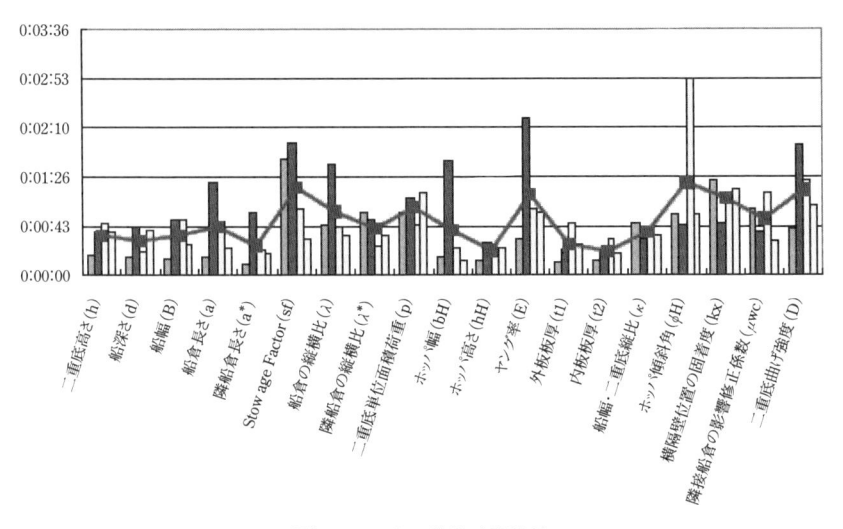

図7.7　4人の設計時間比較

ステムに利用したものである．ここでは主要目の決定のみを示している．まず，1番上に Newcastle Protocol が示されているが，これは世界の造船設計教育に関係する大学やソフトウェアベンダが集まり，大学で行うべき設計教育の標準的な内容をとりまとめたものである[11]．その中心となった英国のニューキャッスル大学の名前を冠している．内容としては一般配置を決定し，静水計算，エンジン選定，中央部の鋼材配置，剪断力・曲げモーメント図，安定性の計算などを行うこととしている．UT-ESS ではこれらの決定手順を与え，それに必要な情報を与える，そこで設定された数値は右側の造船用 CAD ソフトウェア Tribon のデータとなり，具体的な設計が行える．ここでは過去の船舶を1船ごとにホームページとしてそれに RDF をつけ，セマン

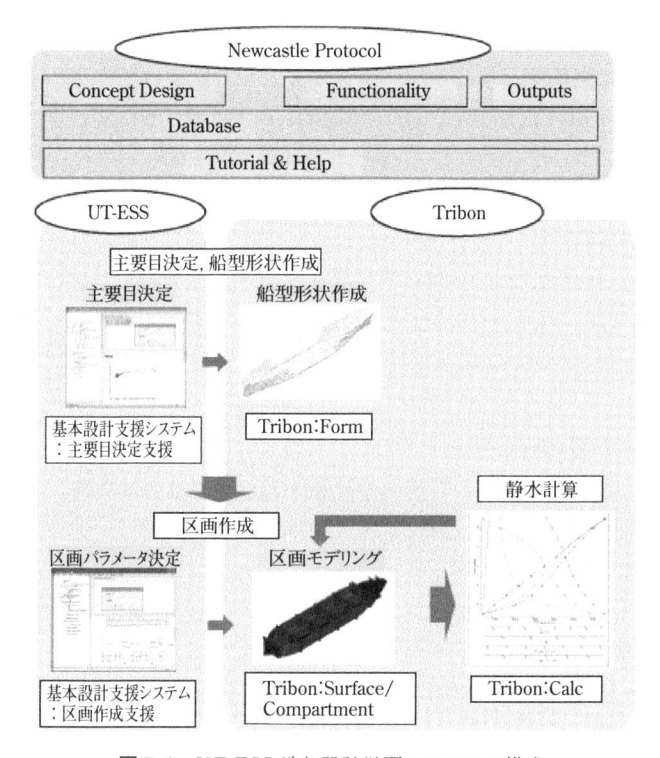

図7.8 UT-ESS造船設計学習システムの構成

ティックウェブ技術を用いて過去の船舶のデータや写真や図面をウェブブラウザで見ることができる．また計算機がたくさんのホームページからデータを取ってきて集計し，図表やグラフにするプログラムを実装してある[12]．

このようなシステムで熟練技術者の知識を利用することで技術伝承を容易に行うことができ，さらに教育システムを構成することができ，新しい設計教育のやり方が提案できる．インターネット上に展開されているので他大学での利用や企業などへの普及も容易である．

7.4 ヒューマンファクタの克服——現場作業の分析手法

人間あるいは人間グループの状況判断により各種作業がなされているが，今後この分野への情報技術の導入が望まれる．前節で述べた設計においては，

人間の知識がいわば客観化され，手順化されている．ヒューマンファクタは知識が客観化されず，人間の頭の中にあるままで計算機がサポートすることができない部分のことである．交通機関の事故はその多くがヒューマンファクタであるとされているが，これをうまくサポートすることができれば，事故は激減する．危険が差し迫る環境下での人間やグループの行動や交わされる言葉を分析していくことで，どのように情報分析がなされ，それに対して過去の経験や知識によってどのように判断がなされていくかを，さまざまな情報機器を用いて検討していくことが鍵になる．代表的な例として，船長以下数名のグループで行われる大型船舶の操船についての分析を紹介する．

7.4.1 操船と認知科学モデル

数十万トン級のタンカーなど大型船舶が輻輳域を航行する際には，船長が全体を統括し，見張りにセカンドオフィサ，そしてエンジン操作にサードオフィサ，舵取りにクォータマスタがつき，これらの人々が作業を分担する．輻輳域では，他の船舶の動向を肉眼やレーダー画像で把握し，とくに自船との衝突あるいは異常接近や，浅瀬を避けて，また陸上からの指示を受けながら操船する．大型船では幅30 m，前後10 m程度の船橋に配置されたレーダーや電子海図などの航海機器を分担している．これらの情報は船長に集められ，船長が最終的な操船判断をくだす．グループの情報処理はこのような船長による中央集約的なスタイルで行われている．大型船舶は時定数が大きく，危険を察知して主機逆転の非常停止をしても，停止までかなりの時間と停止距離を要し，ずいぶん先を見越した対応が必要である．東京湾やシンガポール沖などでは，自船の周りに注意すべき船舶が数十隻になることもある．

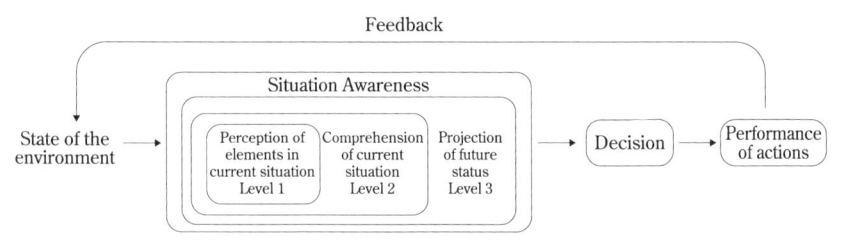

図7.9 EndsleyのNDMモデル

このような情報処理過程をモデル化する必要がある[13]．多くのモデルが提案されているが，ここでは Endsley による NDM (Naturalistic Decision Making) モデルを紹介する（図 7.9）．これは，人間の認知過程を，状況認識（Situation Awareness）から，決定（Decision），行動（Performance of action）とし，さらに状況認識を3つのレベル，すなわち，要素認知，現状理解，将来予測に分けている[14],[15]．

操船では，このサイクルを船長を中心とした集団で行っている．見張員によって船舶の動静が船長に報告され，船長が将来危険度が上昇するかを見きわめ，そして操船判断へと移行していく．船長中心の状況認識が行われているが，オフィサーたちも，動向変化をその判断で船長に通報したり，必要に応じて他の作業をしたりと，自立的に判断して情報の収集につとめている．

7.4.2 マルチメディアによるグループワーク分析システム CORAS

このようなグループの行動を分析するために，元東京大学の安藤英幸（現

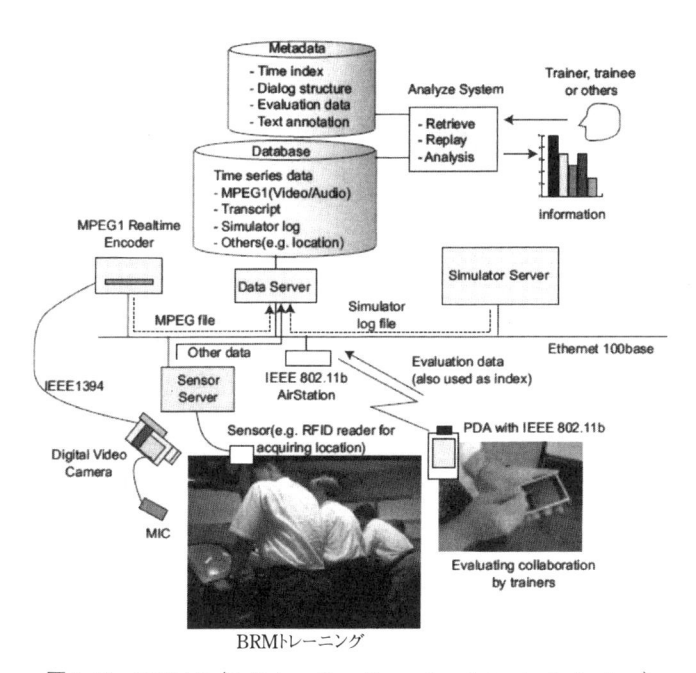

図 7.10　CORAS (Collaboration Record and Analysis System)

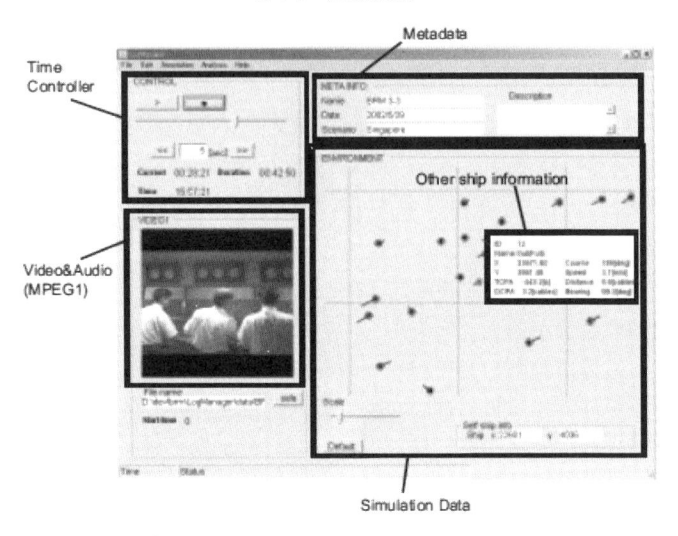

図 7.11　分析システムのインタフェース

在, (株) MTI 勤務) らが画像, 音声, レーダー情報などを統合して取り扱うことのできるシステム CORAS を構築し, 操船の分析に利用して成果を得ている[16].

図 7.10 に概要を示す. これは, シミュレータによるトレーニングを記録し分析するものであるが, 実機にも使える. BRM (Bridge Resource Management) トレーニングの様子を, ディジタルビデオカメラで映像と音声をとり, また船員の位置も RFID などでとり, さらに, トレーナーのそのときどきの評価をトレーナー自身が手に持った PDA を用いて記録し, 無線 LAN を介してデータベースに送られる. シミュレータに現れる周囲の様子もシミュレータからデータベースに入る. 実機では, レーダーや電子海図情報を取り出しておく必要がある. さらに, これらのデータを解析するさまざまな機能を備えている. 図 7.11 には分析システムのインタフェースを示す.

図中, 右側には自船と周囲の船舶の動静が丸印とベクトルで示されている. 実際には, 自船は赤いマークで示されている. 左側にはビデオ画像を示し, この 3 人と画面に映っていない操舵手の共同作業で操船が行われている. 音声については別途テキスト化され分析に用いる. 音声の分析を中心に Endsley のモデルを用いて処理プロセスを分析する.

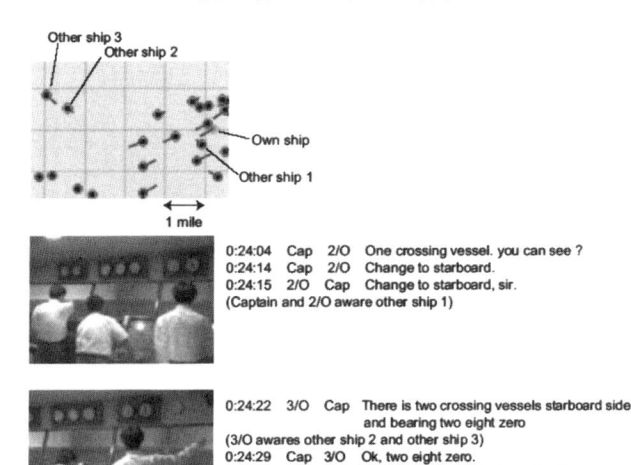

図 7.12 操船の様子

7.4.3 対話分析に基づく船舶運航の分析

図 7.12 に 3 名による他の 3 隻の船の認識の様子を示す．左から横切ろうとする船を確認した後，右前方 3.6 マイル先の 2 隻を認識したところで，これは Endsley のモデルの状況認識のレベル 2 までいっている．船長はみずから速度計を見て判断するのではなく，速度計などを所掌している航海士に呼びかけて，その答えで速度を認識している．したがって自船や他船，周囲の状況はすべて発話されている．船長の針路や速度の変更の指令も発話される．そして発話にはその作業意図があることに注目する．つまり，発話の内容が自船の速度に関するものであれば，それは「自船の速度の認識」がその作業意図である．この作業意図を追うことで，このグループが Endsley モデルのどこの部分に相当する作業をしているのかがわかる．このために，シミュレーションで得られた多くの対話を計算機が処理可能な数値データにして，まず人間が分析を行い対話とその作業意図を割り振っていく．十分な数のデータを得たところで，対話と作業意図の関係について確率モデルを得る．この確率モデルを用いて他のデータに適用して，隠れマルコフモデルを用いて計算機に自動的に抽出させる．この基本的な手法については，計算機による言語分析や対話の意図抽出の論文に譲り，ここではその概要を述べるにとど

める[17].

　手順としては，まず得られたデータに対して人手で以下のことを行う．

　(1) 各発話について，それに現れる単語を抽出する．これを見出し語という．この見出し語には，見出し語 ID を振っておく．また発話者 T も特定しておく．

　(2) 発話内容の作業意図をつける．作業意図も計算機が認識可能なラベルをつくり，各発話につける．作業意図としては，状況認識の段階で，他船，自船位置，自船針路，自船舵，自船状況，周囲環境，意思決定・行動については，変針，変速，警笛を設定し，これを作業意図ラベル U として発話に割り付ける．

　(3) 発話を，クラスタに分ける．たとえば，他船の状況を知るときには，その方位や距離，船の種類などが主に現れる．これらは見出し語として現れているので，出現した見出し語 ID のところに出現数を入れることで，発話を全見出し語 ID の数を次数とするベクトルとして表現できる．このベクトル間の距離を用いることでクラスタを構成することができる．クラスタは分析に必要な数だけ取り，クラスタ ID をつける．このようにすることで発話にはクラスタ ID（これを W とする）がつけられる．

　これだけの作業を十分な量の発話に関して行ったところで，統計処理を行い，確率を求める．発話は，クラスタ ID W に変換され，発話者は T，作業意図は U として，計算機で処理が可能になっている．処理した全発話データから，作業意図の発現確率 $P(U)$，作業意図 U のもとで発話のクラスタ ID, W, 発話者 T, が同時に発現する確率 $P(W, T|U)$ を計算することができる．

　つぎに，新しいデータが得られたときに効率的に作業意図まで抽出するシステムを作っておく．まず，見出し語を抽出するプログラムを作る．これは形態素解析プログラムなどで行うことができる．奈良先端科学技術大学松本研究室で開発された「茶筅」を用いている[18]．次にこれをベクトルに変換し，クラスタ ID を振るプログラムも容易にできる．これらを用いて，新しい発話に対して処理を行い，最後にその作業意図を隠れマルコフモデルから推定する．新たに得られた発話に関して，クラスタ ID が W，発話者が T として，すべての作業意図 U について，先ほど求めた確率を用いて $P(U) \cdot P$

7.4 ヒューマンファクタの克服

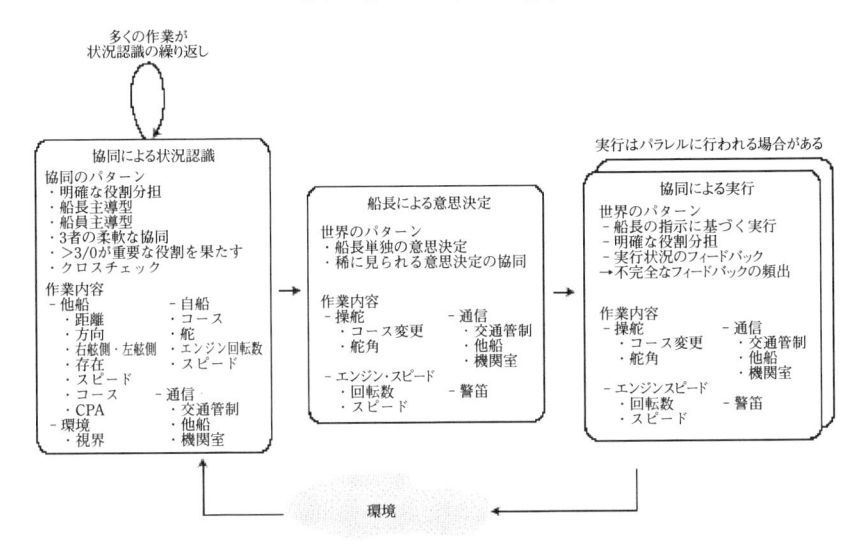

図 7.13 船橋での共同作業のモデル

(W, T | U) を求めて，そのもっとも高い数値を与える U が最尤推定値として求められる．このようにして多くのデータに対して自動的に発話意図の分析が行えることになる．

操船シミュレータで多くのデータを得て分析を行うと，先ほどの Endsley モデルをもとに，図 7.13 のような結果が得られる．状況認識では，他船の距離，方向，自船のコース，舵などをもとに初認から，理解，将来予測がなされ，意思決定は対話がほとんどなく船長の判断でなされ，行動は対話しながら分担して行っていることが分析できる．状況が危険なほうに変わったにもかかわらず認識されないことなどは，発話が発生していないことなどから分析できる．そのときに，なぜそのような不都合が生じたかを分析すること，たとえば全員が他の作業をしていて認識が遅れた，などを突き止めることで操船方法に改良や新しい航海支援機器の導入がなされ，さらに安全な航海が実現できる．

このように発話を中心に作業が進む人間系の作業分析とその改善方法は，航空管制や手術などの医療現場などでも活用することができる．人間系は今後コンピュータの応用が有望な分野であり，そのためにはこのような作業現場の分析手法が必要である．

7.5 産業知識の再構成——テキストマイニングによる文書からの知識の抽出

　産業現場には設計データ，試験結果報告書，メンテナンス記録などの多くの知識の集積がある．これらの技術文書から知識を整理していくことが課題の1つである．とくに製品やシステムの設計に関しては設計法として整備され受け継がれていくが，運用に入った後の製品の不具合などについて情報を集め，これを設計にまで戻していくことは，体系的にはできていないのが実情であろう．ここでは，船舶の機関故障について自然言語で書かれた報告書からの知識抽出方法とその応用について述べる．

7.5.1 知識の抽出と整理の方法

　船舶や陸上のプラントなどは，いろいろな部分からなる巨大なシステムであり，そのどの部分が故障しても運用には影響が出る．しかしながら部分によってその影響は異なり，頻繁に故障するものや，その故障の影響がきわめて大きいものはあらかじめ設計の段階で考慮しておく必要がある．

　システムの故障の状態を明確に表示する方法として，故障木分析（FTA：

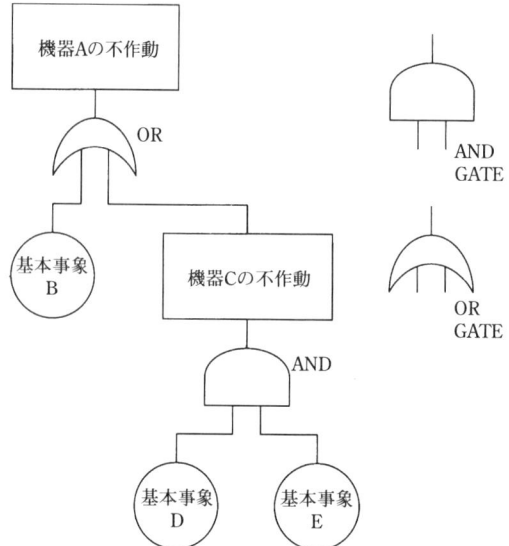

図7.14　FTA

Fault Tree Analysis) がある．

　図7.14に示すFTAは，機器Aの不作動は，基本事象Bが起こったか，機器Cの不作動のどちらかの故障であり，機器Cの故障は，基本事象D，Eがともに起こった場合に発生する，ということを意味している．頂上にある事象を引き起こす事象を下方に向けて具体的に展開していく．それぞれの事象の起こる確率を求めておけば，この頂上事象の発生する確率が計算できる．またそれにもっとも大きく寄与する機器が明確となれば，この機器の設計を見直すことや，システムを変更しておくこと，予備品を確保しておくことなどが可能である．その際に，頂上事象の起こった場合のリスクと，システムの変更に要するコストの関係を明確にして，その変更を行うべきかどうかの決定を行うこともできる．

　設計の段階では，そのシステム設計のレビューとして，FMEA (Failure Mode and Evaluation Analysis) を行う．部品の故障がシステムにどのような影響を及ぼすかを表にし，その部品の重要度を推定する．船舶のような大規模なシステムでは，FTAでもFMEAでも個々の部品にまでこれを行うことはできず，重要と考えられるところのみを行うことになる．また，故障率なども具体的な数値として設定することは現状では困難で，定性的な評価とならざるをえない．したがって，本節で述べるようなシステムで，過去の故障例を調べ上げることによって，故障木やその確率が求められれば，故障によるリスクやそれを未然に防ぐためのシステムや部品の改良，保守点検要領の作成などを合理的に行うことができるようになる．実運用での経験を設計や運用方法に生かすことができ，効率や安全性の向上が期待される．

7.5.2　故障報告書からのテキストマイニング

　故障報告書を分析することで故障木とその分岐確率を求めることが目標である．故障報告書は，たとえ電子化されていても，それが有効に活用されているとは限らない状況である．ある故障に着目して詳細な調査をすることはあるが，これまでに膨大に蓄積されている自然言語で書かれた報告書の分析は容易ではない．図7.15に船舶の機関故障報告書の例を示す．

　この自然言語で書かれた故障報告書を，計算機が処理できる形にして，故障内容と滞留時間などの影響を統計的に処理できるようにする．いわゆるテ

240   第7章　産業環境学

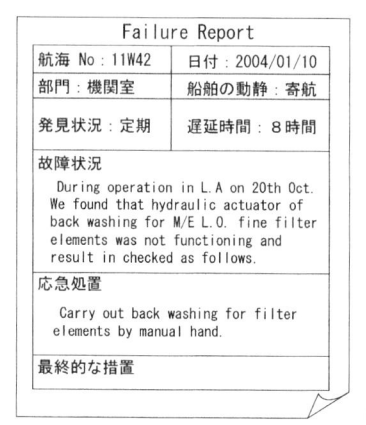

```
Failure Report
航海 No : 11W42       日付 : 2004/01/10
部門：機関室          船舶の動静：寄航
発見状況：定期        遅延時間：8時間
故障状況
  During operation in L.A on 20th Oct.
  We found that hydraulic actuator of
  back washing for M/E L.O. fine filter
  elements was not functioning and
  result in checked as follows.
応急処置
  Carry out back washing for filter
  elements by manual hand.
最終的な措置
```

図 7.15　機関故障報告書

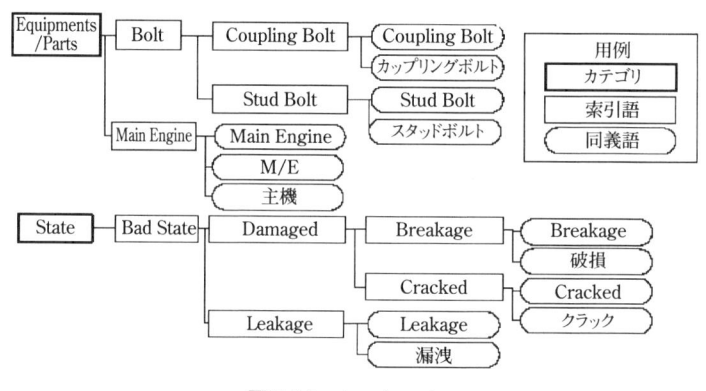

図 7.16　オントロジー

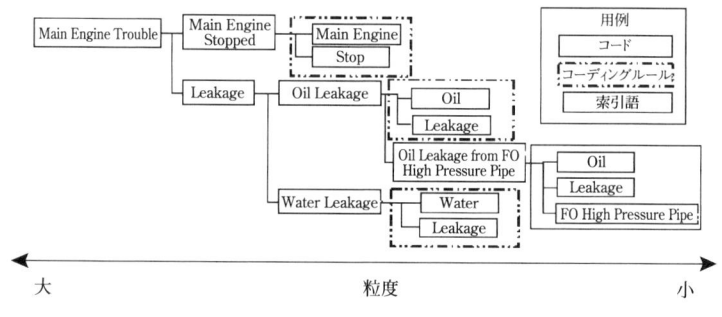

図 7.17　コードブックの中身——コードとコーディングルール

キストマイニング技術を応用するが，前節で述べた船舶運航の対話分析に用いた方法と類似している．

手順の概要を述べる．

(1) 自然言語の文章を，文に分割し，さらに単語に分ける．ここでは，形態素解析を行う．前出の「茶筌」などを用いる．

(2) 用語には，同義語が多数存在する．そのため階層を設けた辞書を構築しておく．これをオントロジーという．図 7.16 に示すようになる．文章には英語と日本語がまざっているが，オントロジーにより計算機は同義語を認識できる．

(3) 文章にコードを付加するとともに，コードを集めてコードブックを作成する．コードはその文章の趣旨を端的に表す見出し語である．また後の計算機による自動コード付けのために，コーディングルールを作る．まず人間がこの作業を行う．

コードブックはコードとそれを生成するコーディングルールを表している（図 7.17）．まず文を単語化して，その部品名や状態を表す言葉を検索語とする．たとえば，文に Water と leakage という言葉があれば，「Water leakage」というコードを付加する，というのがコーディングルールである．ここにみるように，コードは「Oil leakage from FO high pressure pipe」などのように，事象を記述している．この故障報告書には原因とその結果として船舶がどのくらい滞留したかなどが書かれているので，計算機によって，「Oil leakage from FO high pressure pipe」とコード付けされた故障報告書を探し出し，その回数や船舶の運航への影響を数え上げて統計処理が行える．

(4) コード生成の支援メカニズムを作る．まず前節で述べた手法ですべての故障報告書の各文をベクトル化し，それによってクラスタを作っておく．7.4.3 項に記した手法を用いる．ある文が与えられるとそれに対して，どのクラスタに属するかを決定して，そのクラスタ内で利用されているコードを見ながら，コーディングを行う．クラスタリングには k-means 法を用いている．コーディングルールについても同様の手法を用いることができる．

実際にこの手法を用いて分析してみた例を示す．故障報告書は約 900 件，検索語数は約 3300 語で，生成されたコードの数は約 460 個である．シリンダのトラブル関連のコードブックは図 7.18 のようになった．

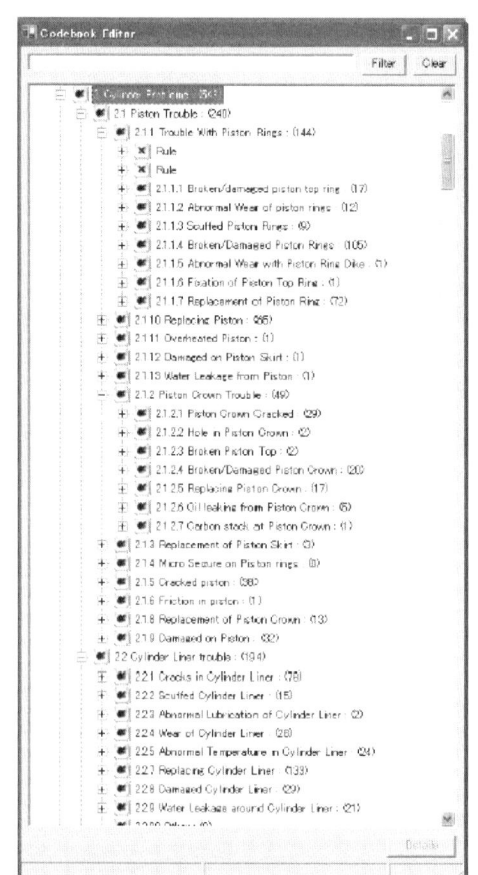

図7.18 シリンダトラブルのコードブック

表7.1 シリンダに関するトラブル

船種＼故障種別	シリンダトラブル 全98件		全インシデント 全867件		シリンダトラブルの占める割合
	%	件数	%	件数	%
コンテナ船	48.0	47	30.4	264	17.8
PCC	27.6	27	32.2	279	9.7
タンカー	10.2	10	8.8	76	13.2
チップ船	6.1	6	11.8	102	5.9
ばら積み船	5.1	5	13.5	117	4.3
その他の船	3.1	3	3.3	29	10.3

7.5 産業知識の再構成

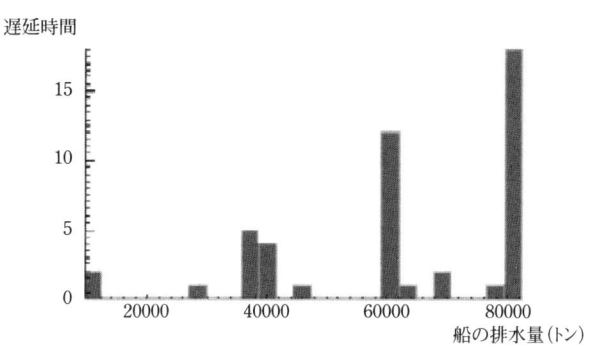

図 7.19　シリンダートラブルによる運航遅延時間

まず頻度について整理すると表 7.1 のようになる．シリンダに関するトラブルの割合を求めてみた．他の船舶に比べてコンテナ船ではシリンダのトラブルが多く，コンテナ船では高速性や定時性を要求され，エンジン負荷が大きいことが故障につながっていることが予測される．

シリンダトラブルでの運航遅延時間を求めてみると図 7.19 のようになる．

運航時間への影響の少ない場合も多いが，2 日も遅れることがある．この場合には対策をしておく必要があるが，この運航時間の遅れによる金銭的損失と対策に要する費用とのバランスでどのような手段を打っておくかが決まる．

シリンダトラブルに関する故障木を作成したものを図 7.20 に示す．

左側にシリンダトラブルという頂上事象があり，これに至る事象をその下に木構造で示している．同レベルの事象は Or 接続である．And 接続のような事象が故障報告書に明確に書かれていないためである．ボックスの下には，件数と平均遅延時間を書いている．

ここに示したように自然言語で書かれた故障の報告書から新しい知識を具体的に抽出することにより，安全性や効率を高めることができ，今後の設計に生かすことができ，さらにメンテナンスプログラムもリスクを量的に評価して設定することができる．

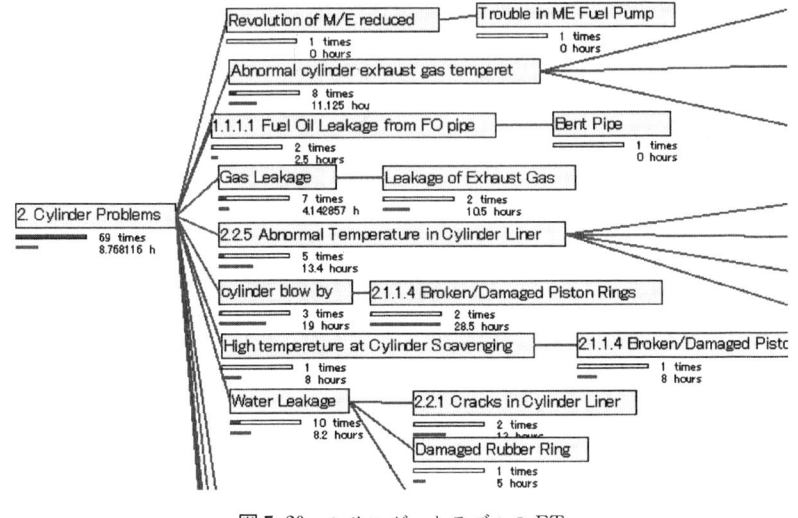

図 7.20 シリンダートラブルの FT

7.6 まとめ

　産業環境学は，個人と組織の知識の効率的な運用についての研究を行っている．そのなかで，具体的な知識のありよう，知識と情報システム，データマイニングやグループワークの分析などが中心的な課題となっている．そのなかで ShareFast のような基幹的なソフトウェアの構築も行った．これらは各種産業に共通する汎用基盤技術である．

　情報技術を開発研究するというよりは，産業の現場にある知識を情報システムに載せるためのケーススタディ的アプローチを進めているのが現状である．使える情報技術とフィールドの橋渡し的な研究が中心である．今後は，さらにニーズ指向のシステム開発まで進めていきたいと考えている．そのようにして，情報技術の産業現場への本質的な導入が行えるが，このことはイノベーションへとつながり先進国らしい産業のあり方を求めることができる．

　執筆に際して，安藤英幸助教授，稗方和夫助手から多大なご助力を得た．

参考文献

[1] Julian Fowler, プラントCALS研究会訳, STEPがわかる本, 工業調査会 (1997).
[2] 板生清, ウェアラブル・コンピュータとは何か, NHKブックス, 999, 日本放送協会 (2004).
[3] 大和裕幸, 産業環境とウェアラブル情報システム, *Nature Interface*, **10**, pp. 10-15, NPO法人ウェアラブル環境情報ネット推進機構 (2002).
[4] OMGのCORBAについては, ホームページを参照のこと. http://www.omg.org/
[5] Barners-Lee, T. *et al*., The Semantic Web, *Scientific American*, Vol. 284, 34-43 (2001).
(ホームページでも見ることができる. http://www.sciam.com/)
[6] Antoniou, G. *et al.*, *A Semantic Web Primer*, MIT Press (2004).
[7] セマンティックウェブについてはW3Cのホームページ http://www.w3.org/2001/sw/ を参照
[8] ShareFastについてはホームページ参照のこと. http://www.sharefast.org/
[9] 関西造船協会, 造船設計便覧 第4版, 海文堂 (1983).
[10] 造船テキスト研究会, 商船設計の基礎知識, 成山堂書店 (2001).
[11] Newcastle protocolについてはホームページ参照のこと. http://www.marinedesign.gcrmte.org/NUprotocol.pdf
[12] 大和裕幸他, セマンティックウェブを用いた造船設計CADシステム, 日本造船学会講演会論文集, **2**, 31-32 (2003).
[13] 古田一雄, プロセス認知工学, 海文堂出版 (1998).
[14] Hutchins, E., The Technology of Team Navigation, in J. Galegher *et al*. (eds)., *Intellectual Teamwork : Social and Technical Bases of Cooperative Work*, Lawrence Erlbaum Associates Inc. (1990).
[15] Endsley, M., Theoretical underpinning of situation awareness : A critical review, in *Situation Awareness Analysis and Measurement* (Endsley. M. et al. eds), 3-32, Lawrence Erlbaum Associates Inc. (2000).
[16] 安藤英幸, 共同作業の記録と分析の支援システムに関する研究, 東京大学学位論文 (2002).
[17] A Stolcke *et al*., Dialogue Act Modeling for Automatic Tagging and Recognition of Conversational Speech, *Computational Linguistics*, **26**(3), pp. 339-373 (2000).
[18] 形態素解析ソフトウェア「茶筌」については, 奈良先端科学技術大学松本裕治教授研究室によるホームページ http://chasen.naist.jp/hiki/ChaSen/ を参照のこと.
[19] 安藤英幸他, 故障報告書分析のためのコーディング手法に関する研究, 日本造船学会論文集, **195**, pp. 53-61 (2004).
[20] ベリー, M. 他著, SASインスティテュートジャパン他訳, データマイニング手法, 海文堂出版 (1999).

あとがき

　精密機械，船舶，原子力を背景とする5小講座相当の新領域創成科学研究科人工環境学大講座が発足して7年になる．本書は「人工環境学」とはなにか，という問題に対して，おおむね5年程度のあいだに行った活動のまとめである．いわば中間的なとりまとめであるが，本書によって具体的な成果を示すことで，人工環境学に関する実質的な議論の出発点とすることを願っている．

　今回の執筆者についても数名はすでに工学系や他大学等に異動している．また逆に，平成16年からは新しい分野として環境共創学を興し，新しいスタッフを中心に盛んに活動し，まもなく人工環境学のイメージをもう1つ追加することができよう．基盤となる工学系3分野での個別知識を，情報技術の応用を基軸に，領域を超えて新しい環境を創出するための技術融合的検討を進めていく．またすぐに本書の続編を準備することになるが，このように1つの成果が得られるごとに研究スタッフの異動と研究テーマの入れ替えがおこり，流動性を持ち常に新しい陣容で新しいテーマを追求することが，このグループの使命である．

　発足当初から本郷キャンパスに分散配置されてきたが，平成18年4月に，柏キャンパスに移転し1つの建物の1つのフロアに集合した．これで一体感をもった人工環境学研究の経営が可能になった．本書の内容をベースにしてさらに新しい分野へと速度をあげて進出していくこととしたい．

　最後に，計画からすでに3年以上経過し，その間，本書とりまとめの労をお執りいただいた東京大学出版会の岸純青氏に深く感謝する．

　　平成18年4月2日

　　　　　　　　　　　　　　　　　　　共著者を代表して　大和裕幸

索引

[ア行]

アウェアネス　23, 32
アクター　20
アゴニスト　194
アダプティブリメッシング　103, 112
アパーチャーアレイ　140
安全
　　——基準　180, 182, 205, 207
　　——評価　182, 203, 206, 207, 209
アンタゴニスト　194
意思決定問題　93
位置決め　142
　　——時間　155
1自由度振動系　145
一般配置　230
遺伝的アルゴリズム／進化的戦略　67
意図推論　15, 18
イニシエーション　203
イノベーション　219
意味的距離　26
医療現場　237
イメージベース法　116
インタフェース　5, 30
インタラクション　7, 29, 41
　　——・デザイン　9
　　——デザイン　30
インタラクティブな人工物　30
インパクトプリンタ　151
ヴァーチャルウォーク　79
ウェアラブル　52
　　——コンピュータ　29, 57
　　——情報機器　52, 53
ウンドウホウテイシキ　146
エージェント　73
エスノグラフィ　21
エフェメリス　162

塩基損傷　197
塩基の遊離　197
エンドポイント　213, 214
オートフォーカスカメラ　152
オーバパック　204, 206, 207
オントロジー　26

[カ行]

外因性内分泌攪乱物質　190
開口数　130
解析モデル　101
回転走査型AFM　141
概念体系　26, 34
カオスシステム　73
科学技術振興機構（JST）　61
架橋　198
核受容体　193
確定的影響　196
確率システム　73
確率的影響　196
隠れマルコフモデル　235
カー効果　130
仮想環境学　66
仮想現実感　67
　　——技術　79
仮想道路環境　86
価値創造　219
過度応答　155, 156
ガラス固化体　204, 208
カルバミン酸系化合物　185
カルバリル　185
環境　4, 12
　　——アセスメント　83
　　——破壊　38
　　——複雑系　66
　　——リスク　211, 213, 214, 216
間欠位置決め　151

監視制御システム　6
緩衝材　204, 208
カンチレバーアレイ　140
感度解析　95
疑似距離　160
記述的モデル　9
技術伝承　231
基準点データ　163
軌道情報（エフェメリス）　164
揮発性有機化合物　194
規範的モデル　10
キャニスター　204, 206
境界要素法　71
共振振幅　153, 154
共振周波数　155
協調行動　7, 17, 18
協調作業　23, 31
　　──設定　20, 23, 26, 31, 32, 36
協調タスク　17
強調の情報検索　27
共通作業対象　20, 23, 32, 36
協同　20
　　──分類作業　26
共有
　　──オントロジー　27
　　──外部表現　31
　　──コンテキスト　32
　　──情報空間　25
　　──ワークスペース　22, 24, 25
着る情報機器　53
亀裂製媒体　209
均質化法　119
近接型光ヘッド　131
近接場　131, 137
鎖切断　198
クラスタ　236
グループ　22, 26, 33, 232
　　──ウェア　21, 24
　　──マインド　17
　　──ワーク　233
グローバル・ローカル解析　118
経済の損失　38

計算科学　67
計算力学　67, 71
形状モデリング　104
形態素解析　240
　　──プログラム　236
携帯電話　161
決定論的システム　73
言語行為理論　30
原子間力顕微鏡　135
原子クラスタ　136
原子時計　160
広域環境問題　216
合意形成　35, 41
航海支援機器　237
航空管制　237
高周波数電磁界　170, 194
構造メッシュ　108
高速コンピュータ　77
高調波　171
行動計画　8, 18
行動主義　10
高度自動化　4
効用主導エージェント　86
高レベル放射性廃棄物　178, 203, 204, 210
国土数値情報　83
個人の意図　17
故障木分析　238
故障報告書　239
コード　241
コードレスホン　167
個別要素法　71
ゴミ焼却施設　81
コミュニケーション　8, 29, 40
　　──行為　21
コミュニティ　35
　　──ウェア　33
　　──知　34
固有振動数　142
ゴール主導エージェント　86
コンタクトスライダ　139
コンテキスト（文脈）　25, 32

索引 251

――アウェア 158
コンピュータグラフィックス 123

[サ行]

最終処分 180, 203, 205, 207, 217, 218
最適設計 102
細胞死 199, 201
作業意図 235
サーフェースモデル 104
サブストラクチャ法 119
差分法 71, 75
触り心地 124
産業組織 220
残留振動 151
残留性有機化合物 194, 217
磁気記憶 127
磁気抵抗効果素子 129
磁気ディスク 144
磁気力勾配検出 138
時空計 53
事故解析 9
事後誤差評価 103, 113
次世代環境シミュレーション 89
自動化 6
　――の皮肉 14
シナリオ 205, 206
シミュレーション 9, 99
　――の信頼性 94
社会的
　――アウェアネス 32, 34
　――意思決定 35, 38
　――意思決定問題 42
　――合意 36, 37
　――フィルタリング 28
車頭間距離 87
車両密度 87
重合メッシュ法 119
周辺アウェアネス 23, 32
種の絶滅確率 215
紹介システム 29
状況 12, 16
情報

――共有 22, 25, 27
――検索 27
――処理システム 10
――通信研究開発基本計画 61
――分類 26
――マイクロシステム 48
初期偏差 155
食物連鎖 73
除草剤 186
人工
　――環境 4, 38
　――バリア 204, 206, 207, 208, 210
　――物 20, 23, 31, 46
　――バリア 204, 206
　――物 3, 13
心的状態 16
人命損失 38
スクイズ 145
ステッパ 147
ステップ移動 156
ズーミング解析 119
生起確率 36
制御
　――機構 148
　――装置 6
　――ブロック 147
　――モデル 11
生態
　――行動主義 12
　――情報通信システム 55
　――リスク 214, 215
設計教育 228
設計モデル 101
接触コンダクタンス 138
セマンティックウェブ 224
セルオートマトン 71
ゼロエミッション 179
線形性 75
センサ情報通信 47
センサ通信システム 48
先進的センシング統合技術 61
全地球測位システム 159

船舶工学　219
潜伏期　202, 203
全文検索　28
相互
　——依存性　20
　——応答　18
　——信念　17
走査型トンネルプ顕微鏡　134
走査型プローブ顕微鏡　134
造船設計　226
ソリッドカーネル　107
ソリッドモデル　104
損害規模　36
損失余命　214

［タ行］

ダイオキシン　180, 194
　——類　81
大地震　91
対話分析　235
多孔質性媒体　209
多重バリアシステム　205
タスク的アウェアネス　32
多段階発ガン過程　202
多目的最適化問題　93
多目的設計　93
多様体モデル　106
単位ステップ関数　156
単一基地局方式　163
単純系　73
単性能評価　93
ダンパー　145
単目的設計　93
地下水シナリオ　206
地球シミュレータ　78, 80
知識
　——処理　221
　——体系　26, 34
　——ベース　27, 29
　——マネージメント　28, 34
　——モデル　11
知的エージェント　67

知的シミュレーション　66
知的情報システム　67
知的情報処理　67
　——手法　72
知的マルチエージェント　72
チーム意図　16, 18
茶筅　236, 240
超音波　168
追従位置決め　152
追従応答　152
低周波電磁界　196
ディジタル　221
低レベル放射性廃棄物　178
テキストマイニング　238
データキャリア　168
デラウニー法　110
電子掲示板　19, 35, 41
電子式盗難防止装置　168
電磁誘導結合型　169
天然バリア　204, 206, 209, 210
電離性放射線　196
統計的平均化　73
統合解析システム　102
動剛性　142
動態解析　213
同調　20
動的経路選択　85
道路交通シミュレーション　84
ドキュメント　22, 24
突然変異　200-202
トラックサーボ　145, 149
トランスファイナイトマッピング法　109
トンネル電流　138

［ナ行］

ナノインプリント　136
ナビエ・ストークス方程式　70, 82
ニューラルネットワーク　67
人間中心設計　14
認知
　——科学モデル　232

──システム工学　6, 10
──行動　7
──システム　7, 31
──主義　10
──的人工物　3
──プロセス　11, 15, 31
ネイチャーインタウェイサ　58, 59
ネイチャーインタフェイス　45, 61
ネットワーク・コミュニティ　33, 34
ネットワーク会議支援　35

[ハ行]

バイオネットシステム　56
廃棄物　177, 179, 203, 204, 208, 218
パイプライン処理　77
バウンダリフィット法　110
ハザード　210, 211
波長可変レーザ　151
発ガン物質　187
発ガンリスク　213
バネー質点系モデル（串団子モデル）　81
パラチオン　185
パンテオン　79, 91
半導体記憶　129
汎用計算力学システム　90
光（熱）アシスト磁気記録　141
光記憶　129
光ヘッドアセンブリ　132
非ガンリスク　213
非決定論的システム　73
非構造メッシュ　108
非残留性有機リン酸系化合物　185
非線形性　75
非多様体モデル　106
必須元素　188
非電離性放射線　196
非必須元素　189, 189
微分方程式　149
ヒューマンモデル　8, 12, 16, 40
ヒューマンファクタ　222, 231
表現作業　20, 23

表現状態　31
微量汚染物質　81
フォーカスサーボ　149
不確実性　37, 40
複合性能評価　93
複雑系　66, 73
浮動スライダ　144
浮動ヘッドスライダ　129
浮遊粒子状物質　81
プラン　8
──認識　8, 16
プリプロセッサ　103, 107
プロセス　5, 23
──モデル　11
ブロック線図　148, 149
ブロック密度法　85
フロップス（FLOPS）　77
プロモーション　203
フロント法　112
分散認知　21, 30
分子動力学法　70, 73
並列処理（パラレル処理）　77
ベクトル処理　77
ペービング法　112
包括モデリング　104
放射性廃棄物　177, 178, 181
放射線　194, 196, 201-203
ボクセル解析法　100, 116
ボクセル表現　105
ポストプロセッサ　103
没入型多面ディスプレイ装置　79
ポリゴンミラー　152

[マ行]

マイクロシステム　47
マイクロセンサ　57
膜受容体　191
マクロ・ミクロ解析　118
マクロスコピック・アプローチ　70
マクロな交通現象　87
マックスウェル方程式　70
マッピング法　109

マルチ
　——エージェント　73
　——スケール　72
　——スケール解析法　117
　——メディア　233
　——パス　161, 169
　——レベル　72
マンマシンインタフェース（MMI）　5
マンマシンシステム（MMS）　4
ミクロスコピック・アプローチ　70
ミニチュアリゼーション　49
見出し語　236
未来環境問題　217
無線LAN　165
無線タグ　170
メゾスコピック・アプローチ　71
メタデータ　224
メッシュ生成　100, 102, 108
メッシュフリー解析法　100, 115
メンタルモデル　7

［ヤ・ラ・ワ行］

役割分担　40
山腰の方法　228
柔らかいシステム　47
有限要素法　71, 75, 100
溶解度律速溶解　208
予見的モデル　9
ラプラス変換　149
ランダム・ウォークモデル　81
リスク　36, 213, 214
　——イメージ　37
　——社会　39
　——に配慮した社会　39
　——評価　40
リーダー　168
流体—構造連成系　74
量—反応関係　213
レイノルズ方程式　143
レーザプリンタ　150
連成系　74
連成現象　74

連続位置決め　150
ワークフロー　223

［欧文］

ADVENTURE　82, 90
ADVENTURE_Fluid　91
AGC（Automatic Gain Control）　167, 168
A-GPS（Assisted GPS）　164
BANANA　218
Bluetooth　166, 167
B-rep表現　105
BRM　234
CAE　99
CD-ROM　130
CIS（common information space）　25
CORAS　233
CORBA　222
CSCW（Computer-Suppoted Cooperative Work）　19
CSG表現　105
DDE　184
DDT　182, 184, 185
DGPS　162
Differential GPS　159
DNA　187, 193, 197, 198
DVD（Digital Video Disk）　128
DXF　108
EAS（Electronic Article Surveillance）　168
El Centro　92
EOTD（Enhanced Observed Time Difference）　163
Events　205
Eulerの条件　106
Features　205
FEPリスト　205
Fittsリスト　13
FLOPS　77
FMEA　239
FTA　238
Golden Receive Power Range　167

GPS (Global Positioning System) 159
Hg 190
HIFUシミュレーション 122
ICタグ 168
IGES 107
in-vitro試験 194
in-vivo試験 194
ITS技術 84
Language/Action Framework (LAF) 30
Location Based Service 158
MO (Magnet-Optical Disk) 130
NA (Numerical Aperture) 130
NDM (Naturalistic Decision Making) 233
Newcastle Protocol 230
NINBY 218
OMG 222
PCクラスタ 78
Personal Area Network 55
Process 205
Received Signal Strength Indication: RSSI 161

RDF 224
RFID (Radio Frequency IDentification) 168
RFタグ 168
RSSI 163
S/A (Selective Availability) 162
SAVE (Simulation and Virtual Environment) 66
SPM (Scanning Probe Microscopy) 134
STEP 108, 221
STM (Scanning Tunneling Microscopy) 134
TDOA (Time Difference Of Arrival) 163
TOA (Time Of Arrival) 163
TTFF (Time To First Fix) 160
UT-ESS 228
VR (Virtual Reality) 67
WOL 225
XML 224

2, 4, 5-T 186
2, 4-D 186

編者紹介

中田圭一
1965 年　生れる
1988 年　東京大学工学部原子力工学科卒業
1995 年　英国エジンバラ大学 Ph. D.（人工知能）
1994 年　英国ウェールズ大学講師
1998 年　ドイツ国立情報技術研究所（GMD）研究員
2000 年　東京大学大学院新領域創成科学研究科環境学専攻助教授
現　在　ドイツ国際大学準教授，2004 年より IT 学部長

大和裕幸
1954 年　生れる
1977 年　東京大学工学部船舶工学科卒業
1982 年　航空宇宙技術研究所入所
1989 年　東京大学工学部船舶工学科助教授
1997 年　東京大学工学部船舶海洋工学専攻教授
現　在　東京大学大学院新領域創成科学研究科環境学専攻教授（工学博士）
主要著書：『それは足からはじまった——モビリティの科学』（共著，技報堂出版）

人工環境学　環境創成のための技術融合

2006 年 5 月 19 日　初　版

［検印廃止］

編　者　中田圭一・大和裕幸

発行所　財団法人　東京大学出版会

代表者　岡本和夫

　　　　113-8654 東京都文京区本郷 7-3-1
　　　　電話 03-3811-8814　FAX 03-3812-6958
　　　　振替 00160-6-59964

印刷所　株式会社精興社
製本所　誠製本株式会社

© 2006　Keiichi Nakata and Hiroyuki Yamato
ISBN4-13-061159-3　Printed in Japan

Ⓡ〈日本複写権センター委託出版物〉
本書の全部または一部を無断で複写複製（コピー）することは，著作権法上での例外を除き，禁じられています．本書からの複写を希望される場合は，日本複写権センター（03-3401-2382）にご連絡ください．

川合　慧編
情報　A5 判・288 頁・1900 円

村井・宮脇・紫崎編
リモートセンシングからみた地球環境保全　A5 判・216 頁・3800 円

大森・大澤・熊谷・梶編
自然環境の評価と育成　A5 判・288 頁・3800 円

村上周三
CDF による建築・都市の環境設計　A5 判・472 頁・5200 円

足立・松野・醍醐
環境システム工学　A5 判・232 頁・2800 円

武内和彦
環境時代の構想　四六判・232 頁・2300 円

武内和彦
環境創造の思想　A5 判・216 頁・2400 円

石　弘之編
環境学の技法　A5 判・288 頁・3200 円

ここに表示された価格は本体価格です．ご購入の際には消費税が加算されますのでご了承下さい．